New Surface Pro 知りたいことがズバッとわかる本

Windows 10 Creators Update 対応

Microsoft MVP
(Windows and Devices for IT)
橋本和則
Kazunori Hashimoto

Windows Insider MVP
橋本直美
Naomi Hashimoto

本書内容に関するお問い合わせについて

このたびは翔泳社の書籍をお買い上げいただき、誠にありがとうございます。弊社では、読者の皆様からのお問い合わせに適切に対応させていただくため、以下のガイドラインへのご協力をお願い致しております。下記項目をお読みいただき、手順に従ってお問い合わせください。

●ご質問される前に

弊社Web サイトの「正誤表」をご参照ください。これまでに判明した正誤や追加情報を掲載しています。

正誤表　http://www.shoeisha.co.jp/book/errata/

●ご質問方法

弊社Web サイトの「刊行物Q&A」をご利用ください。

刊行物Q&A　http://www.shoeisha.co.jp/book/qa/

インターネットをご利用でない場合は、FAX または郵便にて、下記"翔泳社 愛読者サービスセンター"までお問い合わせください。電話でのご質問は、お受けしておりません。

●回答について

回答は、ご質問いただいた手段によってご返事申し上げます。ご質問の内容によっては、回答に数日ないしはそれ以上の期間を要する場合があります。

●ご質問に際してのご注意

本書の対象を越えるもの、記述個所を特定されないもの、また読者固有の環境に起因するご質問等にはお答えできませんので、予めご了承ください。

●郵便物送付先およびFAX番号

送付先住所　〒160-0006　東京都新宿区舟町 5
FAX 番号　03-5362-3818
宛先　（株）翔泳社 愛読者サービスセンター

※ 本書に記載されている情報は、2017年7月執筆時点のものです。
※ 本書に記載された商品やサービスの内容や価格、URL 等は変更される場合があります。
※ 本書の出版にあたっては正確な記述につとめましたが、著者や出版社などのいずれも、本書の内容に対してなんらかの保証をするものではなく、内容やサンプルに基づくいかなる運用結果に関してもいっさいの責任を負いません。

はじめに

Microsoft製であるSurface Proは登場時から評価が高いタブレットPCでしたが、この度、新たに登場した「Surface Pro」はさらに完成度に磨きがかかり、より魅力的なデバイスに進化しました。

「超高解像度タッチディスプレイ」に、タブレットPCでありながら自立可能なキックスタンドは165度まで調整可能、そして内部設計が見直され800を超えるパーツ改善により、より軽量化&ファンレス化を実現しました（一部モデル）。またWindows 10の進化と相まってバッテリー駆動時間&操作性&セキュリティも大きく改善されています。

Surface Proは拡張性にも優れ、市場にあるほぼすべてのUSB／Bluetooth機器を利用できるのもポイントです。Mini Display Portを利用した外部出力におけるマルチディスプレイ／プレゼンテーション活用などのほか、Surface Dockを用いれば有線LAN＋複数USBポート＋マルチディスプレイという形でのデスクトップPC同様の活用も可能なのです。

本書では新Surface Proの「本体機能（各種インターフェース、タッチディスプレイ、キックスタンド）」「周辺機器（タイプカバー、Surfaceペン、ワイヤレスディスプレイ、USB／Bluetoothデバイス等）」「Windows 10（デスクトップ全般操作、画面スケッチ、日本語入力、省電力管理、各種最適化カスタマイズ等）」「アプリ（Microsoft Office、OneNote、メール、カレンダー等）」「モバイル（タッチ操作、タブレットモード、バーチャルタッチパッド等）」「ネットワーク（Wi-Fi接続、OneDrive、スマホ連携等）」「セキュリティ（PC管理、マルウェアスキャン、顔認証等）」などの操作&設定&新機能に焦点をあてて、Surfaceならではのアドバンテージやテクニックを余すことなく解説します。

本書がSurface Proのさらなる魅力や新しい活用を知るきっかけとなり、よりビジネスや実用に役立てれば幸いです。

2017年7月
橋本情報戦略企画
橋本和則
橋本直美

Chapter 01

Surface Pro のハードウェアと基本操作 ……… 011

Surface Pro の周辺機器やハードウェアの活用 ……… 053

アプリ操作や環境設定／Microsoft Officeの活用

ネットワークとクラウド／セキュリティの管理と設定 229

本書を読み進めるうえでの注意点

本書の対応デバイス

本書は2017年6月に発売されたSurface Proを主題として解説を進めていきますが、これまでに発売されているSurface ProシリーズおよびSurface3、一般的なWindowsノートPC／タブレットPCにも対応しています（Windows 10へのアップデートが必須）。

モデル名	キックスタンド	電源管理設定各種	Surfaceペン	顔認証
Surface Pro（2017）	○	○	○（オプション）※3	○
Surface Pro 4	○※1	○	○	○
Surface Pro 3	○※1	○	△※3	×
Surface Pro 2	○※1	△※2	△※3	×
Surface Pro（初代）	○※1	△※2	△※3	×
Surface 3	○※1	○	△（オプション）※3	×

※1：キックスタンドの詳細仕様が異なる　※2：モダンスタンバイ非対応
※3：ペンの仕様やボタン配置などが異なる

●Surface Book ／ Surface Laptopについて

Surface Book ／ Surface Laptopも「Surfaceシリーズ」の1つです。
Surface ProシリーズはタブレットPCでありながら自立できる（キックスタンド）、オプションのタイプカバーを利用することでスレート形状を損なうことなく物理キーボードが利用できるなどの特徴があります。

一方、Surface Book ／ Surface Laptopはクラムシェル（ノートPC形状）での活用が前提であり、大まかな操作・設定・活用はSurface Proと変わらないものの、Surface BookにおいてはタブレットPC単体として利用する場合にはUSB 3.0やSurfaceコネクトなどの主要インターフェースがキーボード側にあるため周辺機器が利用できない、またSurface Laptopにおいてはそもそも物理キーボードを外してタブレットPCとして活用できないなどSurface Proシリーズとは異なる点があります。

本書はSurface Proの魅力や活用を掘り込んで解説を行っている関係上、正式な対応としては「Surface Proシリーズ」であることが前提となります。

なお、Windows 10の操作やカスタマイズ、また周辺機器やクラウドの活用などは変わらないため、全般的にハードウェアに依存した操作設定以外のほとんどの本書記述はSurface Book ／ Surface Laptopにも適用することができます。

Surface BookはSurface Proと比較して、キーボード部の構造が大きく異なり独自のヒンジ構造を持ち、ディスプレイのサイズや解像度もSurface Proシリーズとは異なる。ちなみに周辺機器の活用やWindows 10全般の操作・設定についてはSurface BookもSurface Proとほぼ同様だ

Surface Laptopはクラムシェル型PCであり、物理キーボードを外してスレート形状にできない点がSurface Proとは大きく異なる。また搭載OSは「Windows 10 S」であり、いくつかの仕様は異なるが、全般的な操作&設定は本書記述のWindows 10活用とほぼ同様だ

 コントロールパネルの表示

本書ではコントロールパネルは任意の設定まで到達するステップがわかりやすい「アイコン表示」を前提に解説を行っています(設定についてはP.035参照)。また、ファイルにおいては「ファイル拡張子を表示」を前提に解説を行っています(設定についてはP.048参照)。

 ショートカットキーの入力方法

Surfaceはキーボードショートカットによる効率的な操作が可能です。本書解説におけるショートカットキーの入力表記と方法は、下記のようになります。

「α」+「β」キー	αキーを押しながらβキーを入力します
「α」→「β」キー	αキーを押した後αキーを離して、βキーを入力します

 アップデートによる仕様変更について

Windows 10やMicrosoft Officeでは、アップデートにより機能が進化するという特徴があります。

従来のWindows OS/Microsoft Officeでは、同じOSタイトル/シリーズのアップデートにおいて基本的な操作や仕様が変更されるということはありませんでしたが、Surfaceに搭載されるWindows 10/Microsoft Officeはアップデートにより「操作」「機能」が変更される仕様にあります。

なお、本書は2017年7月時点におけるWindows 10 Creators Update/Microsoft Officeで検証を行ったうえで操作設定を記述しています。

chapter

01

Surface Proの
ハードウェアと基本操作

Surface Proは高性能でかつ優れたデバイスです。タッチ操作やペン操作が行えるタブレットとしての活用はもちろん、タイプカバーを利用することでノートPCとしても活用できます。
本章では、Surface Proのハードウェアの特徴やタイプカバーの特性、またWindows 10の基本操作と基本設定について解説します。

1-01 Surface Proの各部位名と機能

Surface Proはマグネシウム合金を採用した軽量な筐体に、数々の機能とインターフェイスを備えています。ここではまずSurface Proのハードウェア構成と、基本的な機能について紹介していきます。

Surface Proのハードウェア構成と基本的な機能

● 前面

❶フロントカメラ
写真や動画を撮影できます。

❷赤外線カメラ
「顔認証」に対応しており、Windows Helloによる顔認証を行うことができます（P.275参照）。

❸液晶ディスプレイ
タッチ対応のディスプレイです。「タップ」や「スワイプ」などの各種操作を行うことができます（P.014参照）。またデジタイザーペン（Surfaceペン）による入力に対応します（P.103参照）。

●右側面

❶ Mini Display Port
Mini Display Portケーブルを接続することで外部ディスプレイやプロジェクターなどに映像を出力できます（P.060参照）。

❷ USB 3.0ポート
USBメモリや対応周辺機器を活用することができます（P.064参照）。

❸ Surfaceコネクト
マグネット式の専用電源ケーブルを接続することができます。また、「Surface Dock」を接続することもできます（P.071参照）。

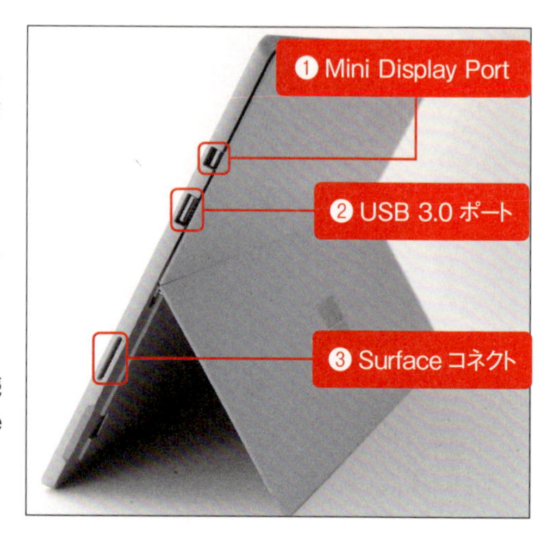

●左側面／上側面

❶ヘッドフォンジャック
ヘッドフォンを接続できます。

❷電源ボタン
スリープや強制終了を行うことができます。なお、Surface Pro は高度な電源管理機能である「モダンスタンバイ」に対応します。

❸ボリュームアップ／ボリュームダウン
音量を調整することができます。

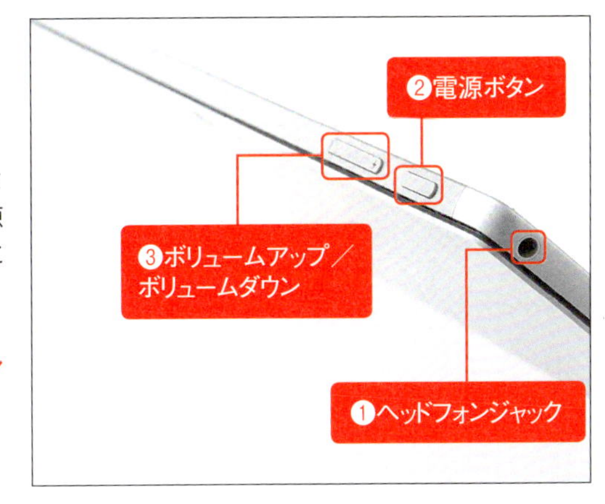

●背面

❶リアカメラ
写真や動画を撮影できます。

❷キックスタンド
キックスタンドを開くことで、タブレットでありながら自立することができます。また Surface Pro のキックスタンドは無段階調整が可能であり、最大 165 度まで開閉できます。

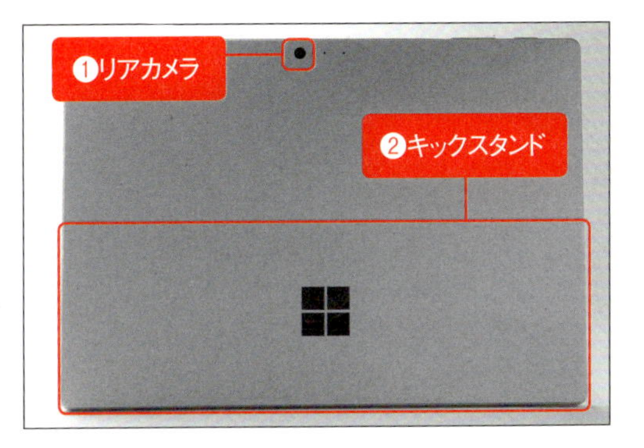

●キックスタンドを開いた背面

❶ microSD カードスロット
microSD カードをストレージとして増設することができます（P.067 参照）。

❷ロゴ
Surface のシリアル番号やストレージ容量を確認することができます。

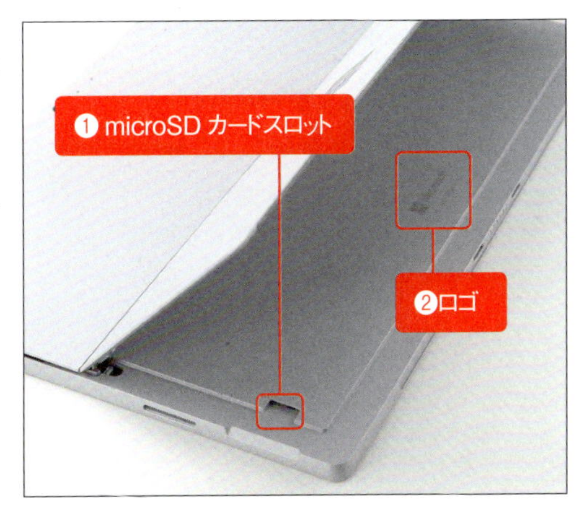

テク001

タッチ操作の基本を確認したい

タッチ操作の基本

Surfaceに搭載されているWindows 10における各種タッチ操作は以下のようになります。

●タップ

対象に指で軽く1回触れる（タッチする）操作です。

●ダブルタップ

トントンと同じ場所に2回連続で触れる操作です。

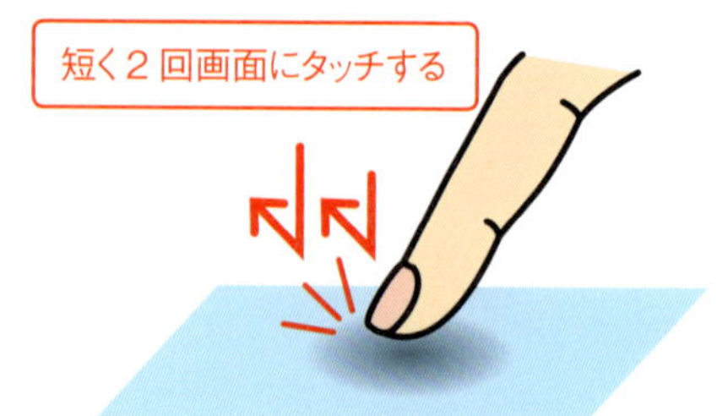

●長押しタップ

対象の特定の場所に指を置き続ける操作です。なお長押しタップの後、四角形が表示されたら指を離すと「右クリック」に相当します。

画面にタッチしたまま、目的のアクションが行われたら指を離す

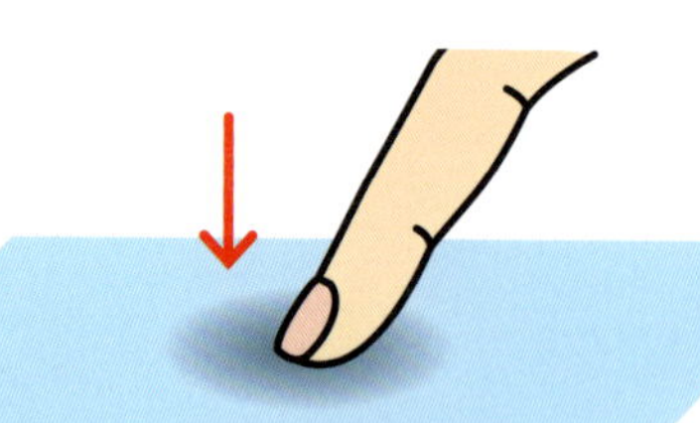

●ピンチイン／ピンチアウト

画面に2本の指を置いた状態で指を近づける操作を「ピンチイン」、距離を離す操作を「ピンチアウト」といいます。主に表示の縮小／拡大操作に利用します。

ピンチイン：
2本指でタッチして指と指を近づける

ピンチアウト：
2本指でタッチして指と指を離す

● ドラッグ

対象を指で押さえたまま、目的の位置まで移動します。主に任意のアイテムを移動する際に用います。

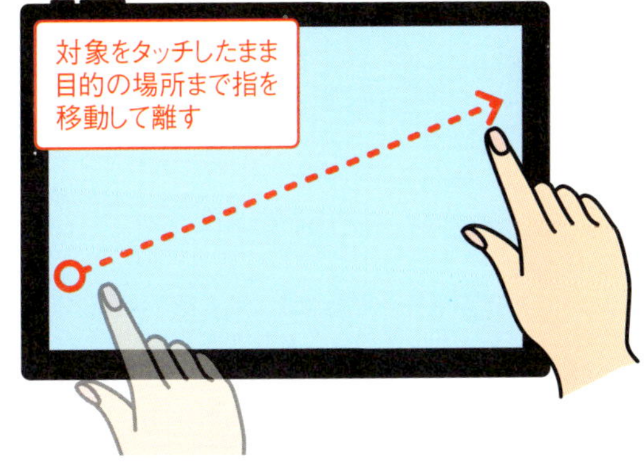

● スライド

指で大きく画面をなぞることで、任意の方向に画面を移動します。主に画面の表示位置を変更する際に用います。

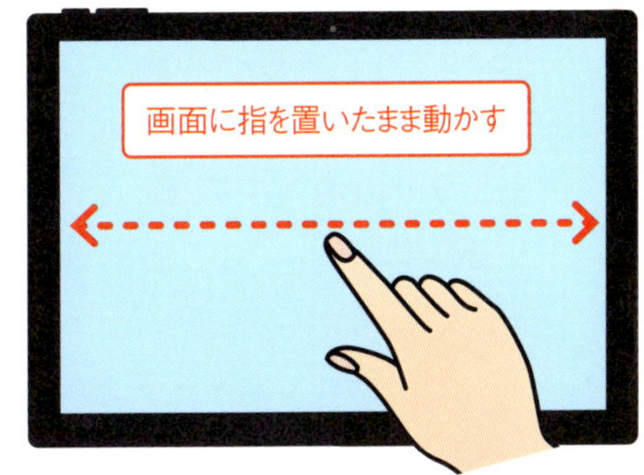

● スワイプ

特定方向に小さく弾くようになぞります（短めになぞって指を離します）。主に任意の項目を消去する際に利用されます。

● エッジスワイプ

画面の四辺（エッジ）から画面中央方向に向かって短く指でなぞります。

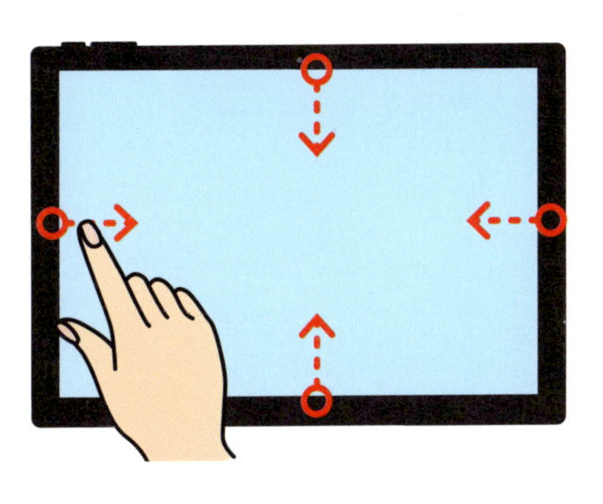

テク 002 タイプカバーの特徴と使い方を知りたい

タイプカバーの特徴

Surfaceのオプションであるタイプカバーは文字入力が行えるほか、折りたたむことでSurfaceのディスプレイを保護することができます。また、タイプカバーは逆に折りたたむとキー入力を無効にできるなど、いくつかの特徴的な機能を備えます。

タイプカバーの接続

タイプカバーはSurface本体に近づけるだけで接続できます。また、そのまま引き抜くだけで簡単に取り外すことができます。

タイプカバーの有効／無効設定

タイプカバーは接続した状態でディスプレイとの角度が180度以内である場合、タイプカバーからのキー入力が有効になります。また、ディスプレイとの角度が180度以上（反り返っている、あるいは本体裏面にキーボードが折りたたまれている）場合には、タイプカバーからのキー入力は無効になります。

180度以内であればキー入力有効

180度以上であればキー入力無効

タイプカバーを持ち上げて角度を付ける

タイプカバーを持ち上げて本体側に押すと、タイプカバーの後部と本体がマグネットで吸着して、キーボード面に角度をつけて利用できるようになります。タイプカバーを持ち上げた状態は、キーボードに角度が付くために入力しやすくなるほか、Surfaceを膝置きで利用する際の安定性確保にも活用できます。

タイプカバーによるスリープ

タイプカバーを閉じれば、Surfaceは自動的にスリープに移行します。

MEMO

タイプカバーを閉じた際にスリープしないよう設定することも可能。

テク 003

タイプカバーで各種キー入力をしたい

タイプカバーキーボード

タイプカバーの各キーの名称と役割は以下のようになります。なお、タイプカバーによるファンクションキー入力についてはP.020 を参照してください。

Esc キー
操作を取り消す操作のときに使用できます。途中まで開いたメニューや入力途中の文字をキャンセルできます。

半角/全角 キー
日本語入力のオン／オフを切り替えます。

Tab キー
タブの挿入、または入力欄を移動します。

Windows キー
単体で使用すると［スタート］メニューを表示できます。また、Surface に搭載される Windows 10 では、Windows キーを利用したショートカットキーが数多く用意されています。

Alt Ctrl Shift キー
他のキーと併用して、アプリにおける特定の機能を実行します。

space キー
文字入力時にはスペース（空白）を入力、かな入力時には漢字変換を行います。

Caps Lock キー
Shift キーを押しながら Caps Lock キーを入力することにより、英文字の大文字／小文字の入力モードを切り替えます。

⌫ キー
文字入力時においてカーソルの左の文字を削除します。またエクスプローラーでは 1 階層上に移動、Microsoft Edge では前ページに戻る操作になります。

MEMO

● タイプカバー操作解説について

Surface のタイプカバーには複数のモデル（世代）が存在する。モデル間において基本的な特徴に違いはないが、一部のキー配列やショートカットキー、またタッチパッドにおける高度な操作や設定についてはモデルによって異なる。本書は「Surface Pro Signature Type Cover」を前提としたキーボード操作やタッチパッド操作の解説を行っている。

テク 004

タイプカバーのバックライトを調整したい

タイプカバーのバックライト調整

Surface 用のタイプカバーには「バックライト」が内蔵されており、キーが光る仕様であるため暗い場所でも各キーを認識しやすいという特徴があります。タイプカバーのバックライトの明るさを任意に調整したい場合には、以下の手順に従います。

1 タイプカバー上部のキーを押します。

MEMO

タイプカバーのモデルによっては、「暗くする」あるいは「明るくする」を押して調整する（「Surface Pro 4 Type Cover」など）。

MEMO

「Fn ロック」を行っている場合には、Fn キーと併用して入力する必要がある。「Fn ロック」については P.020 を参照。

2 キーを押すごとに、タイプカバーのバックライトの明るさを段階的に調整することができます。

注意

この調整は「バックライト付きタイプカバー」でのみ有効。バックライトが付いていないタイプカバーでは、この機能を利用できない。

MEMO

画面（ディスプレイ）の輝度調整については P.073 を参照。

第1章 ハードウェアと基本操作
第2章 周辺機器&ハードウェア設定
第3章 アプリ&Office
第4章 カスタマイズ
第5章 タブレット活用&ペン
第6章 ネットワーク接続&クラウド&セキュリティ

テク005 ファンクションキーを入力したい

ファンクションキーの入力とFnロック

●ファンクションキーの入力

→ Fnキーを押しながら特殊機能キーを押すことにより、ファンクションキー（F1～F12キー）を入力できます。

MEMO

ファンクションキーをよく利用する（Fnキーを押しながらの入力は非効率であると考える）場合には、「Fnロック」を行う。

●Fnロック

→ Fnキーを押します❶。Fnロックランプが点灯し、「Fnロック」が実現します。以後Fnキーを押さずに、ファンクションキー（F1～F12キー）を入力できます❷。

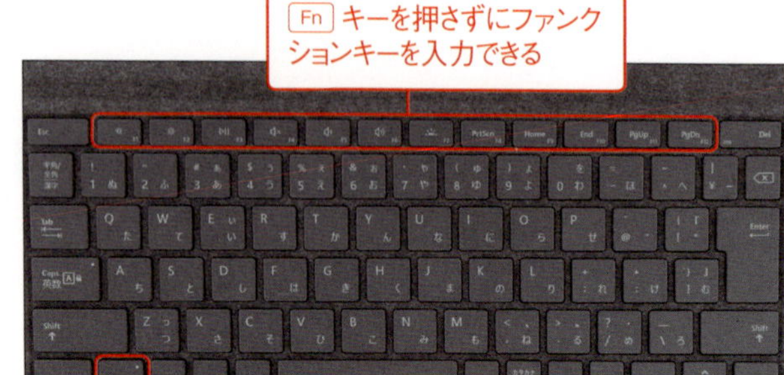

MEMO

「Fnロック」状態でファンクションキー部にある該当機能を入力したい場合には、Fnキーを押しながら該当のキーを入力する。

テク006 タイプカバーのタッチパッド操作を知りたい

タッチパッドの部位

❶左ボタン（タッチパッド左下部）
クリック（左クリック）相当の操作を実現できます。対象の選択や実行などさまざまな役割があります。

❷右ボタン（タッチパッド右下部）
右クリック相当の操作を実現できます。

❸パッド
任意になぞることでマウスポインターを移動することができます。またはタッチパッドをタップすることで「クリック」を行うこともできます。

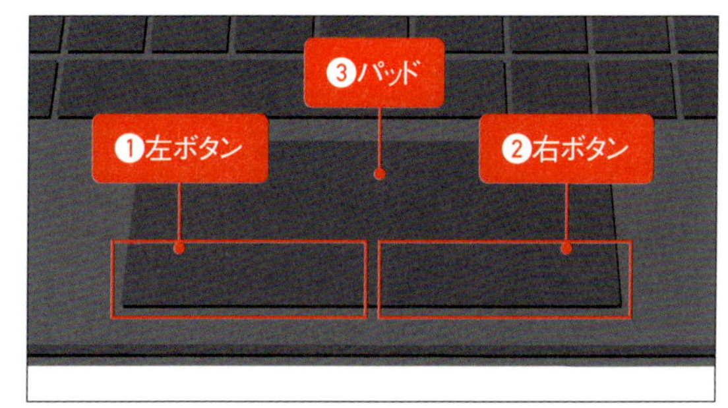

タッチパッドの基本操作

● **スクロール操作**

→ タッチパッド上で２本指ドラッグします。マウスのホイールを操作した際と同様のスクロール操作を行うことができます。

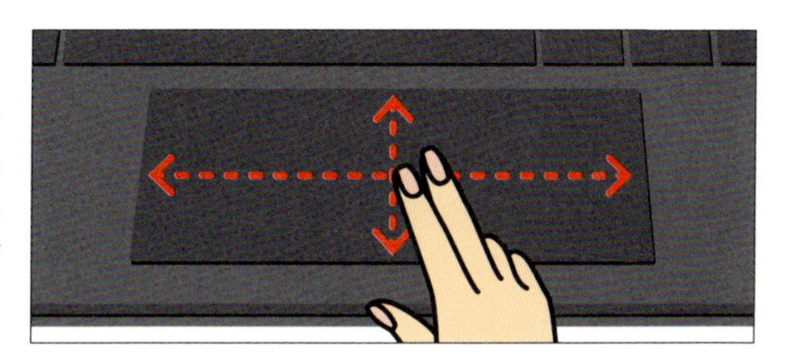

MEMO

画面が指についてくるようなイメージになり、上方に２本指でドラッグすることで下スクロールになる。この動作を逆にしたい（下スクロールを２本指下方ドラッグにしたい）場合には、P.168を参照。

●右クリック操作

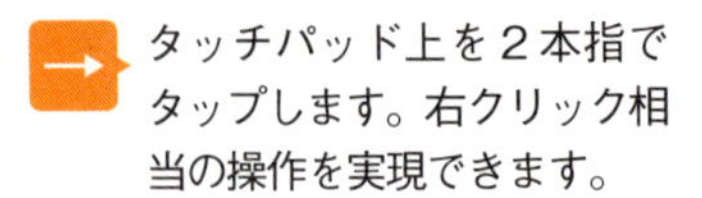

タッチパッド上を2本指でタップします。右クリック相当の操作を実現できます。

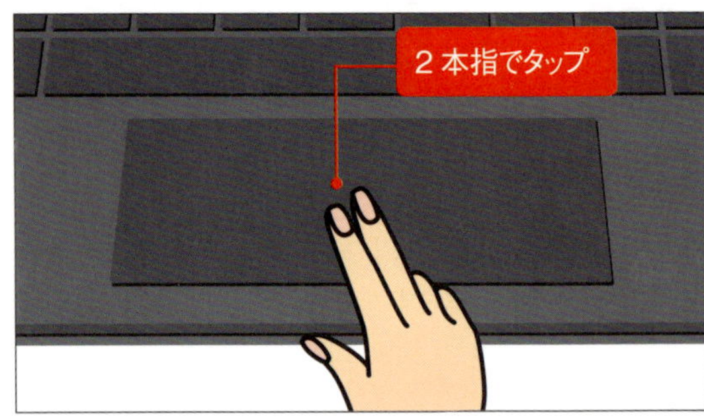

●オブジェクトの拡大／縮小

タッチパッド上でピンチアウトします。現在アクティブになっているオブジェクトを拡大表示できます。ピンチインすれば縮小できます。

MEMO

●Surfaceで「物理マウス」を利用する

Surfaceで「物理マウス」を利用したい場合には、「Bluetoothマウス」を利用するとよい。Bluetoothマウスや BluetoothデバイスのペアリングについてはP.56参照。

Microsoft製「Surface Arc Mouse」

テク 007 タイプカバーのタッチパッドで応用操作をしたい

タイプカバーのタッチパッドの応用操作

タイプカバーに搭載されるタッチパッドは、複数の指による Windows 10 の操作をサポートします。なお、ここで解説する、3 本指／4 本指のタッチパッド応用操作は Windows 10 標準設定における操作の解説です（タッチパッドの 3 本指／4 本指操作は設定で任意に動作を変更することができます、P.168 参照）。

● タスクビューを表示する

1 タッチパッドを 3 本指で上方にスワイプします。

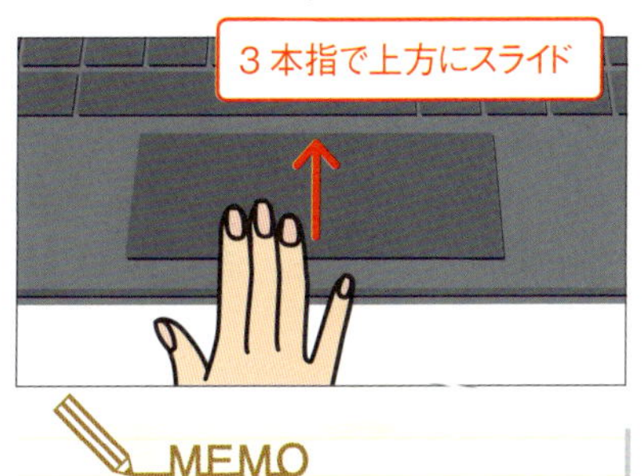

MEMO

「タスクビュー」の操作については P.185 を参照。

2 「タスクビュー」を表示することができます。

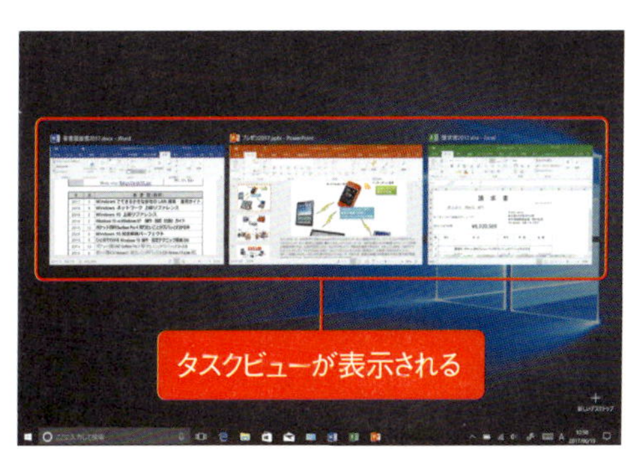

● Windows フリップでアプリを切り替える

1 タッチパッドを 3 本指で右方／左方にスワイプします。

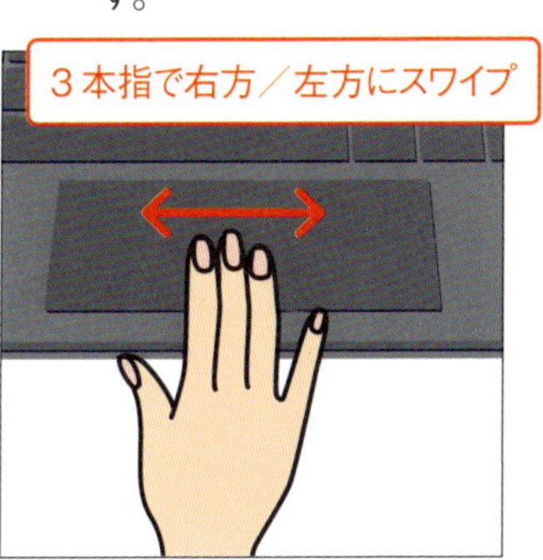

2 Windows フリップを表示してアプリを切り替えることができます。

MEMO

Windows フリップによるアプリ切り替えについては P.189 を参照。

●検索機能へのアクセス

1 タッチパッドを3本指でタップします。

2 Windows 10の音声アシスタンス/検索機能であるCortanaにアクセスすることができます。

MEMO

タッチパッドを3本指で下方にスワイプした場合には、デスクトップ上のすべてのウィンドウを最小化できる。

●アクションセンターの表示

1 タッチパッドを4本指でタップします。

2 アクションセンターを表示できます。

テク 008 デスクトップと［スタート］メニューの基本構造を確認したい

デスクトップの概要

❶デスクトップ	アプリをウィンドウ表示で展開できる
❷ショートカットアイコン	アプリ／データファイルなどのショートカットアイコンを配置することができる（P.183 参照）
❸［スタート］ボタン	クリック／タップすることで［スタート］メニューを表示できる（P.026 参照）。また、右クリック／長押しタップで「クイッククアクセスメニュー」を表示できる（P.038 参照）
❹ Cortana（コルタナ）	音声認識アシスタントとして活用でき、またファイル／アプリ／設定／Web などを検索できる（P.125 参照）
❺タスクバーアイコン	タスクの状態を確認することや（P.146 参照）、未起動アプリをクリック／タップで起動できる。また「ジャンプリスト」にアクセスして該当アプリの履歴（過去に開いたデータ）に素早くアクセスできる（P.148 参照）
❻通知領域	通知を確認できるほか、通知に対応する機能や設定にアクセスできる。通知領域の左側にある ^ ボタンをクリック／タップすることで、非表示の通知アイコンにアクセスすることも可能

[スタート] メニューの概要

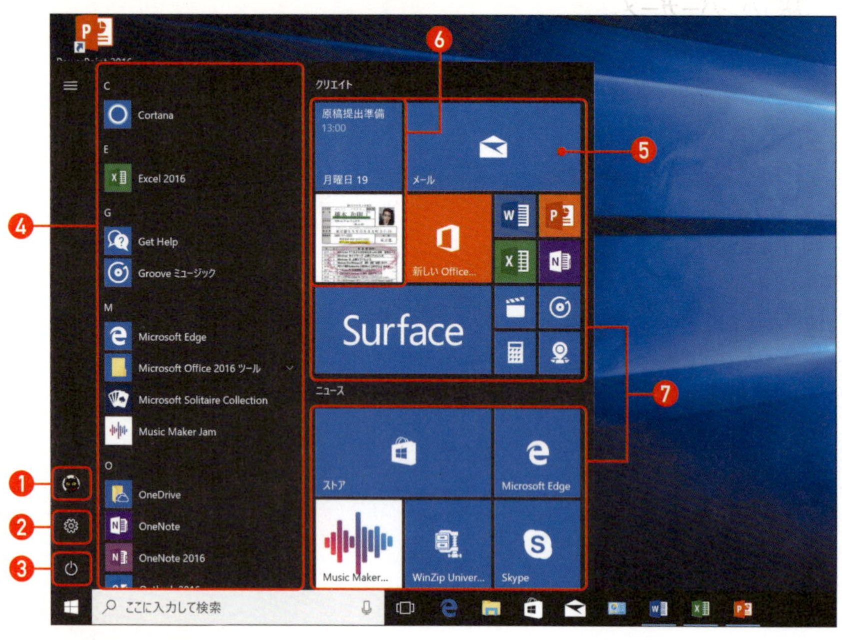

❶サインインしているアカウント	現在サインインしているアカウントの画像が表示される。アカウント設定へのアクセスやロック／サインアウトを実行できる
❷設定	「設定」を起動できる
❸電源	電源操作を行える（P.044 参照）
❹すべてのアプリ（アプリの一覧）	すべてのアプリ（アプリアイコン）にアクセスできる。なお、[スタート] メニューの設定によっては表示されない（P.138 参照）
❺タイル	クリック／タップで対象アプリを起動できる。なお、タイルはフォルダー化してまとめることもできる（P.136 参照）
❻ライブタイル	アプリに従った各種情報が随時更新して表示される
❼グループ	タイルの集合体を「グループ」と呼ぶ。タイルを任意のグループに移動できるだけでなく、グループ名を任意に命名／変更できる

MEMO

[スタート] メニューは、以下のショートカットキーで操作できる。

[スタート] メニューの表示／非表示	⊞ キー（トグル）
要素移動	Tab キー
フォーカス移動	カーソルキー
アプリを起動する（フォーカスを開く）	Enter キー／ space キー

●［スタート］メニューの左欄を展開して表示する

1 「☰（ハンバーガーメニュー）」をクリック／タップします。

2 ［スタート］メニューの左欄を展開表示できます。

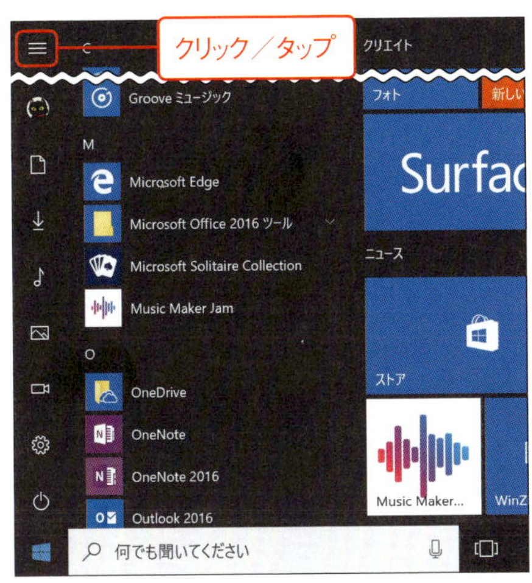

●非表示になっている「すべてのアプリ」を表示する

→ ［スタート］メニューで「すべてのアプリ」が非表示になっている場合には、「すべてのアプリ」をクリック／タップします。また、「すべてのアプリ」が表示されている状態でタイル表示に切り替えたい場合には、「ピン留めしたタイル」をクリック／タップします。

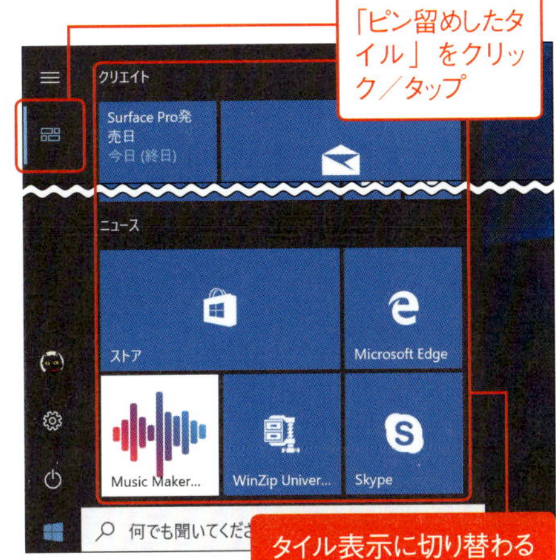

MEMO

［スタート］メニューに常に「すべてのアプリ」を表示するか否かは、「設定」で指定できる（P.138参照）。

テク 009

[スタート] メニューの「すべてのアプリ」を活用したい

「すべてのアプリ」の表示をセマンティックズームする

1 「すべてのアプリ」内の頭文字（アプリアイコン以外）をクリック／タップします。

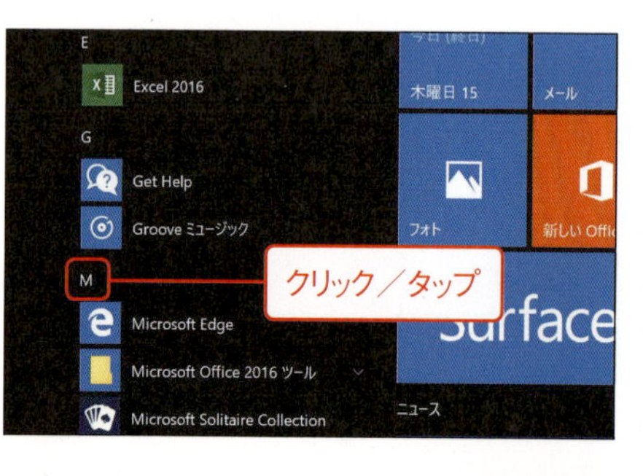

2 「すべてのアプリ」を「アルファベット&50音表示」にすることができます。頭文字をタップすることで、素早く該当のアプリ一覧を表示できます。

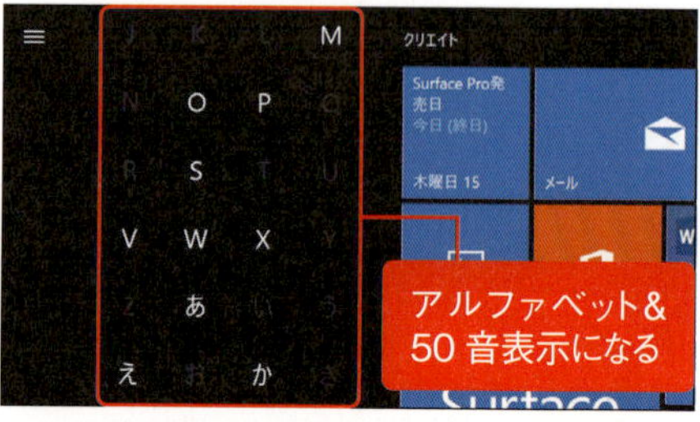

アプリアイコンから各種カスタマイズを行う

→ アプリアイコンを右クリック／長押しタップします。ショートカットメニューから各種カスタマイズを行うことができます。

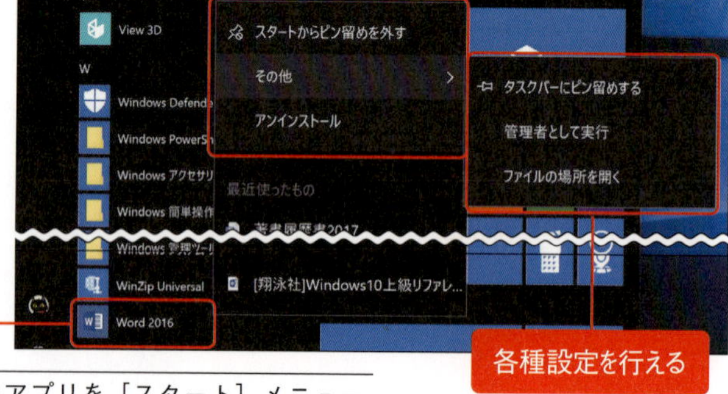

スタートにピン留めする／スタートからピン留めを外す	該当アプリを［スタート］メニューのタイルとしてピン留め／ピン留めを外す
タスクバーにピン留めする／タスクバーからピン留めを外す	該当アプリをタスクバーにピン留め／ピン留めを外す（P.150参照）
管理者として実行	該当アプリを管理者として実行する
ファイルの場所を開く	該当アプリのプログラムファイル／ショートカットアイコンが存在するフォルダーを開く
アンインストール	該当アプリをアンインストールする（P.120参照）

MEMO

該当アプリがユニバーサルアプリかデスクトップアプリかによって、表示されるショートカットメニュー項目は異なる。

テク 010 全画面表示の [スタート] メニューを操作したい

全画面表示の [スタート] メニューを操作する

Windows 10の [スタート] メニューは「タブレットモード (P.196参照)」が有効な場合や、「全画面表示のスタート画面を使う (P.133参照)」を適用している場合には「全画面表示」になります。なお、全画面表示の [スタート] メニューでは、一部通常表示の [スタート] メニューとは操作が異なる部分があります。

● 全画面表示の [スタート] メニュー

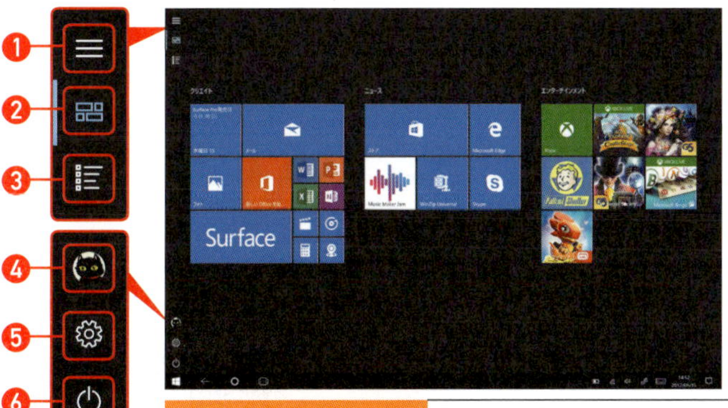

❶展開	[スタート] メニューの左欄を展開して表示できる
❷ピン留めしたタイル	ピン留めしたタイルの一覧を表示できる
❸すべてのアプリ (アプリの一覧)	すべてのアプリ (アプリアイコン) を表示できる
❹サインインしているアカウント	アカウント設定へのアクセスやロック/サインアウトを実行できる
❺設定	「設定」を起動できる
❻電源	電源操作を行える (P.044参照)。

「すべてのアプリ」をクリック/タップすることにより「すべてのアプリ (アプリの一覧)」表示、「ピン留めしたタイル」をクリック/タップすることによりタイル表示を切り替えられる。

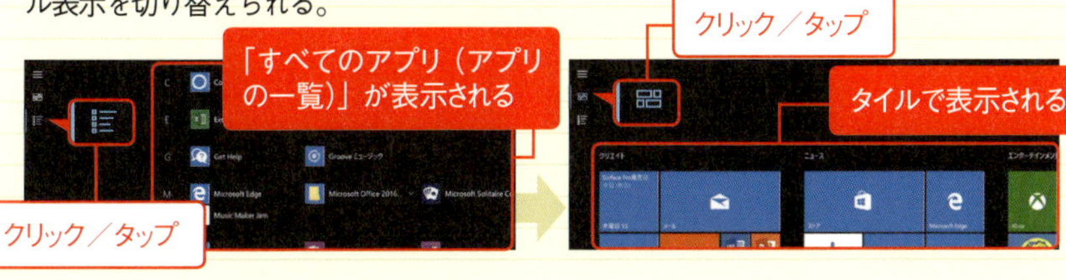

テク 011 アクションセンターを表示したい

アクションセンターの表示

「アクションセンター」では、各種通知の確認や操作、またタイルからSurfaceの各種ハードウェアを調整することができます。

●通知領域から表示する

1 通知領域にある「アクションセンター」アイコンをクリック／タップします。

MEMO

ショートカットキー ⊞ + A キーで、素早く「アクションセンター」を表示できる。

2 アクションセンターが表示されます。

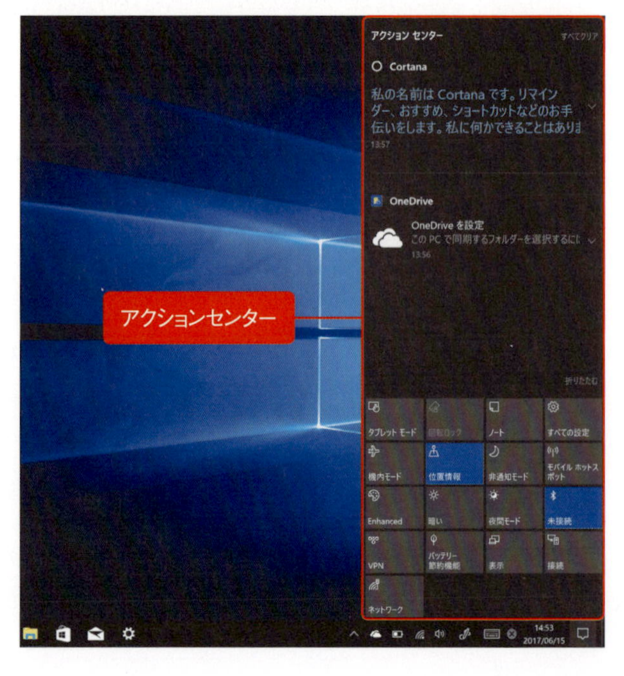

● タッチ操作で表示する

1 画面右端から画面中央に向かってエッジスワイプします。

2 アクションセンターが表示されます。

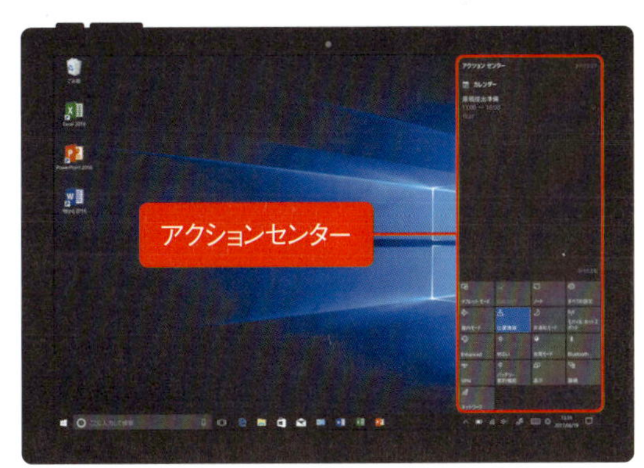

● タイル展開と折りたたみ

→ タイル上部の「展開」「折りたたむ」をクリック／タップすることで、タイルの一部表示／全表示を変更できます。

MEMO

各タイルの配置や折りたたみ時に表示されるタイル（クイックアクション）を指定したい場合にはP.175を参照。

テク 012

アクションセンターで通知操作を行いたい

アクションセンターから通知操作する

●通知から内容の確認を行う

1 アクションセンターから任意の通知の をクリック／タップします。

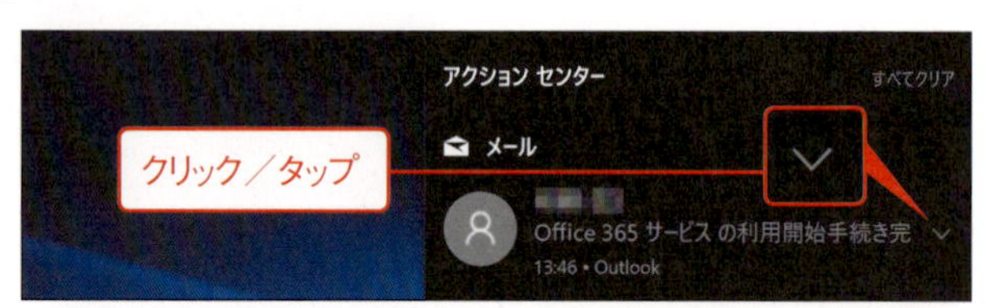

2 通知内容を確認することができます。

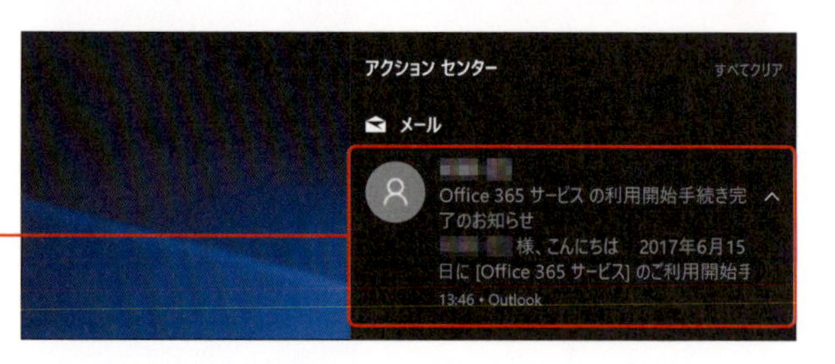

●通知からアプリの操作を行う（対応アプリのみ）

1 アクションセンターから任意の通知の をクリック／タップします。

2 通知内容に従った任意の操作を行うことができます。

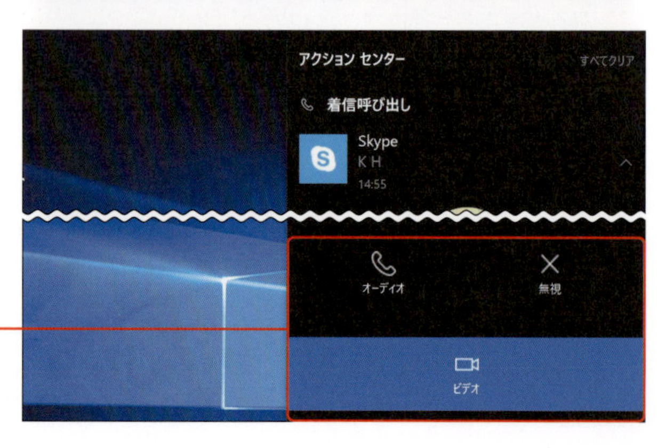

●通知内容に従ったアプリや設定にアクセスする

1 アクションセンターから任意の通知をクリック／タップします。

2 アプリが起動して、通知の詳細確認や該当アプリの操作を行えます。

●通知を消去する

1 アクションセンターから任意の通知をポイントして通知横に表示される ☒ をクリック、あるいは通知を右にスワイプします。

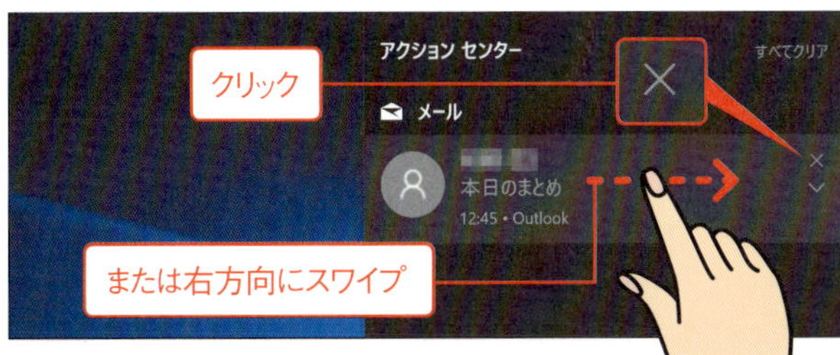

2 通知を消去できます。

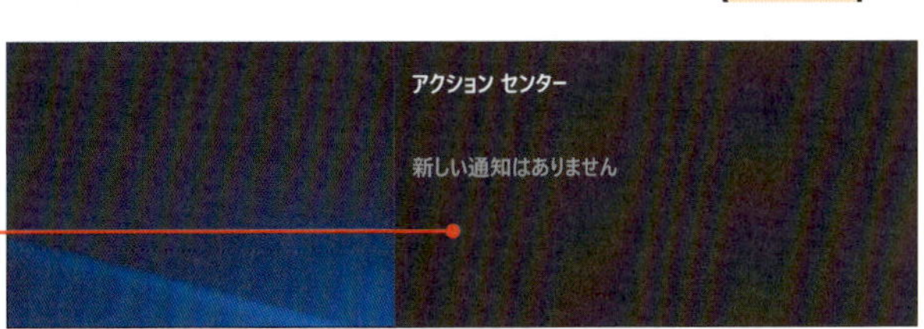

アクションセンターから「すべてクリア」をクリック／タップすれば、すべての通知を一括消去できる。

テク 013 「設定」を表示したい

「設定」の表示方法

Surfaceのカスタマイズを行う際に必要になる設定コンソールのひとつが「設定」です。「設定」を表示するには、以下のようなバリエーションが存在します。なお、よく利用する「設定」の設定項目は［スタート］メニューにピン留めしておくとよいでしょう（P.036参照）。

●［スタート］メニューから表示する

1 ［スタート］メニューから「設定」をクリック／タップします。

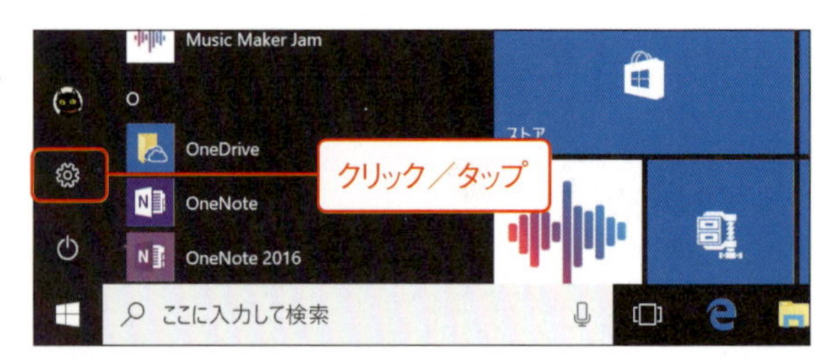

2 「設定」が表示されます。

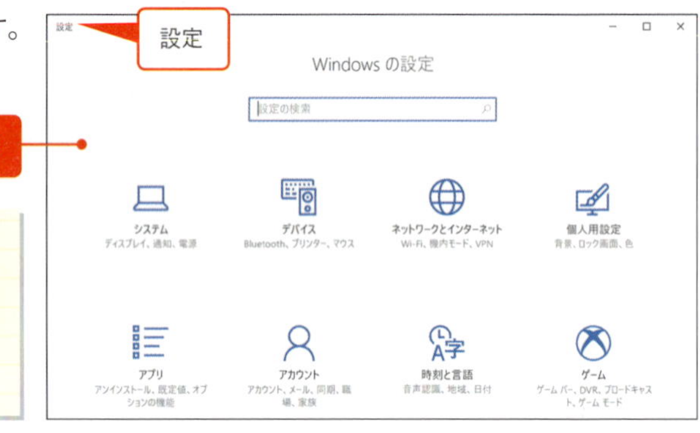

> **MEMO**
> 「設定」はショートカットキー⊞＋Iキーでも起動できる。

●アクションセンターから表示する

→ アクションセンター（P.030参照）から、「すべての設定」タイルをクリック／タップします。

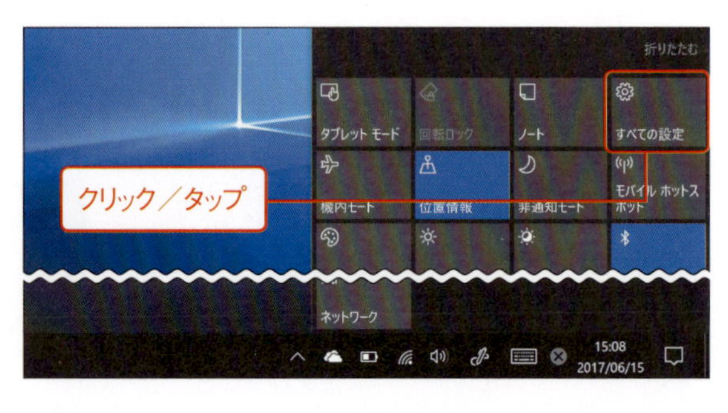

テク 014 「コントロールパネル」を表示したい

「コントロールパネル」の表示方法

一般的な Surface のカスタマイズは「設定」から行いますが、一部のカスタマイズは「コントロールパネル」から実行する必要があります。

●［スタート］メニューから表示する

1 ［スタート］メニューの「すべてのアプリ」欄から「Windows システムツール」→「コントロールパネル」をクリック／タップします。

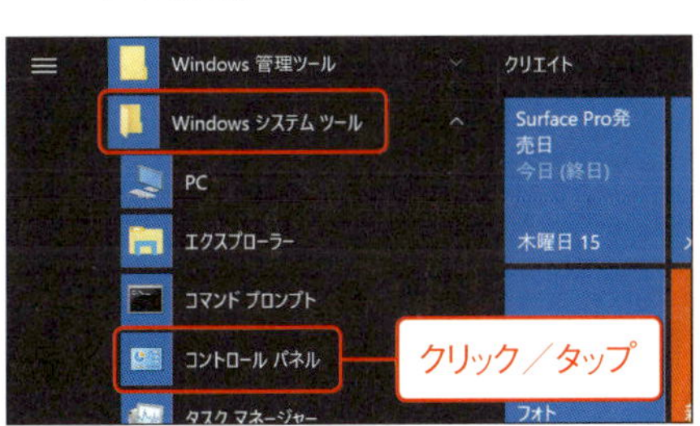

2 コントロールパネルが表示されます。

●「コントロールパネル」をタスクバーにピン留めする

1 コントロールパネルを起動ののち❶、タスクバー上に表示された「コントロールパネル」アイコンを右クリック／長押しタップして❷、ジャンプリストから「タスクバーにピン留めする」を選択します❸。

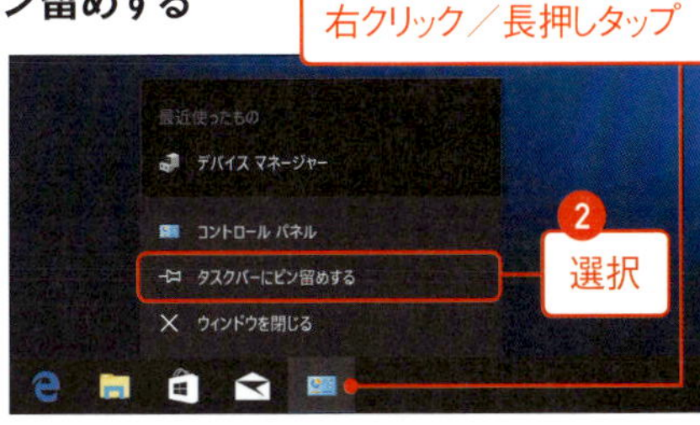

2 タスクバーに「コントロールパネル」がピン留めされます。

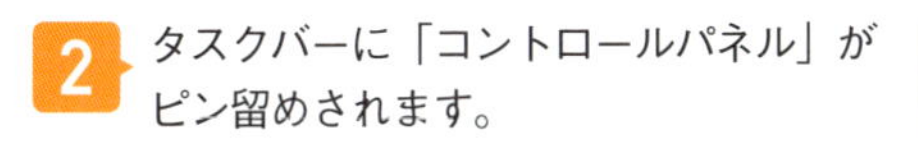
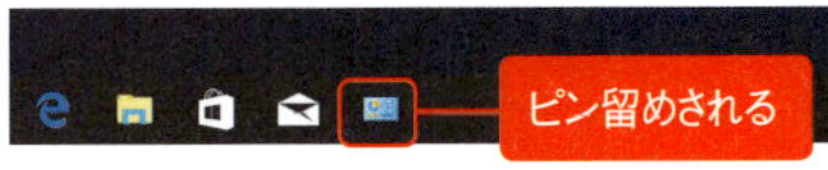

MEMO

本書のコントロールパネル設定の解説は「アイコン表示」であることが前提だ。コントロールパネルの表示方法が「カテゴリ」の場合には、「表示方法」から「大きいアイコン」あるいは「小さいアイコン」を選択する。

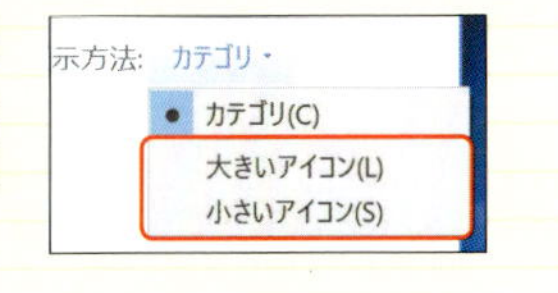

テク015 目的の設定項目に素早くアクセスしたい

アクションセンターのタイルからアクセスする

1 目的の設定に該当するアクションセンターのタイルを右クリック／長押しタップして❶、「設定を開く」を選択します❷。

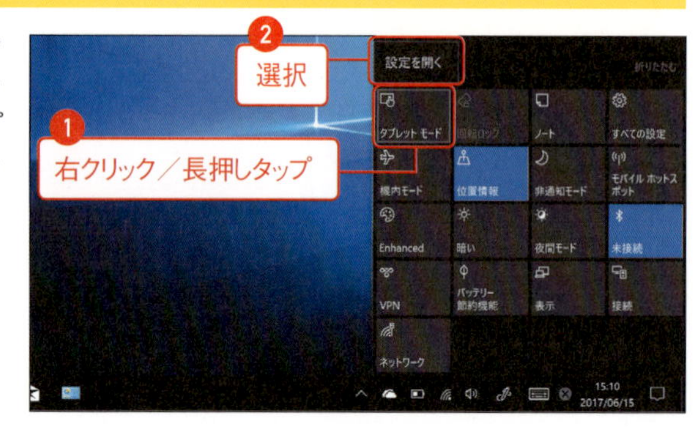

2 該当する設定項目にアクセスできます。

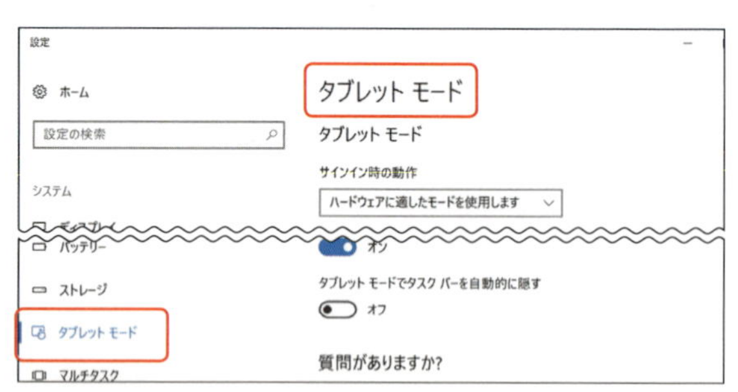

よく利用する設定項目を［スタート］メニューのタイルとしてピン留めする

1 「設定」の任意の設定項目を右クリック／長押しタップして❶、ショートカットメニューから「スタートにピン留めする」を選択します❷。「はい」ボタンをクリック／タップします❸。

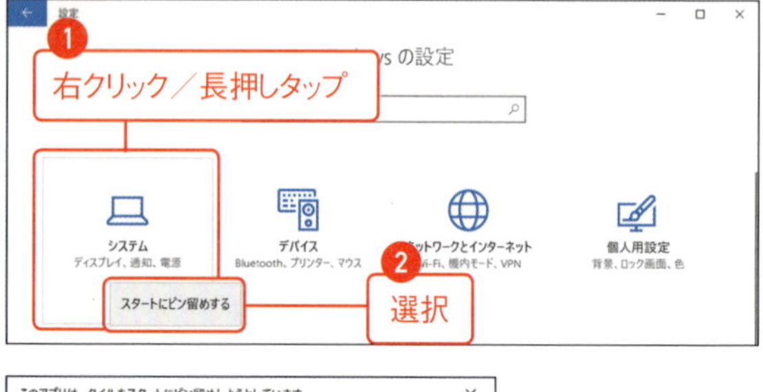

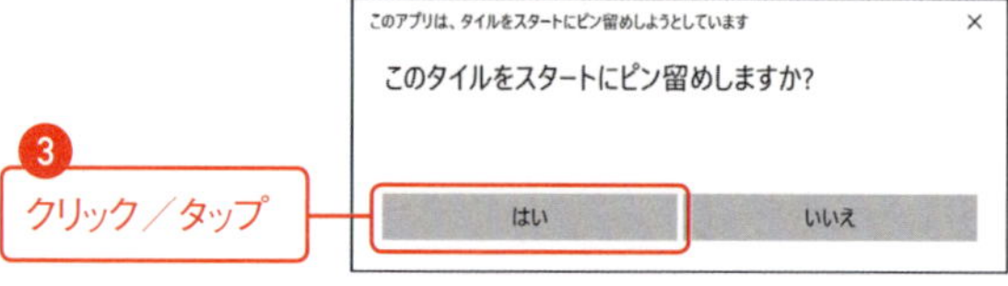

2 ［スタート］メニューのタイルとして、先に指定した「⚙設定」の設定項目がピン留めされます。以後、対象タイルをクリック／タップすることにより、対象の設定項目を開くことができます。

コントロールパネルでよく使う項目をデスクトップに配置する

1 コントロールパネル（アイコン表示）から任意の項目を右クリック／長押しタップして❶、ショートカットメニューから「ショートカットの作成」を選択します❷。

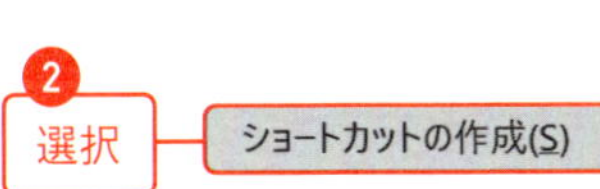

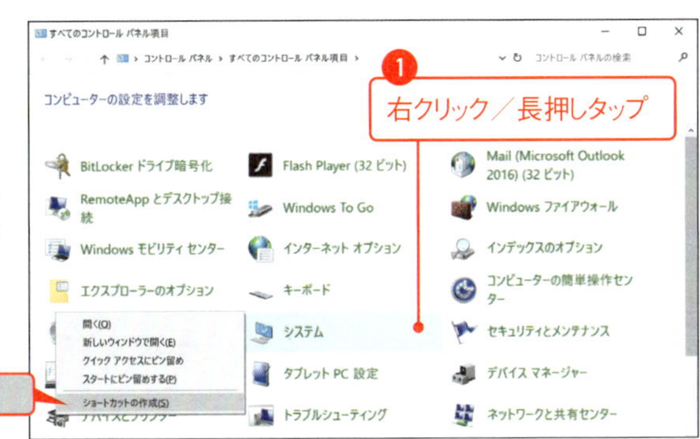

2 「はい」ボタンをクリック／タップします。

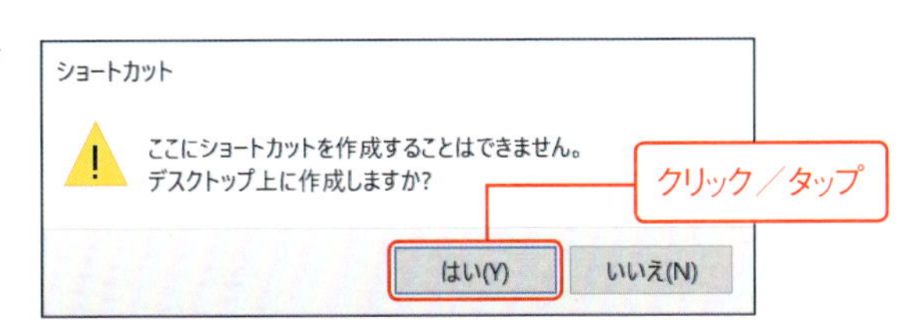

3 デスクトップにコントロールパネルの設定項目がショートカットアイコンとして配置されます。以後、対象ショートカットアイコンをダブルクリック／ダブルタップすることにより、対象の設定項目を開くことができます。

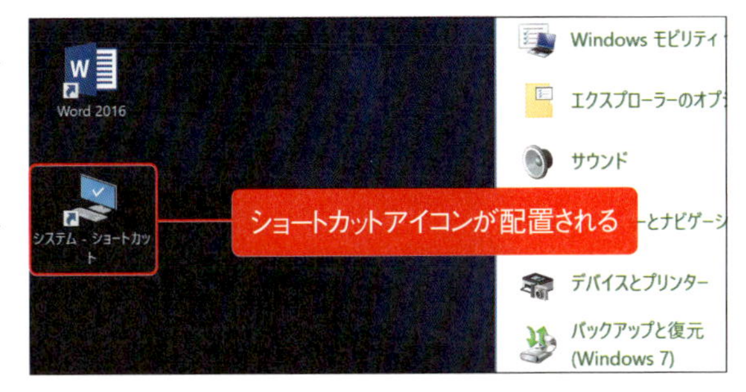

MEMO

コントロールパネル項目をデスクトップに直接ドラッグ＆ドロップしても、設定項目のショートカットアイコンを作成することができる。

MEMO

コントロールパネルでよく利用する項目は、タスクバーアイコンの「ジャンプリスト(P.148参照)」からもアクセスできる。

クイックアクセスメニューから主要設定項目にアクセスする

［スタート］ボタンを右クリック／長押しタップして❶、「クイックアクセスメニュー」から各種設定項目にアクセスします❷。

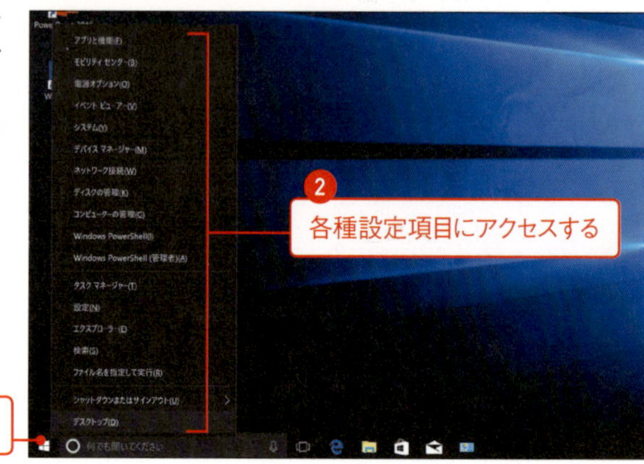

MEMO

ショートカットキー ⊞ + X キーで、素早く「クイックアクセスメニュー」を表示できる。

アプリと機能	⊞ + X → F キー
モビリティセンター	⊞ + X → B キー
電源オプション	⊞ + X → O キー
イベントビューアー	⊞ + X → V キー
システム	⊞ + X → Y キー
デバイスマネージャー	⊞ + X → M キー
ネットワーク接続	⊞ + X → W キー
ディスクの管理	⊞ + X → K キー
コンピューターの管理	⊞ + X → G キー
Windows PowerShell	⊞ + X → I キー
Windows PowerShell（管理者）	⊞ + X → A キー

タスクマネージャー	⊞ + X → T キー
設定	⊞ + X → N キー
エクスプローラー	⊞ + X → E キー
検索	⊞ + X → S キー
ファイル名を指定して実行	⊞ + X → R キー
サインアウト	⊞ + X → U → I キー
スリープ	⊞ + X → U → S キー
シャットダウン	⊞ + X → U → U キー
再起動	⊞ + X → U → R キー
デスクトップ	⊞ + X → D キー

Windows 10 でコマンドを実行したい

Windows 10 でコマンドを実行する

Windows 10 において一部のシステムカスタマイズやツールの呼び出しは「コマンドの実行」が必要になります。コマンドの実行方法には「Windows PowerShell」「ファイル名を指定して実行」など複数のアプローチがあり、またシステムカスタマイズ系のコマンド実行には「管理者権限」が必要になります。

●[ファイル名を指定して実行]から実行する

1 [スタート]メニューの「すべてのアプリ」欄から、「Windows システムツール」→「ファイル名を指定して実行」をクリック／タップします。

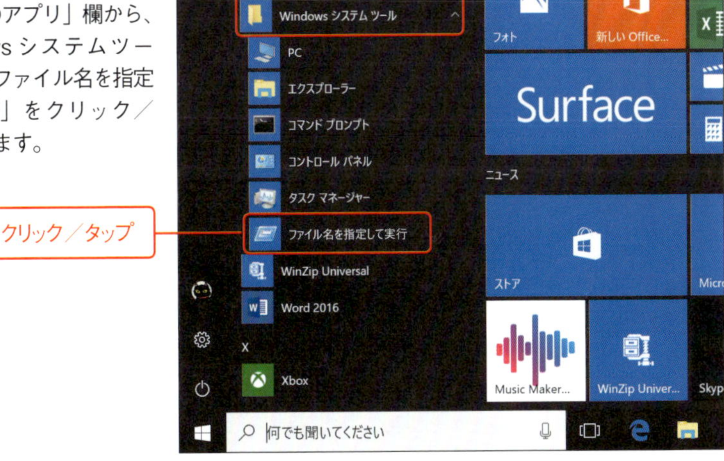

MEMO

ショートカットキー ⊞ + R キーで、素早く「ファイル名を指定して実行」を表示できる。

2 「ファイル名を指定して実行」を表示できます。任意のコマンドを入力して❶、Enter キーを入力します❷。

❶ 任意のコマンドを入力

❷ Enter キーを入力

ファイル名を指定して実行

実行するプログラム名、または開くフォルダーやドキュメント名、インターネット リソース名を入力してください。

名前(O):

OK　キャンセル　参照(B)...

●「Cortana（タスクバーの検索ボックス）」から実行する

Cortana（タスクバーの検索ボックス）にコマンドを入力します❶。検索結果として表示されるコマンドに該当するアプリ（プログラム）をクリック／タップします❷。

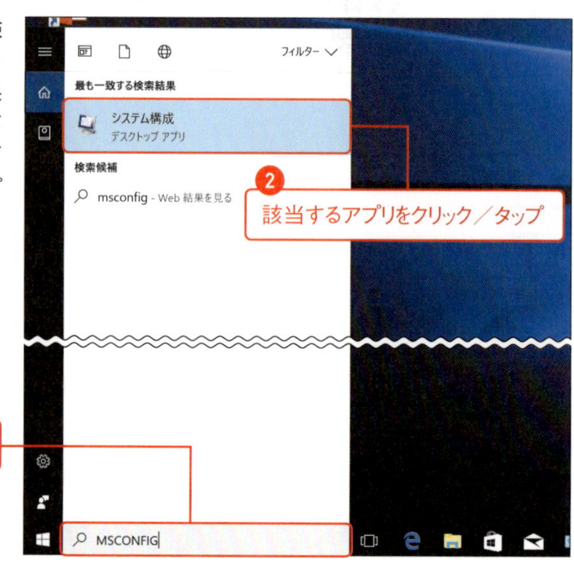

MEMO

Cortana（タスクバーの検索ボックス）における検索結果は、PC 環境に依存するため目的のアプリが表示されない場合もある。確実にコマンドを実行したい場合には「ファイル名を指定して実行」あるいは「Windows PowerShell」が便利だ。

● Windows PowerShell から実行する

Windows PowerShell を起動します（P.041 参照）。任意のコマンドを入力して❶、Enter キーを入力します❷。

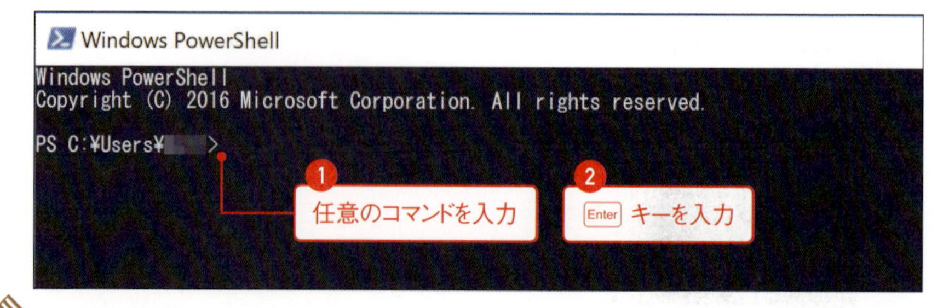

Windows PowerShell の起動方法は P.041 を参照。なお、システム系のコマンドは「管理者 Windows PowerShell」から実行する必要がある。

テク 017 Windows PowerShell を起動したい

Windows 10 で Windows PowerShell を起動する

Windows 10 の一部の操作や設定においては「Windows PowerShell」を利用する場面があります。また、システム系の操作を行う際には管理者権限のコマンドを実行できる「管理者 Windows PowerShell」が必要です。

●[スタート] メニューの「すべてのアプリ」から起動する

→ [スタート] メニューの「すべてのアプリ」欄から、「Windows PowerShell」→「Windows PowerShell」をクリック／タップします。

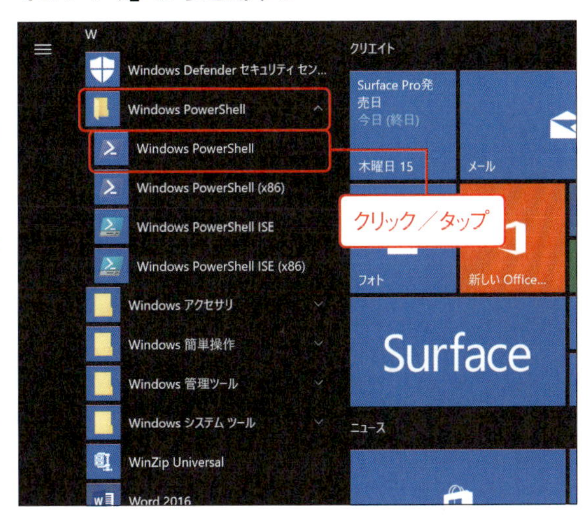

注意

最新の Windows 10 では標準コマンドシェルが「コマンドプロンプト」ではなく「Windows PowerShell」になっている。

●管理者権限で Windows PowerShell を起動する

→ 管理者権限で Windows PowerShell を起動したい場合には、[スタート] メニュー／検索結果などの「Windows PowerShell」を右クリック／長押しタップして❶、ショートカットメニューから「その他」→「管理者として実行」を選択します❷。

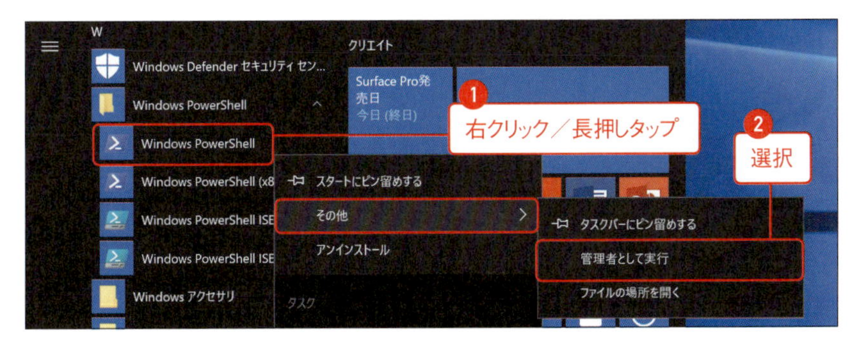

●ショートカットキーから起動する

→ ショートカットキー ⊞ + X → I キー（Windows PowerShell）、あるいは ⊞ + X → A キー（管理者 Windows PowerShell）を入力します。

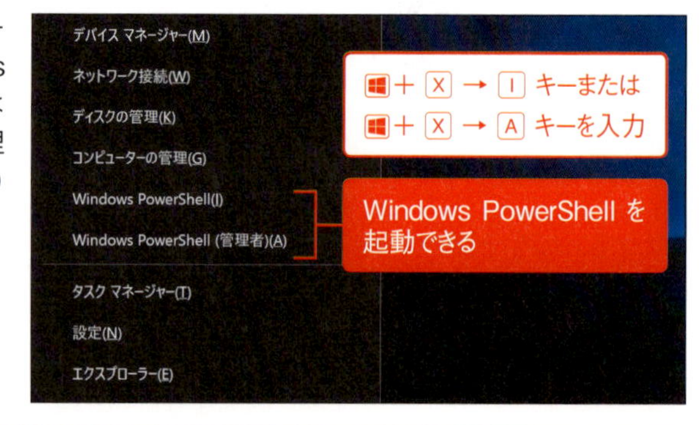

ここがポイント

●「Windows PowerShell」と「管理者 Windows PowerShell」の違い

通常の Windows PowerShell と管理者 Windows PowerShell の違いは、タイトルバーの「管理者」の表示で確認できる。「管理者 Windows PowerShell」はシステム系の操作やカスタマイズが実行できる点がポイントだ。

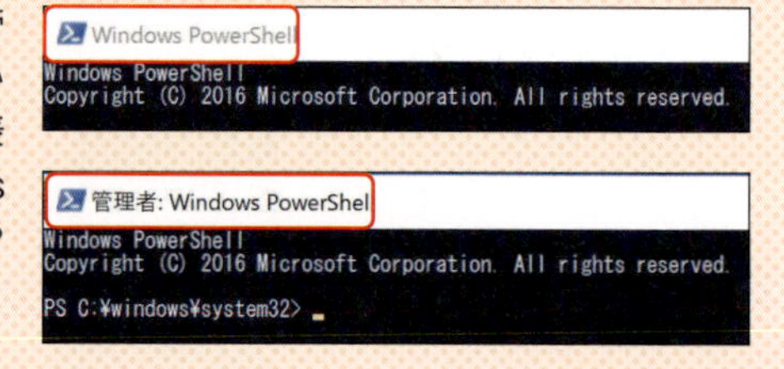

ここがポイント

●コマンドプロンプトを起動したい

コマンドシェルとしてコマンドプロンプトを利用したい場合には、[スタート] メニューの「すべてのアプリ」欄から「Windows システムツール」→「コマンドプロンプト」をクリック／タップする。あるいは「ファイル名を指定して実行」から「CMD」と入力実行する。

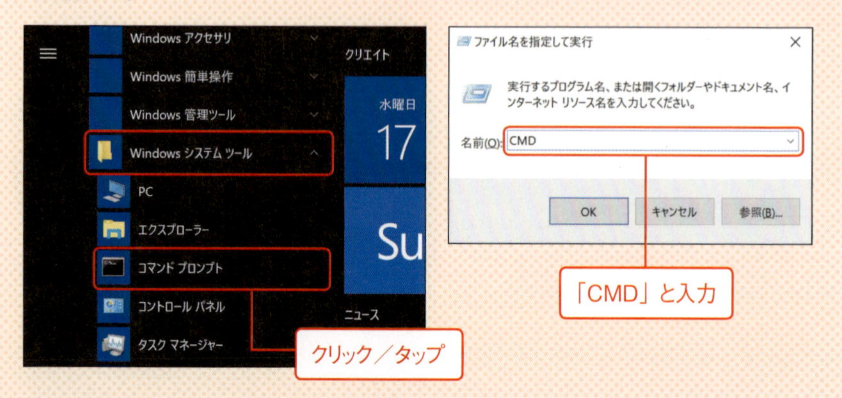

1-02 Surface の電源操作とモダンスタンバイ

Surface Pro シリーズは、高度な電源管理機能である「モダンスタンバイ」をサポートします（一部モデルを除く、下表参照）。モダンスタンバイ対応か否かで一部の操作や設定、またタブレット PC としての活用方法が異なる点があるため、まずはこの点を把握して Surface の活用に臨む必要があります。

モダンスタンバイ対応 PC の特性

Surface やタブレット PC などのモダンスタンバイをサポートしている PC では、スリープ中であってもネットワーク通信と一部のアプリを継続して動作させることができます（イメージとしてはスマートフォンと同様です）。スリープ中であってもあらかじめ設定しておいた時間にアラームを鳴らすことができるほか、対応アプリであればメールの着信やオンラインスケジュールの通知もスリープ中には受け取ることができます。

モデル	モダンスタンバイ対応
Surface Pro（2017）	○
Surface Pro 4	○
Surface Pro 3	○
Surface 3	○
Surface Pro 2	×
Surface Pro（初代）	×

Surface におけるモダンスタンバイへの対応

モダンスタンバイ非対応 PC の特性

一般的なデスクトップ PC やノート PC はモダンスタンバイ非対応 PC になります。モダンスタンバイ非対応 PC では、スリープ中にネットワーク通信やアプリ動作を継続できません。またスリープ時にパスワード入力を猶予することや（P.161 参照）、電源ボタンの長押しによる PC のシャットダウン（P.047 参照）などの操作も行うことができません。
なお、Surface の中でも「Surface Pro 2 ／ Pro（初代）」などの旧モデルはモダンスタンバイ非対応になるので注意が必要です。

ここがポイント

●各 PC でモダンスタンバイ対応の確認をしたい

自身の PC がモダンスタンバイに対応しているか否かを確認したい場合には Windows PowerShell（P.041 参照）から「POWERCFG /A」と入力実行する。モダンスタンバイ対応 PC であれば「S0 低電力アイドル」という表示になり、モダンスタンバイ非対応 PC であれば「S0」以外（S3 など）の表示になる。また、ユニバーサルアプリ「Groove ミュージック」で音楽を再生した状態で PC をスリープして、音楽再生が継続するか否かで確認してもよい。

```
Windows PowerShell
Windows PowerShell
Copyright (C) 2016 Microsoft Corporation. All rights reserved.

PS C:¥Users¥     > POWERCFG /A
以下のスリープ状態がこのシステムで利用可能です:
    スタンバイ (S0 低電力アイドル) ネットワークに接続されています
    休止状態
```

テク018 シャットダウン／再起動／スリープを行いたい

電源操作の方法

●［スタート］メニューからの電源操作

［スタート］メニューの「⏻電源」をクリック／タップします❶。メニューから任意の電源操作を選択します❷。

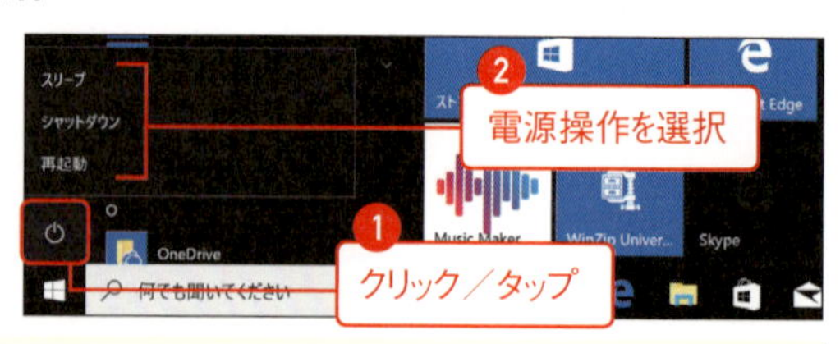

MEMO

電源ボタンやタイプカバーを閉じた際の動作に任意の電源操作を割り当てることもできる。詳しくは P.162 を参照。

●クイックアクセスメニューからの電源操作

クイックアクセスメニュー（P.038 参照）から「シャットダウンまたはサインアウト」を選択したうえで❶、任意の電源操作を選択します❷。

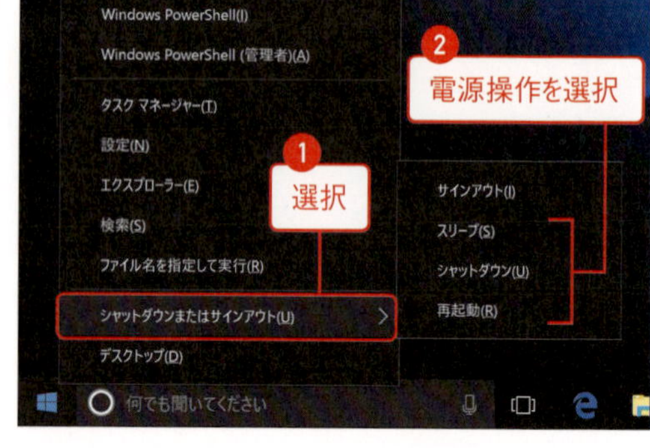

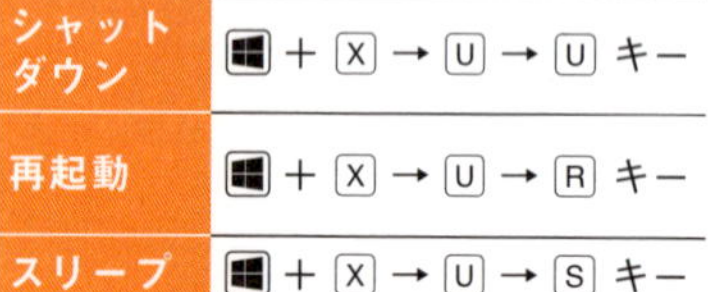

シャットダウン	⊞ + X → U → U キー
再起動	⊞ + X → U → R キー
スリープ	⊞ + X → U → S キー

ここがポイント

●Surface における再起動とシャットダウンの違い

Surface（Windows 10）において「シャットダウンからの起動」と「再起動」は特性が異なる。「シャットダウンからの起動」では「高速スタートアップ（ハイブリッドブート：正常に起動したときの環境を保存しておくことにより高速に Windows 10 を起動できる仕組み）」が適用される。つまり「シャットダウンからの起動」は「以前の環境を復元する」起動であるため、PC の動作が不安定であるなどの環境をリセットしたい場合はシャットダウンではなく「再起動」を選択する。

テク 019

画面をロック／サインアウトして他人が操作できないようにしたい

「ロック」を行う

Surfaceを利用している際、一時的に退席するなどの理由で画面の「ロック」を行いたい場合には、以下の手順に従います。なお、「ロック」を実行しても、作業中であったタスク（たとえばファイルのコピー）は継続実行されます。

1 ［スタート］メニューのユーザーアイコンをクリック／タップして❶、メニューから「ロック」を選択します❷。

MEMO

ショートカットキー ⊞ ＋ L キーでも「ロック」を実行できる。どの場面からでも利用できるショートカットキーであるため、素早くロックしたい場合にはショートカットキーからのロックが便利だ。

2 「ロック」を実現できます。

MEMO

ロックから該当アカウントへの作業復帰は「サインインオプション（P.271参照）」に従ったサインインを行う必要があるため、第三者がデスクトップにアクセスできないという意味で安心だ。

アカウントの作業を終了してサインアウトする

現在のユーザーの作業やアプリ作業を完全に終了したい場合には、「サインアウト」を行うようにします。

1 ［スタート］メニューのユーザーアイコン（ユーザー名）をクリック／タップして❶、メニューから「サインアウト」を選択します❷。

2 サインアウトが行われます。

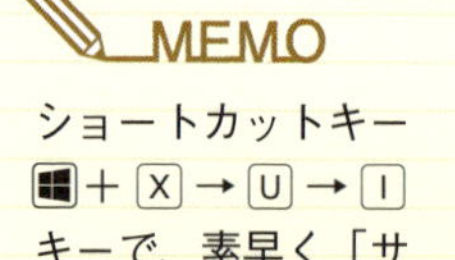

MEMO

ショートカットキー
⊞＋X→U→I
キーで、素早く「サインアウト」を実行できる。

ここがポイント

●Surfaceにおける「ロック」と「サインアウト」の違い

従来のPCでは「ロック」であっても「サインアウト」であっても、PC本体がスリープ中であれば作業は進行されない（スリープ中にアプリがバックグラウンドで動作しない）という意味で共通だった。しかし、Surfaceはモダンスタンバイに対応しているため、スリープ中であっても「ロック」では一部のアプリが継続して動作する。よって、アプリの継続動作や通知を必要としない場面、またバッテリー消費を抑えたいなどの場合には「サインアウト（あるいはシャットダウン）」を行う。

テク 020

Surface の電源ボタンから シャットダウンを行いたい

電源ボタンからシャットダウンを行う

モダンスタンバイ対応PCでは、電源ボタンの長押しで「シャットダウン」を行うことができます。

1 電源ボタンを4秒以上長押しします。

MEMO

10秒以上電源ボタンを長押しすると、「強制終了」になってしまうので注意。

MEMO

モダンスタンバイに対応しない一般的なPC／Surfaceではこの電源操作を適用できない。

2 「スライドしてPCをシャットダウンします」が表示されます。マウス操作で下方向にドラッグ、あるいはタッチ操作で下方向へスライドします。シャットダウンを実行できます。

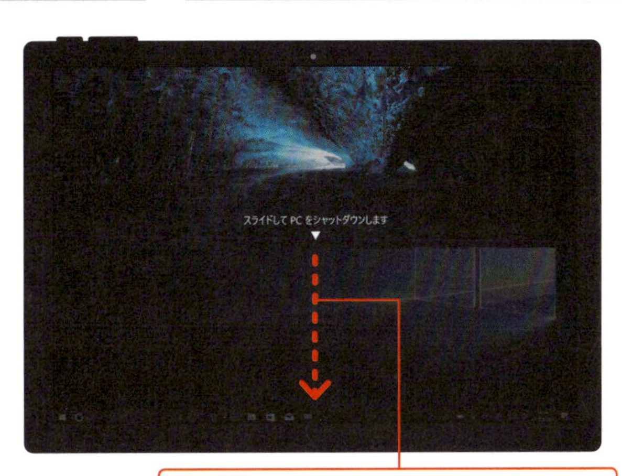

テク 021 ファイルの拡張子を表示したい

ファイルの拡張子を表示する

Surface（Windows 10）の標準設定では「ファイルの拡張子は表示しない」ことになっていますが、各種確認やセキュリティを考えてもファイルの拡張子を表示しておくことは必須です。なお、本書の解説はファイルの拡張子が表示されている状態を前提としています。

→ コントロールパネル（アイコン表示）から「エクスプローラーのオプション」を選択します。「エクスプローラーのオプション」ダイアログの「表示」タブ内、「登録されている拡張子は表示しない」のチェックを外します❶。「OK」ボタンをクリック／タップします❷。

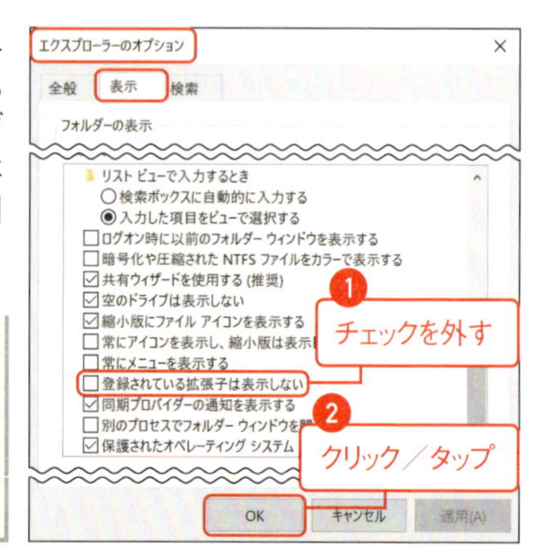

MEMO
エクスプローラーの「表示」タブ「表示／非表示」内、「ファイル名拡張子」をチェックしても同様の設定になる。

システムファイルを表示する（任意設定）

→ コントロールパネル（アイコン表示）から「エクスプローラーのオプション」を選択します。「表示」タブ内、「隠しファイル、隠しフォルダー、および隠しドライブを表示する」にチェックします❶。また「保護されたオペレーティングシステムファイルを表示しない（推奨）」のチェックを外して❷、「OK」ボタンをクリック／タップします❸。

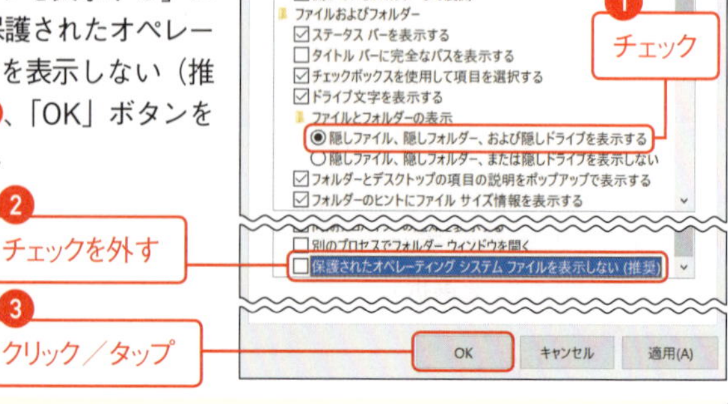

MEMO
システムファイルを表示する設定は、システム動作などを確認したい場合のみ適用する。

テク 022

各種操作時のメニュー表示を右側に展開したい

メニューを右側に展開する設定

Surfaceにおけるアプリのメニュー表示や、右クリック／長押しタップした際のショートカットメニュー表示は、一般的なPC（タッチ非対応PC）とは逆の「左側」にメニュー展開します。これは「右手」でタッチやペン操作をした際にメニュー表示が手とかぶらないようにする配慮ですが、一般的なPC同様に「メニューを右側に展開したい」場合には以下の手順に従います。

1 コントロールパネル（アイコン表示）から「タブレットPC設定」を選択します。「その他」タブ内、「きき手」欄で「左きき」を選択して❶、「OK」ボタンをクリック／タップします❷。

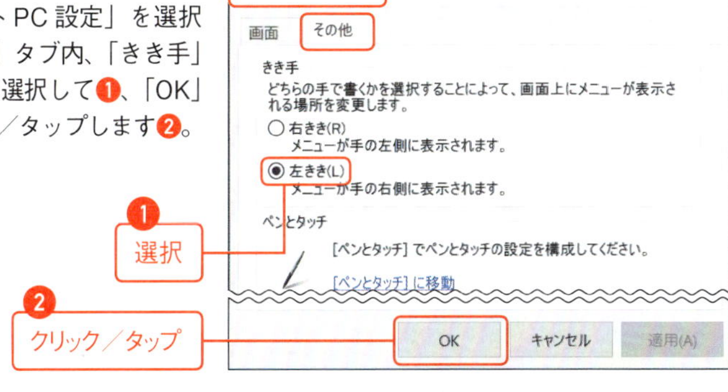

2 「右きき」の場合にはメニューが左側に展開しましたが、「左きき」の場合にはメニューが右側に展開します。

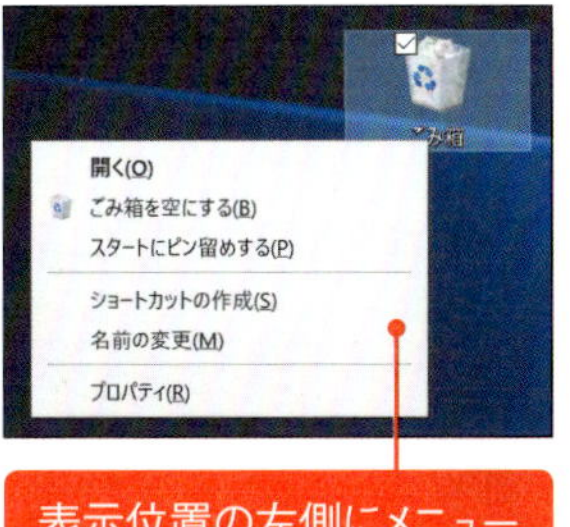

表示位置の左側にメニューが表示される（右きき）

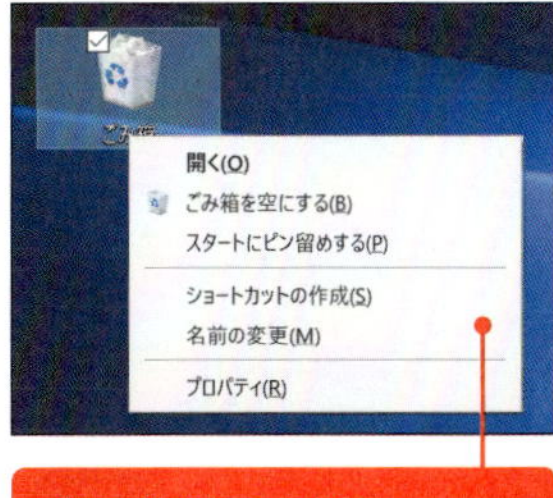

表示位置の右側にメニューが表示される（左きき）

「設定」から「デバイス」→「ペンとWindows Ink」を選択して、「ペン」欄にある「利き手を選択してください」のドロップダウンから任意に選択しても同様に設定できる。

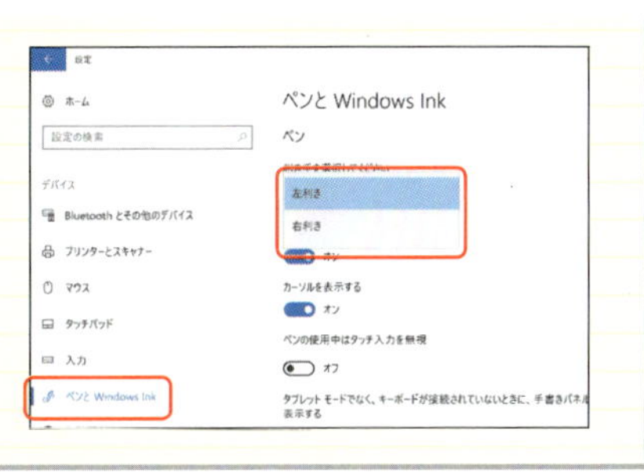

テク 023

Surface のシステムの情報を確認したい

システムの情報を表示する

→ 「設定」から「システム」→「バージョン情報」を選択します。

システムの情報を確認できる

選択

エディション	Windows 10 のエディションを確認できる
バージョン	Windows 10 のバージョンを確認できる（Windows 10 のバージョンは「年月」で表記される）
OS ビルド	OS のビルド番号を確認できる
プロダクト ID	Windows 10 のプロダクト ID を確認できる
シリアル番号	PC のシリアル番号を確認できる
プロセッサ	CPU の型番と動作クロック数が確認できる
実装 RAM	PC に物理的に搭載している物理メモリ容量を確認できる
システムの種類	オペレーティングシステムのシステムビット数が「64 ビット（x64）」か「32 ビット（x86）」かを確認できる
ペンとタッチ	ペン入力やマルチタッチへのサポートを確認できる

MEMO

コントロールパネル（アイコン表示）から「システム」を選択しても、PC の各種情報を確認することができる。

テク 024 Surface の詳細情報を確認したい

システムの詳細情報を表示する

Surface のシステムモデルや BIOS バージョン、OS のビルド番号などを確認したい場合には、以下の手順に従います。

1 Cortana（タスクバーの検索ボックス）に「MSINFO32」と入力します❶。検索結果として表示される「システム情報」をクリック／タップします❷。

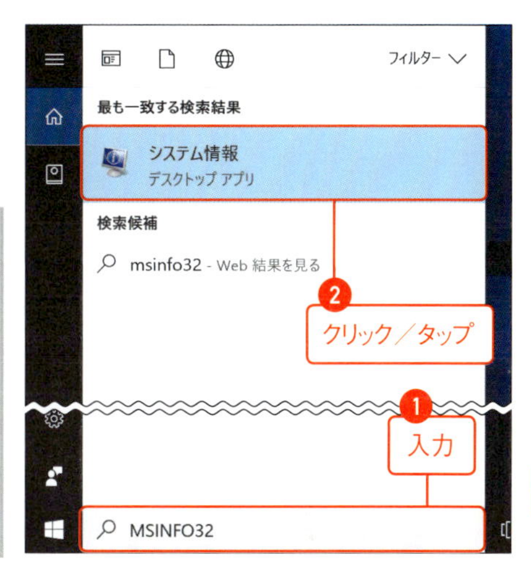

MEMO

Cortana（タスクバーの検索ボックス）からのキーワード入力による検索結果表示は PC 環境によって異なる。結果に目的のアイテムが表示されない場合には、「ファイル名を指定して実行（P.039 参照）」から「MSINFO32」と入力実行する。

2 「システム情報」を起動することができます。「システム情報」では、OS のビルド番号や Surface のシステムモデル／システム SKU を確認できます。

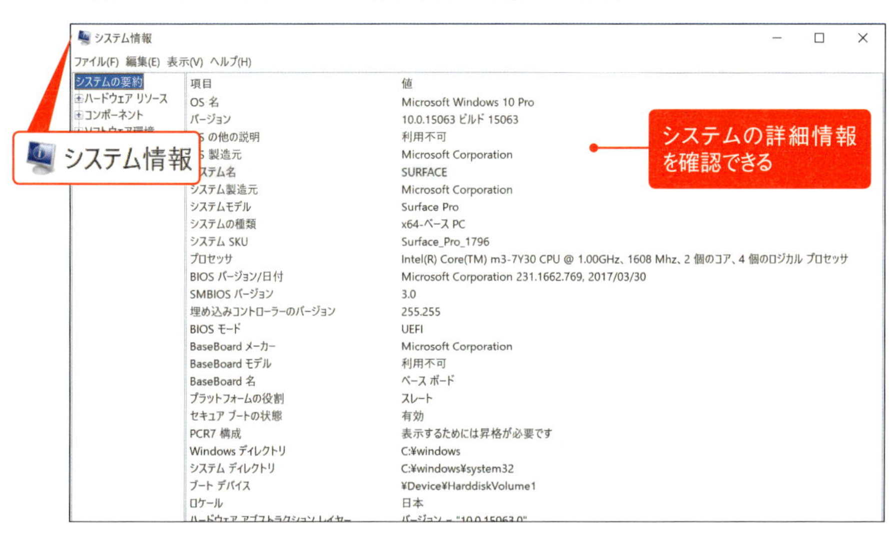

「Surface」アプリで確認する

1 ［スタート］メニューから「Surface」をクリック／タップします。

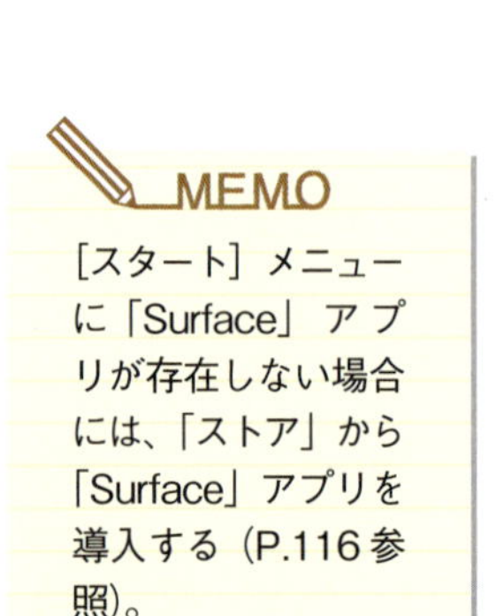

[スタート] メニューに「Surface」アプリが存在しない場合には、「ストア」から「Surface」アプリを導入する（P.116参照）。

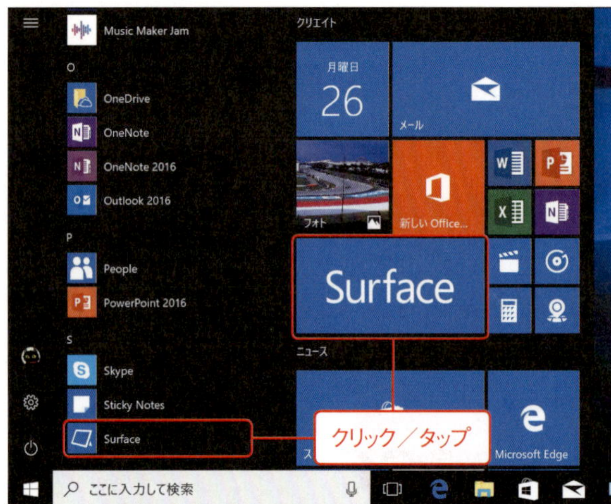

2 「あなたの Surface」をクリック／タップします。

3 Surface のシリアル番号や各種バージョン情報を確認することができます。

chapter

02

Surface Proの周辺機器やハードウェアの活用

本章では、Surfaceの画面の明るさ／音量などの調整方法のほか、Surfaceをさらに活用するためのBluetoothデバイス／USBデバイス／ Display Portなどの各種ポートや周辺機器の活用について解説します。
また、ワイヤレスディスプレイ（Miracast）やマルチディスプレイ／プロジェクター出力などの活用についても解説します。

2-01 魅力的な周辺機器とBluetoothの活用

Surfaceではさまざまな周辺機器を利用することができますが、基本となるのはワイヤレスで複数の周辺機器を管理できるBluetoothの活用です。ここでは、Surfaceにおける Bluetoothデバイスの活用や設定について解説します。

Bluetoothデバイスの魅力と活用

Surfaceは汎用的な周辺機器として「USBデバイス」や「Bluetoothデバイス」を利用できますが、モバイルシーンにおける周辺機器活用は「Bluetoothデバイス」を利用するのが一般的です。これはBluetoothであればワイヤレスでかつ、複数のBluetoothデバイスを一括管理できるからです(USBデバイスを複数利用するには必要数のUSBポートが必要になるため、Surfaceにおけるモバイルシーンではスマートではありません)。
Bluetoothデバイスにはマウスやキーボードのほか、ヘッドセットなどがあります。

MEMO

Bluetoothデバイスを利用するには、「ペアリング」が必要。詳しくはP.056を参照。

① Bluetoothマウス

タイプカバーに付属するタッチパッドでは効率的な操作が行えない(物理マウス操作のほうが得意)という場合には、「Bluetoothマウス」を利用します。Bluetoothマウスであれば貴重なUSBポートをつぶさずに物理マウスを利用できます。

Surface Arc Mouse

MEMO

Bluetoothマウスなど物理マウスのみを活用して、タイプカバーのタッチバッドを利用しない(誤動作の原因になるので物理マウスを利用する際はタッチバッド機能を無効にしたい)という場合には、P.171を参照。

② Bluetooth テンキーボード

Surfaceのタイプカバーには独立したテンキーが存在せず、また一般的なノートPCには存在する「テンキーモード（キーボードの一部のエリアをテンキーに置き換えるモード）」も存在しないため、数値入力をよく行うという場合には「Bluetoothテンキーボード」を活用します。

Bluetoothワイヤレステンキーボード
「TK-TDM017BK」

③ Bluetooth キーボード

一般的にSurfaceの物理キー入力は「タイプカバー」を利用しますが、キー配列やキーストロークなどこだわりがある場合には「Bluetoothキーボード」を活用してもよいでしょう。Bluetoothキーボードであればタイプカバーとは異なり物理的な接続を必要としないため、本体と距離を取って文字入力や操作を行えるというメリットもあります。

Bluetoothキーボード「Majestouch MINILA Air」（ダイアテック）

④ Bluetooth ヘッドセット

Surfaceは内蔵スピーカーと内蔵マイクを備えていますが、Skypeなどの通話をスマートに行いたい場合には「Bluetoothヘッドセット」を活用してもよいでしょう。Windows 10では複数の再生（スピーカー）／録音（マイク）デバイスを管理でき、音声通話用の再生／録音デバイスを指定することが可能です（P.077参照）。

MEMO

音声通話に利用したい場合にはHFP／HSPプロファイルに対応したものを、音楽などを楽しみたい場合にはA2DPプロファイルに対応したものを選択する。

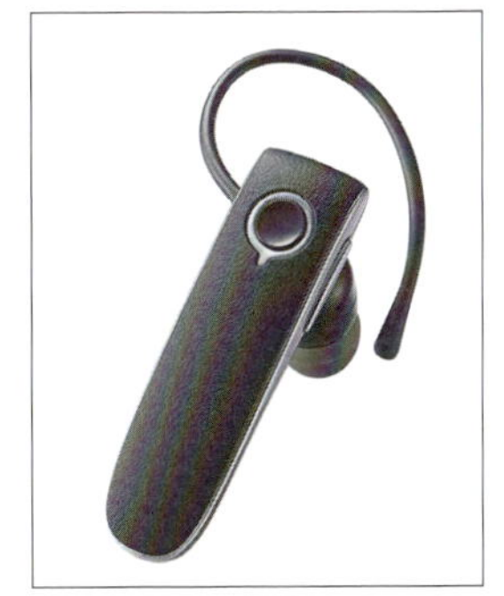

Bluetoothヘッドセット
LBT-HPS04MPBK（エレコム）

テク 025 SurfaceでBluetoothデバイスをペアリングしたい

Bluetoothデバイスのペアリング設定を行う

Bluetoothデバイスを利用するには、SurfaceとBluetoothデバイス間で「ペアリング」を行う必要があります。ペアリング設定は、以下の手順に従います。

1 Bluetoothデバイスをペアリングモードにします。

MEMO

ペアリングモード設定方法はBluetoothデバイスによって異なる。ほとんどの場合には、「Connect」ボタンや「ID」ボタンを押すことで実現でき、ペアリングモード時にはデバイス上のランプが点灯するなどのアクションが行われる。

2 「設定」から「デバイス」→「Bluetoothとその他のデバイス」を選択します❶。「Bluetooth」が「オン」になっていることを確認します❷。「Bluetoothまたはその他のデバイスを追加する」をクリック／タップします❸。

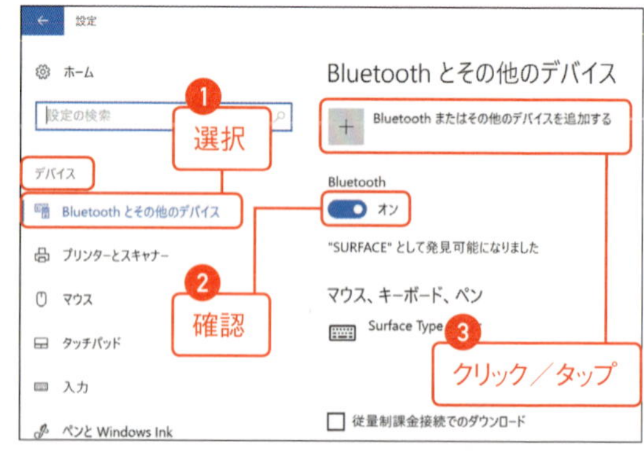

3 「Bluetooth」をクリック／タップします。

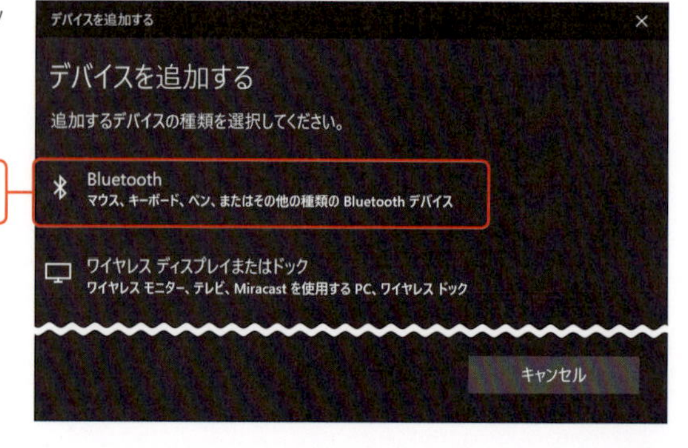

4 一覧に接続したいデバイス名が表示されたら、デバイス名をクリック／タップします。

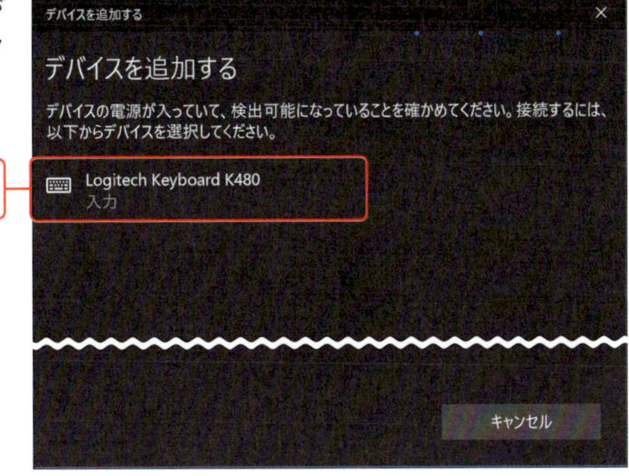

5 Bluetooth デバイスによっては PIN が表示されるので、Bluetooth デバイス側で PIN を入力します。

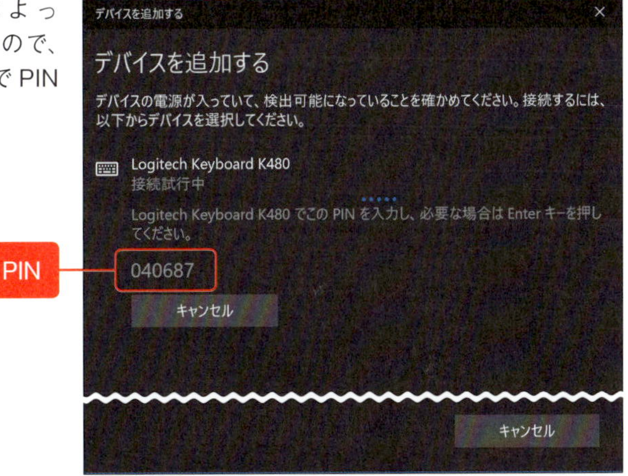

6 デバイスの追加が開始され、しばらくするとデバイスが利用できるようになります。「完了」ボタンをクリック／タップします。

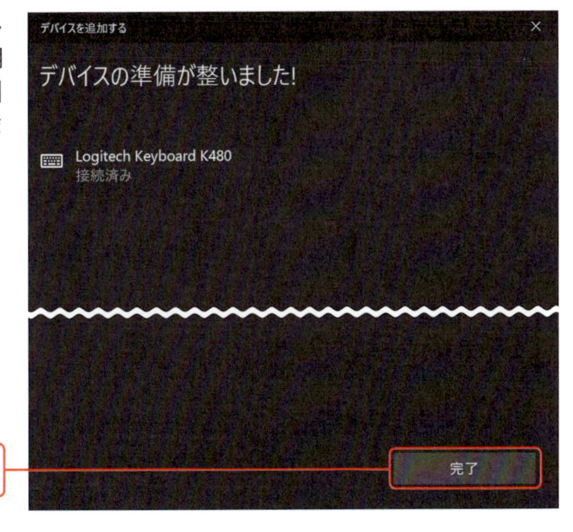

テク 026 Bluetooth デバイスとのペアリングを解除したい

Bluetooth デバイスのペアリングを解除する

Surface と Bluetooth デバイスとのペアリングを解除したい（または再ペアリングしたい）場合には、以下の手順に従います。

1 「設定」から「デバイス」→「Bluetooth とその他のデバイス」を選択します❶。一覧からペアリングを解除（接続を解除）したい Bluetooth デバイスをクリック／タップします❷。

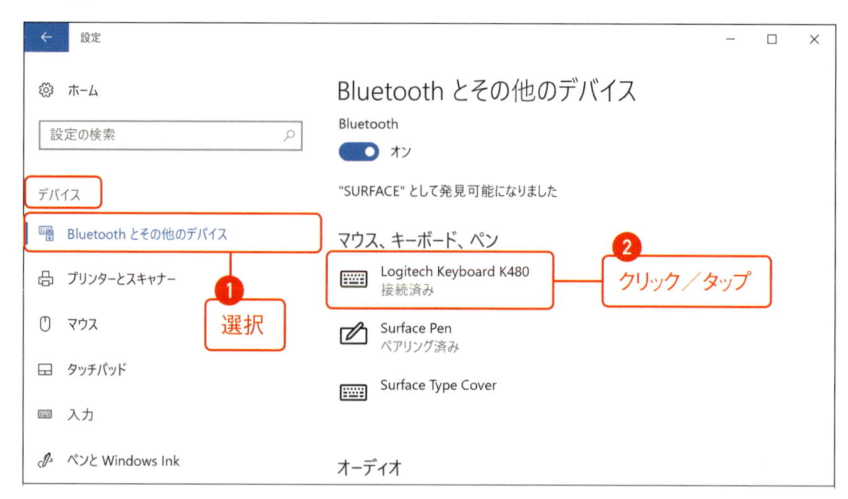

2 「デバイスの削除」ボタンをクリック／タップします❶。「はい」ボタンをクリック／タップします❷。デバイスが削除されます。

2-02 マルチディスプレイとプレゼンテーション

Surfaceはディスプレイ出力ポートを搭載しているため、Surface本体のディスプレイ以外のディスプレイデバイスを併用して利用することが可能です。このような映像出力機能は「マルチディスプレイ」や「プレゼンテーション」に活用することができます。

マルチディスプレイの活用

ディスプレイ出力ポートに液晶ディスプレイを接続すれば、マルチディスプレイ環境を構築することが可能です。マルチディスプレイ環境ではデスクトップなどの作業領域を増やすことができるため、複数のウィンドウを開いて作業をする場面（資料を見ながら企画を作成などの場面）で効率的です。

マルチディスプレイ

MEMO

ディスプレイデバイスを活用する際には「ディスプレイケーブル（P.060参照）」や「ディスプレイ出力時の表示モード（P.063参照）」に留意する必要がある。

プレゼンテーションでの活用

ディスプレイ出力ポートにプロジェクターを接続すれば、大画面にSurface上の画面を映し出すことも可能です。また、PowerPointであれば「発表者ビュー」を活用することで、Surface上では発表者ツールやノートなどを表示した状態でプロジェクターにはスライドのみを表示することもできます（P.107参照）。

プロジェクター接続

ディスプレイ出力ポートとケーブル

Surfaceにはディスプレイ出力ポートとして「Mini Display Port」が搭載されており、ここから任意のディスプレイに映像出力を行うことで「マルチディスプレイ環境の構築」や「プロジェクターへの映像出力」が可能になります。

● Surfaceのディスプレイ出力ポート

Surfaceの電源コネクタ側の上端にあるポートが「Mini Display Port」です。ここにディスプレイケーブルを介してディスプレイデバイスを接続すれば、映像出力が可能になります。

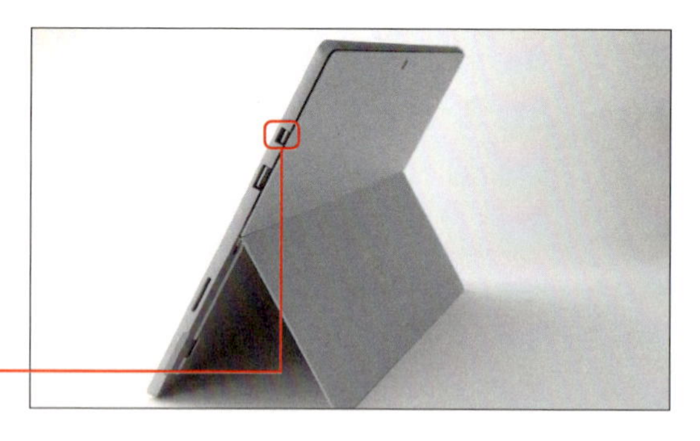

● ディスプレイケーブルとポートの形状

ディスプレイデバイスのディスプレイ入力ポートの形状はさまざまです。比較的古めのディスプレイやプロジェクターは入力ポートとして「D-Sub15」であることが多く、また新しいディスプレイデバイスは「HDMI」であることがほとんどです。

D-Sub15ディスプレイケーブル
(写真はエレコムのCAC-50BK/RS)

HDMIディスプレイケーブル
(写真はエレコムのCAC-HDPS14Eシリーズ)

● 変換ケーブル

ディスプレイデバイスの入力ポートの多くは「HDMI」か「D-Sub15」ですが、これらのポートとSurfaceの出力ポートである「Mini Display Port」を直接接続するケーブル(両端がオスのケーブル)は少ないため、一般的には「変換ケーブル」を介して接続を行います。

Mini DisplayPort - VGA アダプター

Mini DisplayPort - HD AV アダプター

テク027 ワイヤレスディスプレイ環境を整えたい

Miracastを利用してワイヤレスディスプレイを活用する

→ Surfaceはワイヤレスによるディスプレイ伝送技術である「Miracast」をサポートしています。Miracastによるワイヤレスディスプレイ環境を実現するには、一般的にはMiracast対応のワイヤレスディスプレイアダプターを用意します。

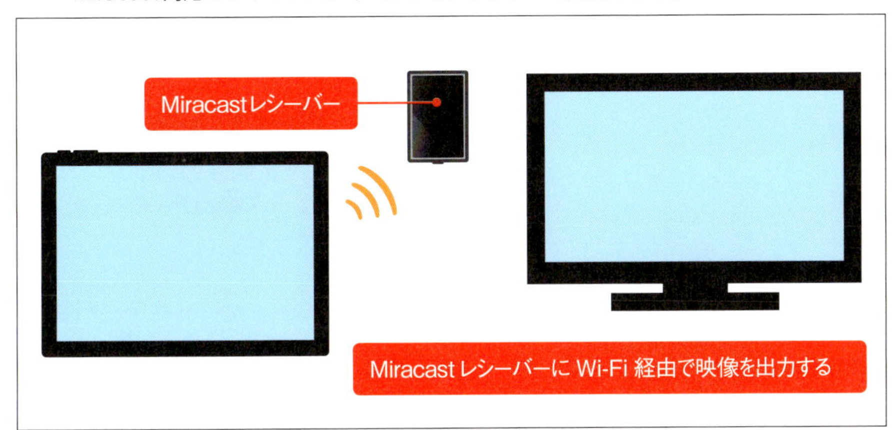

Miracastによるワイヤレスディスプレイ

Miracastレシーバーを用意する

→ Miracastを行うには、ディスプレイ側にMiracastをサポートするワイヤレスディスプレイアダプター（Miracastレシーバー）が必要になります。また、Miracastレシーバーは著作権保護コンテンツに対応する関係上、映像出力は「HDMI」規格であるためディスプレイデバイス側の映像入力は「HDMI」に対応している必要があります。
なお、Miracastはディスプレイ伝送技術の規格ですが、実際には相性も存在するため「Windows 10に正式対応表明している（Surfaceに正式対応表明している）Miracastレシーバー」をチョイスするようにします。

Microsoft ワイヤレス ディスプレイ アダプター

Miracastは不可逆圧縮による映像伝送のため、画質劣化が起こる。また、規格上は十分快適な描画クオリティとパフォーマンスを持つはずだが、ワイヤレスであるがゆえに描画遅延が発生するだけでなく、周辺環境（周辺の無線LAN通信環境）にも影響を受ける。

テク 028

Surfaceでディスプレイ接続の設定をしたい

ワイヤレスディスプレイへの接続設定

Surface で Miracast によるワイヤレスディスプレイを構築したい場合には、「ワイヤレスディスプレイアダプター（Miracast レシーバー）」や他 PC のプロジェクションを有効にしたうえで、以下の手順に従います。

1 「⚙設定」から「システム」→「ディスプレイ」を選択します❶。「ワイヤレスディスプレイに接続する」をクリック／タップします❷。

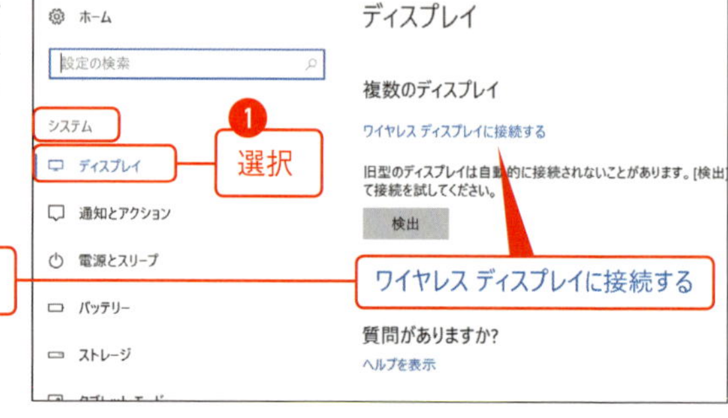

2 デバイス検索が開始されます。一覧に Miracast レシーバー（あるいは有効なプロジェクション）が表示されたらクリック／タップします。ワイヤレスディスプレイへの接続が実現します。

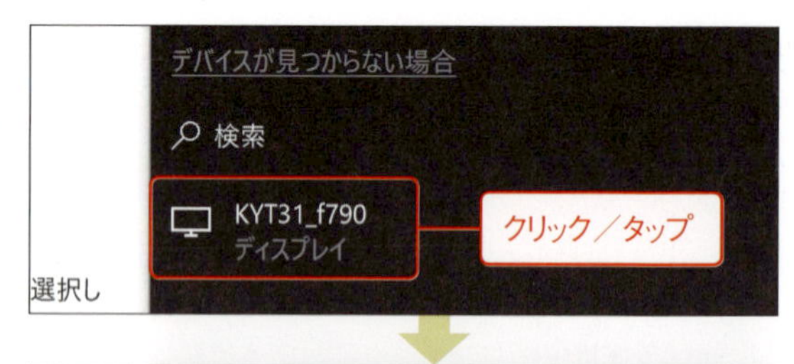

MEMO

デバイスによっては画面表示に従った PIN を入力する必要がある。

MEMO

Surface と同じ画面を出力したい、あるいはディスプレイを拡張したいなどの表示モードの設定については P.063 を参照。

テク029 ディスプレイ出力時の表示モードを変更したい

ディスプレイ出力時の表示モードを変更する

「設定」から「システム」→「ディスプレイ」を選択して❶、「複数のディスプレイ」欄の「複数のディスプレイ」のドロップダウンから任意の表示モードを選択します❷。

表示画面を複製する	メインディスプレイと同じ表示をサブディスプレイにも表示する
表示画面を拡張する	デスクトップ表示を拡張して作業領域を増やすことができる
～のみに表示する	指定のディスプレイのみにデスクトップを表示する

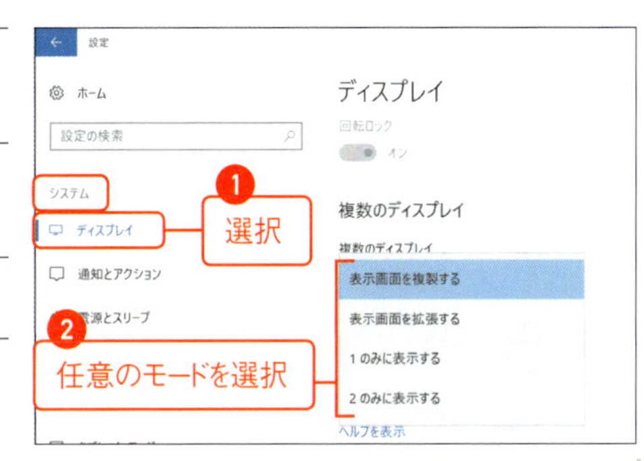

MEMO

解像度の変更が必要であれば、任意のディスプレイを選択したのち、「解像度」のドロップダウンから任意の解像度を選択する。

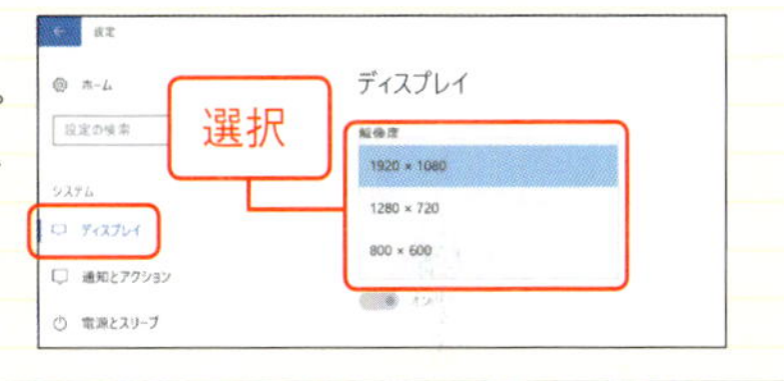

表示モードを素早く変更する

アクションセンターの「表示」タイルのクリック／タップして、任意の表示モードをクリック／タップします。

MEMO

ショートカットキー⊞＋Pキーでも表示モード選択を行える。

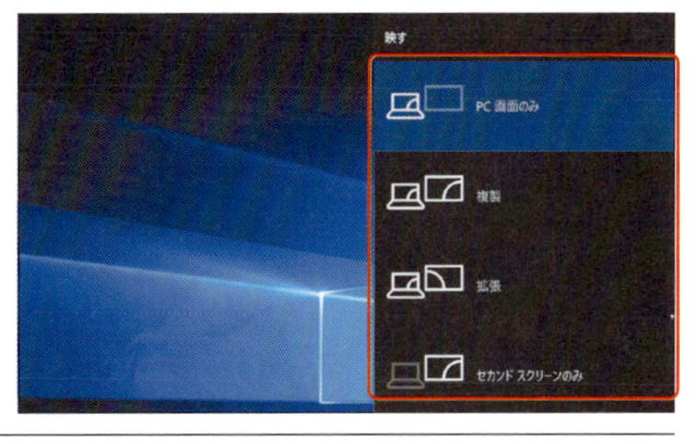

PC画面のみ／切断	Surface本体のディスプレイのみに画面を出力する（ワイヤレスディスプレイ接続の場合、Miracastレシーバーへの接続を終了する）
複製	Surfaceと同じ画面をディスプレイ出力側に表示する。なお、ディスプレイ出力側の解像度によって、Surfaceの解像度が低くなる
拡張	表示を拡張して作業領域を増やせる
セカンドスクリーンのみ	Surface側の画面表示を停止して、ディスプレイ出力側のみ表示する

USB デバイス／メモリデバイスの活用

POINT Surface が iPad ／ Android タブレットに対してアドバンテージのある点のひとつが、USB 3.0 ポートを備えていることです。これにより各種対応デバイスを利用することができます。

USB ポートを活用する

Surface は USB 3.0 ポートを搭載しており、USB デバイスを活用することができます。ちなみに Surface Pro は OS として Windows 10 を搭載しているため、「Windows 10」に対応表明しているすべての USB デバイス（事実上現在発売されているほぼすべての USB デバイス）を活用することができます。

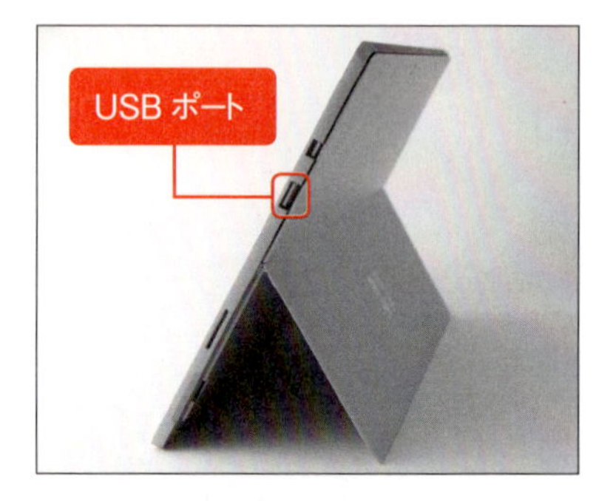

● USB ハブ

Surface には USB ポートが 1 つしかないため、複数の USB デバイスを利用したいという場合には、「USB ハブ」を利用します。なお、電力消費が比較的多い USB デバイス（外部電源のない外付けハードディスクなど）を利用する場合には、「セルフパワー対応 USB ハブ（USB ハブ自身が AC コンセントで電源の供給を受けるもの）」を利用します。

コンパクトタイプの USB ハブ（写真はエレコムの「U3H-A408S」）

● USB マウス

Surface では USB ポートは 1 つしかないため、マウスを活用したいという場合には Bluetooth マウスを利用するのが一般的です。しかし、Bluetooth は 2.4GHz 帯の無線 LAN と相性が悪く周辺環境によっては Bluetooth マウスの動作が安定しないという場合もあります。このような環境では「USB マウス」を利用します。

USB マウス（写真は HI-DISC の「HDMW-7091」）

●光学ドライブ

Surfaceには光学ドライブが付属していません。光学メディア上のファイルを開いて活用したい場合などには「USB接続の外付け光学ドライブ」を導入します。なおUSBポートのバスパワーを踏まえた場合、ACアダプター付きのものを利用するのが無難です。

ポータブルDVDドライブ（写真はアイ・オー・データ機器の「DVRP-U8NA」）

MEMO

Windows 10でBD-Video／DVD-Videoなどを再生したければ、別途BD／DVD再生ソフトを導入する必要がある。
ちなみに「PowerDVD」であれば、多種コーデックに対応するため各種メディア再生のほか、DLNAにも対応しているためネットワークを活用して家電HDDレコーダーなどと連携してコンテンツを楽しむことも可能だ。

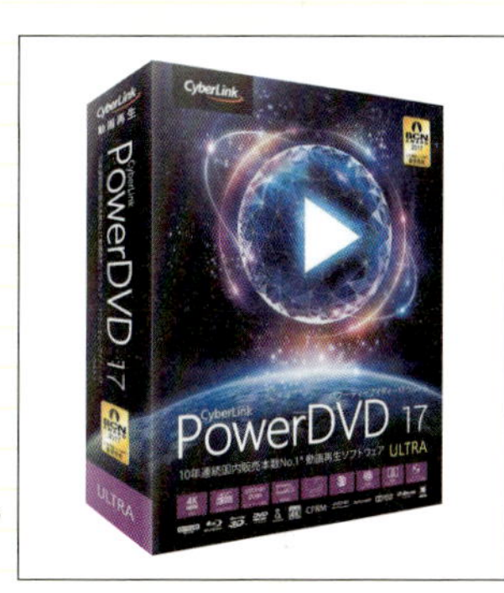

CyberLink社製ブルーレイ・DVD・動画再生ソフト「PowerDVD」

ここがポイント

●SurfaceのUSB 3.0ポートを生かすために

USBデバイスにおいて速度を追求したい場合には「USB 3.0対応」を明記したUSBデバイスを利用するとよい。汎用的なUSBポート／USBデバイスは「USB 2.0対応」だがSurfaceのUSBポートは高速規格である「USB 3.0」をサポートしているためだ。

USB 3.0対応の外付けハードディスク（写真はアイ・オー・データの「HDCL-UT」）

テク 030

USBストレージを利用したい

USBストレージ接続時の通知

1 USBポートにUSBストレージ（USBメモリ／USBハードディスクなど）を接続します。トースト通知が表示されたらクリック／タップします。

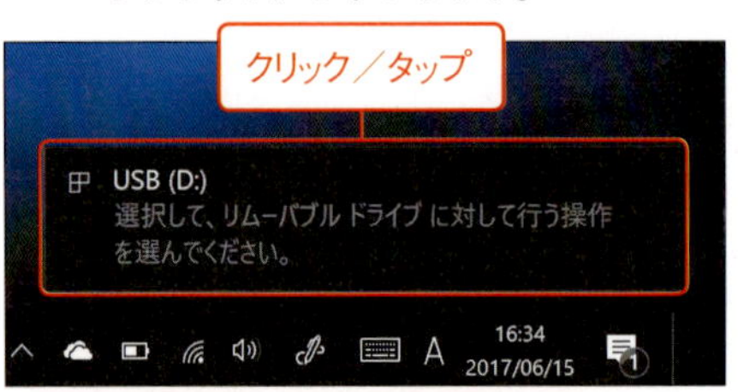

2 任意の操作を選択します。

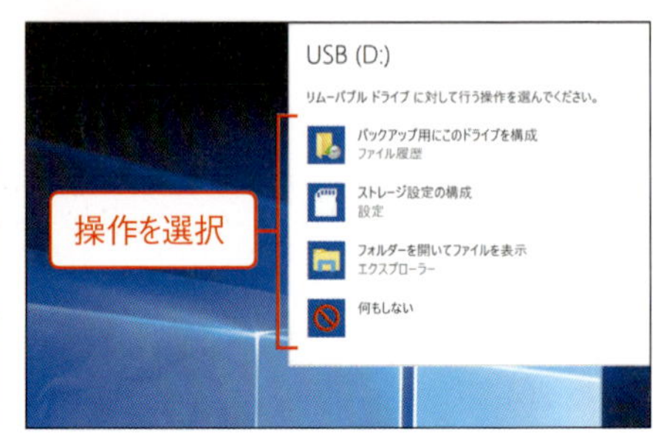

バックアップ用にこのドライブを構成（ファイル履歴）	「ファイル履歴」のバックアップ先ドライブとして利用する
ストレージ設定の構成	ストレージ設定を表示する
フォルダーを開いてファイルを表示	エクスプローラーでドライブ内容を表示する
何もしない	何のアクションも実行しない

MEMO

トースト通知が表示されない場合には、エクスプローラーからアクセスする。また、表示される選択肢はUSBストレージの種類／ファイル内容／Windows 10の設定や環境によって異なる。

ストレージ内のファイルを参照する

1 エクスプローラーの「PC」一覧から該当のストレージをダブルクリック／ダブルタップします。

2 ストレージ内のファイルを参照できます。

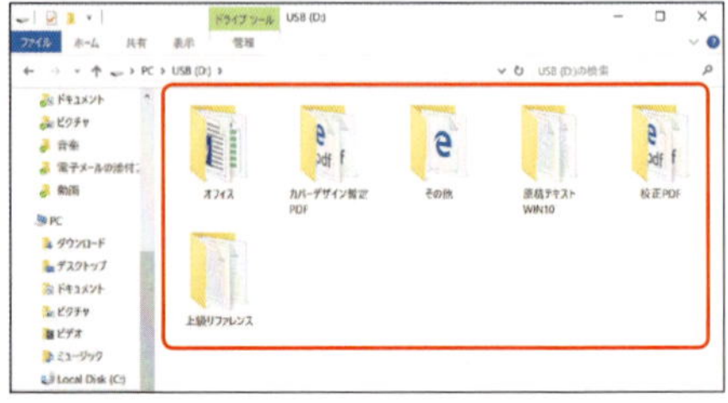

テク 031 ストレージを拡張したい

microSDカードを増設する

Surfaceは microSDカードスロットを搭載しているため、任意の容量の microSDカードを追加してストレージを増やすことが可能です（SDHC／SDXC対応）。

1 キックスタンドを開いて、本体左側の microSDカードスロットに、microSDカードを挿入します。

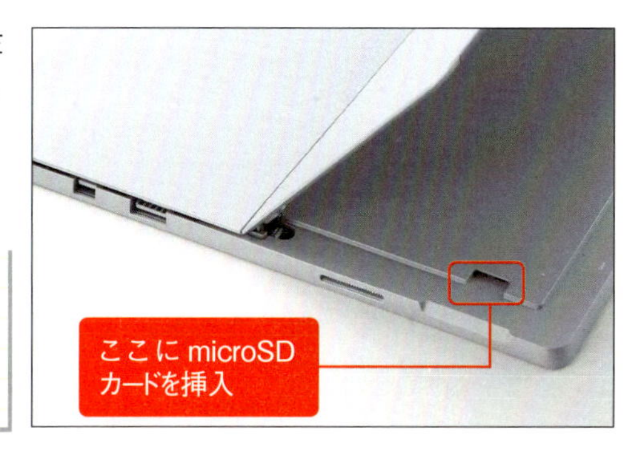

MEMO

トースト通知が表示された場合には、P.066を参照。

2 エクスプローラー（「PC」表示）を開いて、microSDカードがドライブとして認識されていることを確認します。

MEMO

microSDカードを取り外す際には「安全な取り外し」が必要。手順はP.070を参照。

テク 032 ストレージの書き込みを高速化したい

ストレージの書き込みを高速化する

取り外し可能なストレージ（USBメモリ／USBハードディスク／microSDカードなど）は不意の取り外しに対してもデータ消失を最小限に抑えるために、「書き込みキャッシュ」を利用しない設定になっています。しかし、取り外し可能なストレージでも、「書き込みキャッシュ」を有効にして書き込みを高速化することは可能です。

1 コントロールパネル（アイコン表示）から「デバイスマネージャー」を選択します。「ディスクドライブ」のツリーから、取り外し可能なストレージ（USBメモリ／USBハードディスク／microSDカードなど）に相当するデバイスを右クリック／長押しタップして❶、ショートカットメニューから「プロパティ」を選択します❷。

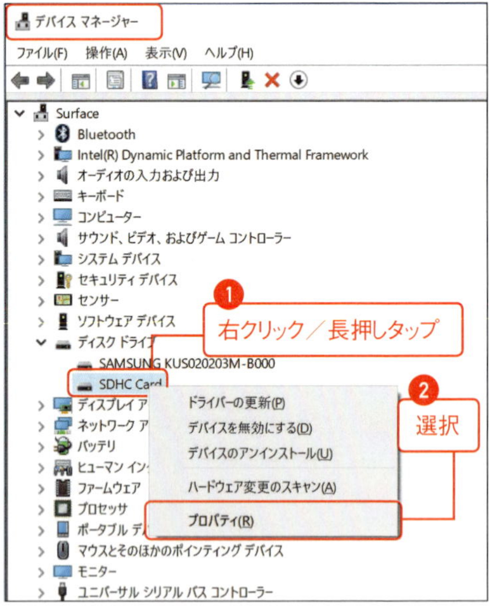

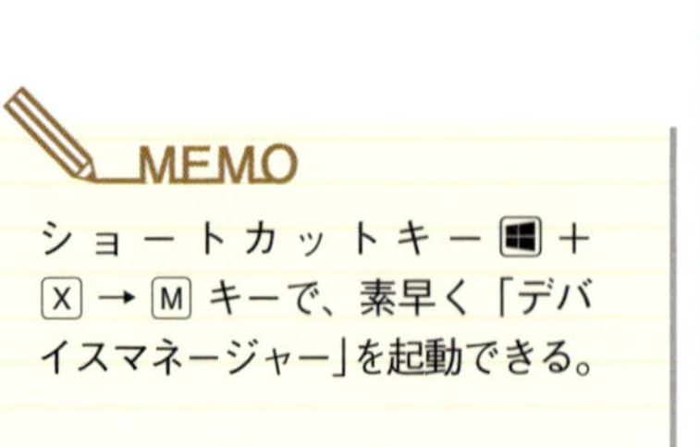

2 「ポリシー」タブの「取り外しポリシー」欄内、「高パフォーマンス」にチェックして❶、「OK」ボタンをクリック／タップします❷。

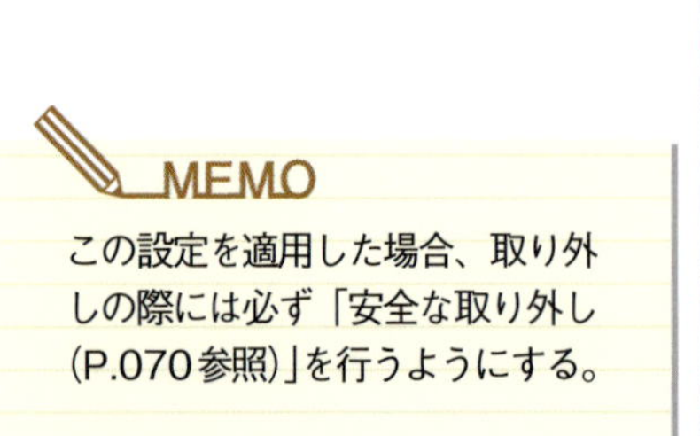

テク 033 ストレージの内容を初期化したい

ストレージをフォーマットする

1 エクスプローラー（「PC」表示）から該当ドライブを右クリック／長押しタップして❶、ショートカットメニューから「フォーマット」を選択します❷。

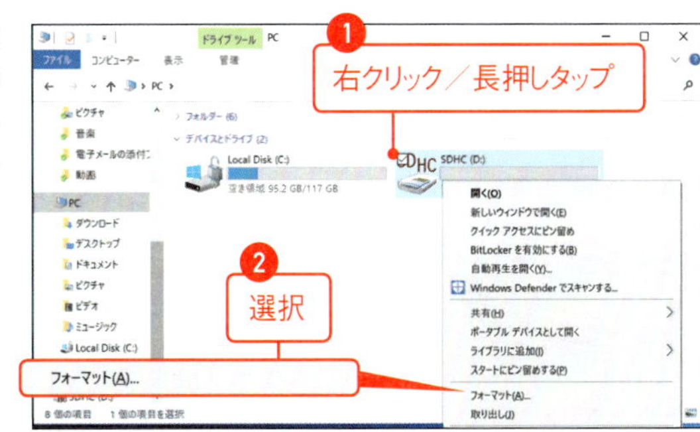

2 「デバイスの既定値を復元する」ボタンをクリック／タップしたうえで❶、「ファイルシステム」を任意に選択します❷。ボリュームラベル（ドライブの名前）を任意に入力して❸、「開始」ボタンをクリック／タップします❹。

NTFS	基本的にSSD／ハードディスクなどストレージに適用すべきファイルシステム。適用した場合、Windows OS以外の機器では内容を参照できなくなる
FAT32／FAT	他機器との互換性が高いファイルシステム。FATは4GB以下のメモリメディアにしか適応できないため、4GB以上のものはFAT32を適用する
exFAT	FATを拡張した最新のファイルシステムで、16EiBまでサポートする。一部の先進的なデバイスのみが、このファイルシステムをサポートしている

3 メッセージを確認して、「OK」ボタンをクリック／タップします。

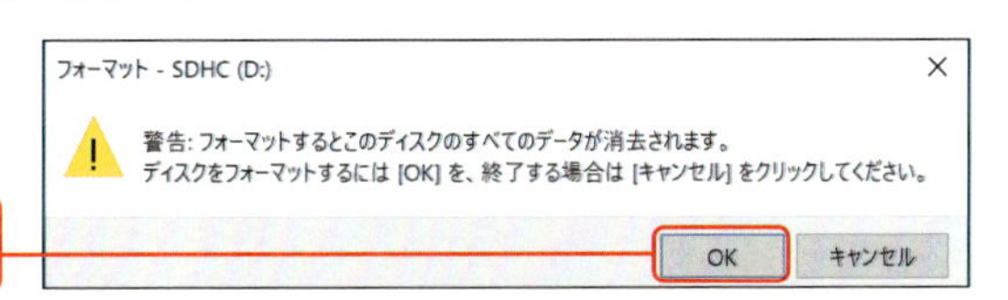

フォーマットを実行した場合、該当ストレージの内容はすべて消去される。フォーマット後はファイルを復元することができないことに注意。

テク034 接続したストレージを安全に取り外したい

「安全な取り外し」を実行する

USBストレージやメモリメディアは無手順で物理的にSurfaceから外した場合、ファイルが破損する可能性があります。このようなメディアに対しては「安全な取り外し」を実行するべきです。

● エクスプローラーからストレージを安全に取り外す

1 エクスプローラー（「PC」表示）上の該当ドライブを右クリック／長押しタップして❶、ショートカットメニューから「取り出し」を選択します❷。

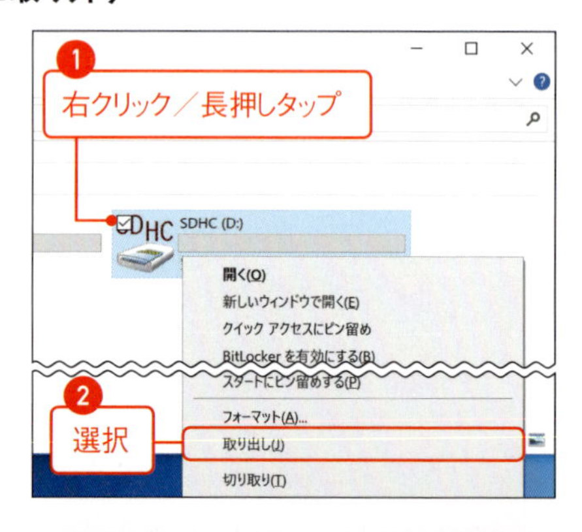

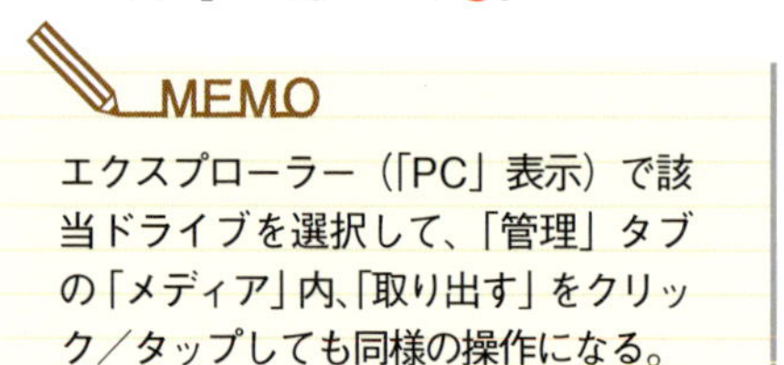

MEMO
エクスプローラー（「PC」表示）で該当ドライブを選択して、「管理」タブの「メディア」内、「取り出す」をクリック／タップしても同様の操作になる。

2 「～はコンピューターから安全に取り外すことができます」と表示されたら、該当ドライブを物理的にPCから外します。

● 通知領域からストレージを安全に取り外す

1 通知領域から「エクスプローラー（USBドライブのアイコン）」をクリック／タップします❶。該当ドライブの「[機器名]の取り出し」をクリック／タップします❷。

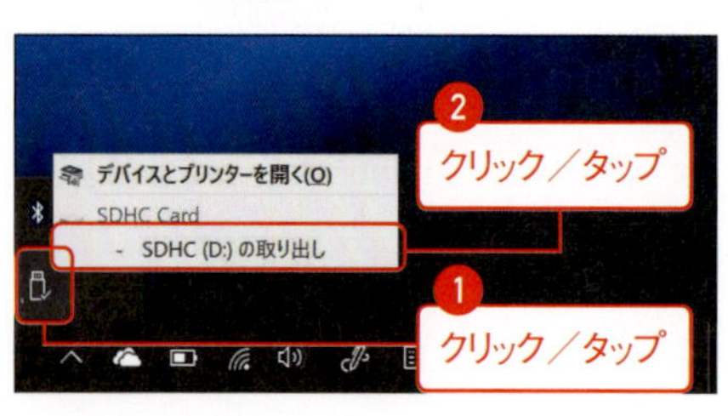

2 「～はコンピューターから安全に取り外すことができます」と表示されたら、該当ドライブを物理的にPCから外します。

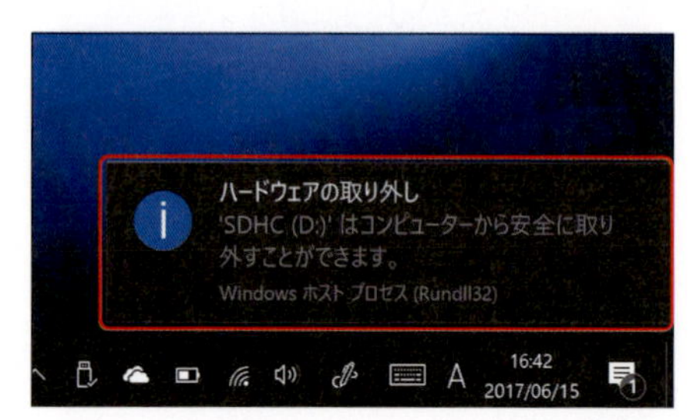

テク
035

Surface をデスクトップ PC のように活用したい

ドッキングステーションの活用

Surface はモバイル用途のタブレット PC ですが、Surface をデスクトップ PC のように活用したい場合にはドッキングステーション「Surface Dock」を利用します。
Surface Dock には、複数の USB ポートのほか、Mini Display Port、有線 LAN ポート（ギガビット対応）などが備わっています。
Surface Dock の USB ポートに物理キーボード／物理マウス／ストレージなど、また Mini Display Port に大型液晶ディスプレイを接続しておけば、Surface をドッキングするだけでデスクトップ PC 同様の環境を実現できます。

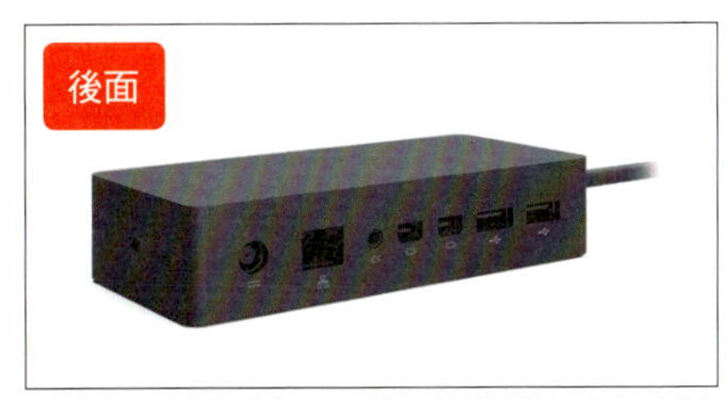

Surface Pro と Surface Dock との接続は「Surface コネクト（マグネット式の専用電源コネクタ）」で行う。デスクトップ PC ライクな活用のほか、拡張性確保にも「Surface Dock」は活用できる。

テク036 画面の明るさを調整したい

画面の明るさを調整する

●アクションセンターから調整する

1 アクションセンター（P.030参照）から「明るさ」タイルをクリック／タップします。

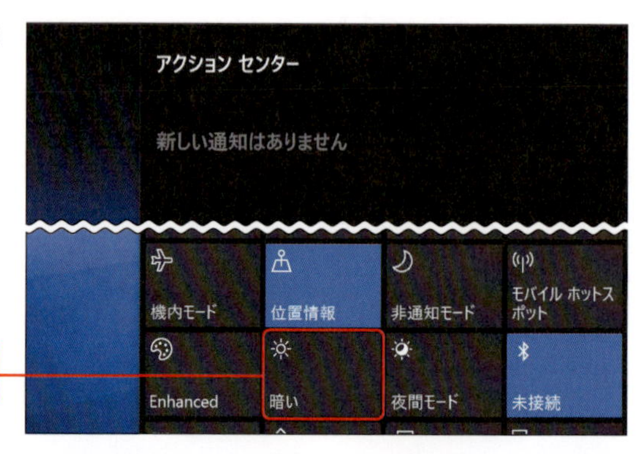

2 「明るさ」タイルをクリック／タップするごとにディスプレイの明るさ（輝度）を調整することができます。

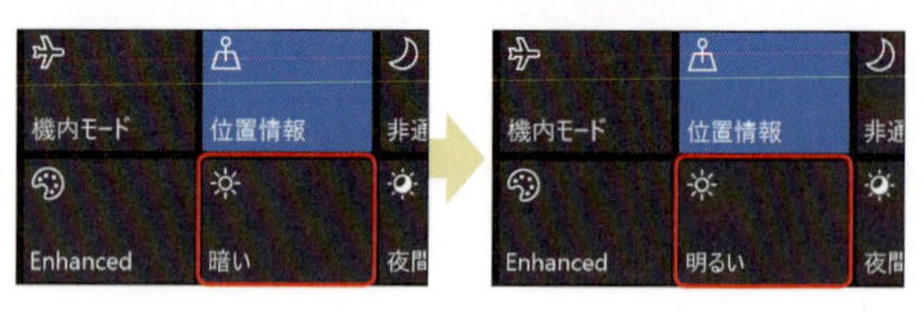

●「設定」から調整する

→ 「設定」から「システム」→「ディスプレイ」を選択します（あるいはアクションセンターの「明るさ」タイルを右クリック／長押しタップして「設定を開く」を選択します）。「明るさの変更」のスライダーでディスプレイの明るさ（輝度）を調整することができます。

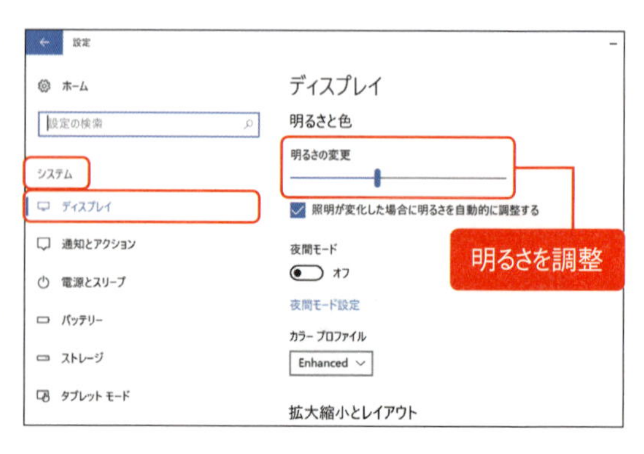

MEMO

電源接続時／バッテリー駆動時を指定して、画面の明るさを設定できる（P.074参照）。

● タイプカバーから調整する

輝度を上げたい場合には[☼]キーを入力します。輝度を下げたい場合には[☼]キーを入力します。

MEMO

タイプカバーのモデルによっては、ショートカットキー[Fn]＋[Del]キー／[Fn]＋[⌫]キーで輝度を調整する（「Surface Pro 4 Type Cover」など）。

夜間モードに設定する

Windows 10では目の疲れを軽減するためのブルーライトカット機能である「夜間モード」を備えています。「夜間モード」を有効にするには、以下の手順に従います。

「[⚙]設定」から「システム」→「ディスプレイ」を選択して❶、「夜間モード」をオンにします❷。

MEMO

アクションセンターの「夜間モード」タイルをクリック／タップしても、夜間モードを有効にできる。

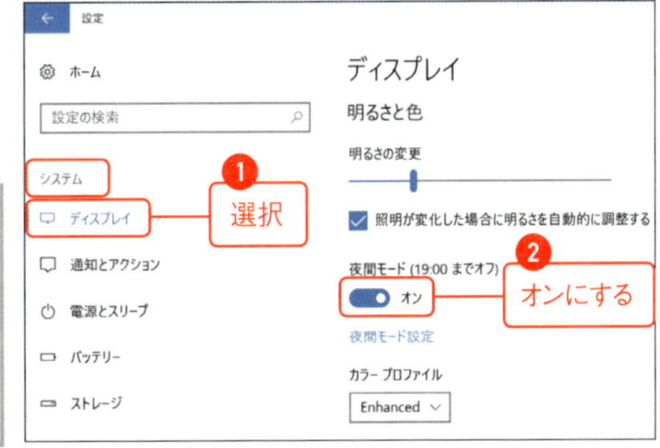

2 夜間モードの詳細を設定したい場合には、「夜間モード設定」をクリック／タップします。

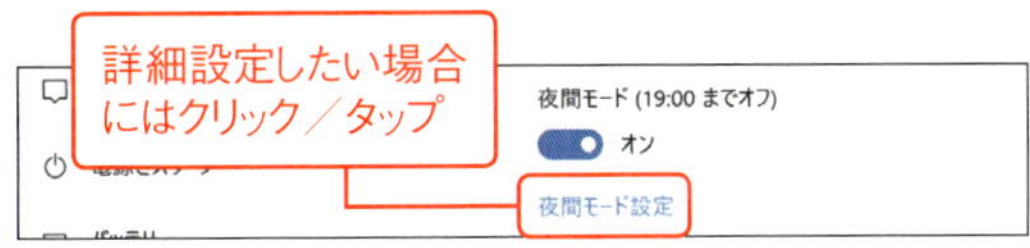

3 夜間モード設定では、「色温度」や夜間モードを有効にするスケジュールを設定することができます。

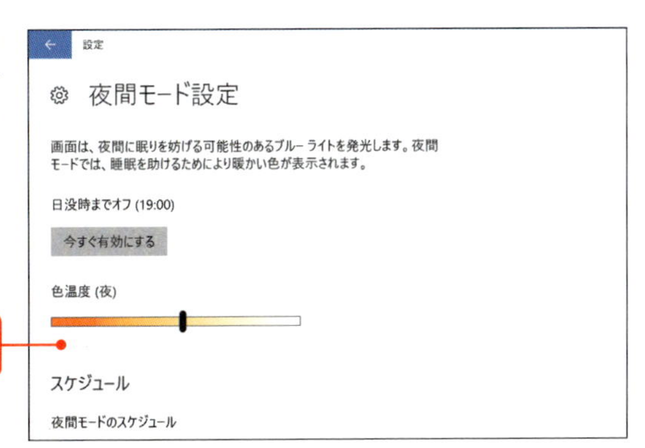

テク 037

状況に応じて画面の明るさを調整したい

電源接続時／バッテリー駆動時の明るさ設定

電源接続時／バッテリー駆動時それぞれの画面の明るさを設定したい場合には、以下の手順に従います。

1 コントロールパネル（アイコン表示）から「電源オプション」を選択します。タスクペインの「コンピューターがスリープ状態になる時間を変更」をクリック／タップします。

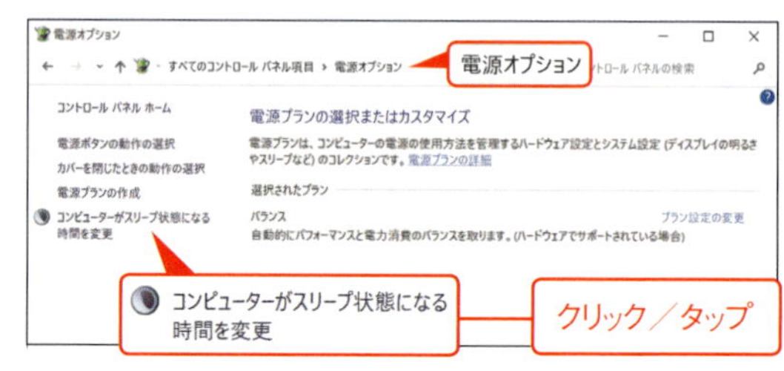

2 「プランの明るさを調整」でバッテリ駆動時／電源に接続のそれぞれの明るさを指定します❶。「変更の保存」ボタンをクリック／タップします❷。

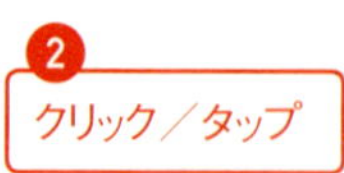

自動輝度調整の設定

Surfaceは照度センサーを搭載しており、周囲の明るさに合わせて自動的に画面の明るさを調整します。この機能のオン／オフを設定したい場合には、以下の手順に従います。

→ 「⚙設定」から「システム」→「ディスプレイ」を選択します❶。「照明が変化した場合に明るさを自動的に調整する」で自動輝度調整機能を任意にオン／オフに設定します❷。

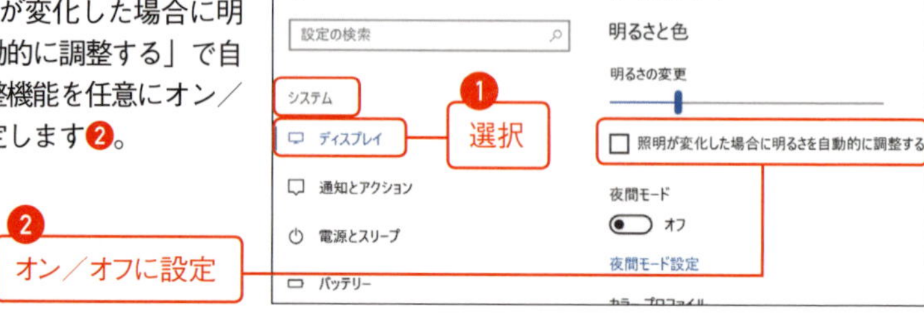

テク 038 音量の調整をしたい

音量調整とミュートを行う

● 本体で音量を調整する

→ 本体のボリュームボタンで音量を調整します。

● 通知領域からの音量調整とミュート

→ 通知領域の「音量」アイコンをクリック／タップします❶。音量のスライダーが表示されるので、任意に音量を調整します❷。また、無音（ミュート）をオン／オフしたい場合には、スライダー横にある音量アイコンをクリック／タップします❸。

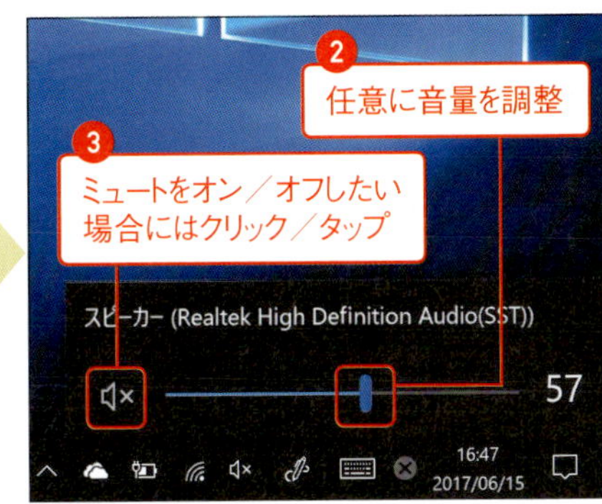

● タイプカバーによる音量調整とミュート

→ タイプカバーの🔈キー／🔊キーで音量調整、🔇（ミュート）キーで、無音（ミュート）をオン／オフできます。

テク039 各種設定をまとめて行いたい

Windows モビリティセンターを活用する

「Windows モビリティセンター」は、モバイル用途で役立つ集中コンソールです。「Windows モビリティセンター」を起動して、明るさや音量、ディスプレイ出力などをまとめて調整したい場合には、以下の手順に従います。

1 コントロールパネル（アイコン表示）から「Windows モビリティセンター」を選択します。

2 「Windows モビリティセンター」が起動します。

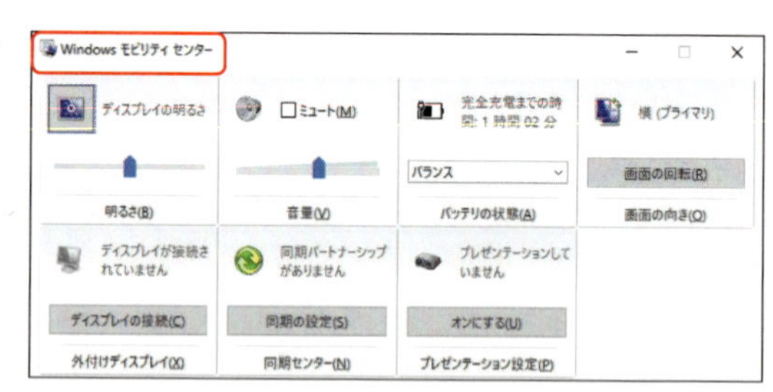

明るさ	スライダーでディスプレイの明るさ調整ができる。アイコンから「電源オプション」にアクセスできる
音量	音量調整やミュートができる。アイコンから「サウンド」にアクセスできる
バッテリの状態	バッテリーのプランが変更可能なだけでなく、アイコンから「電源オプション」にアクセスできる
画面の向き	「画面の回転」ボタンで画面を回転できる。アイコンから「ディスプレイ」にアクセスできる
外付けディスプレイ	外部ディスプレイ接続時に「複製」「拡張」などの表示方法を選択できる
同期センター	同期センターの制御を行える。アイコンから「同期センター」にアクセスできる
プレゼンテーション設定	プレゼンテーション設定で指定した背景や音量、通知設定を適用できる

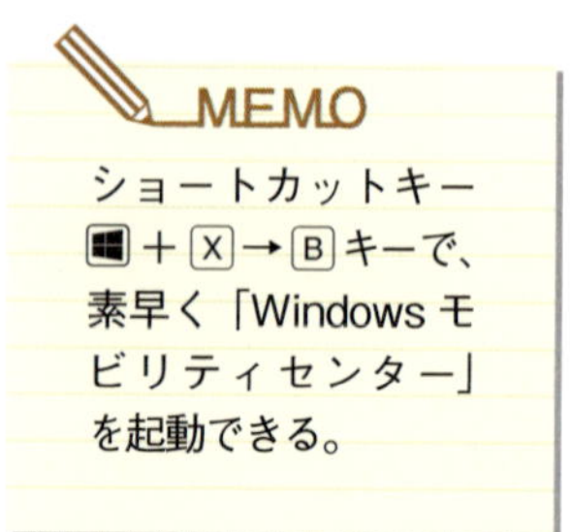
MEMO

ショートカットキー ⊞＋X→B キーで、素早く「Windows モビリティセンター」を起動できる。

テク 040 音声再生／録音デバイスを指定したい

音声再生／録音デバイスを任意に指定する

Surfaceでは複数の音声再生デバイスに対応しており、「内蔵スピーカー」「ヘッドフォンジャック」「映像出力（Display Port／HDMI）」などからの音声再生のほか、Bluetoothヘッドセット／USBヘッドセットなどを利用している場合には、これらを通話用音声再生／録音デバイスとして指定することができます。

MEMO

この音声再生／録音デバイスの指定は「音声が再生されない」「マイク音声が入力できない」などのトラブルの解決にも役立つ。

●音声再生デバイスの確認

1 通知領域にある「サウンド」アイコンを右クリック／長押しタップして❶、ショートカットメニューから「再生デバイス」を選択します❷。

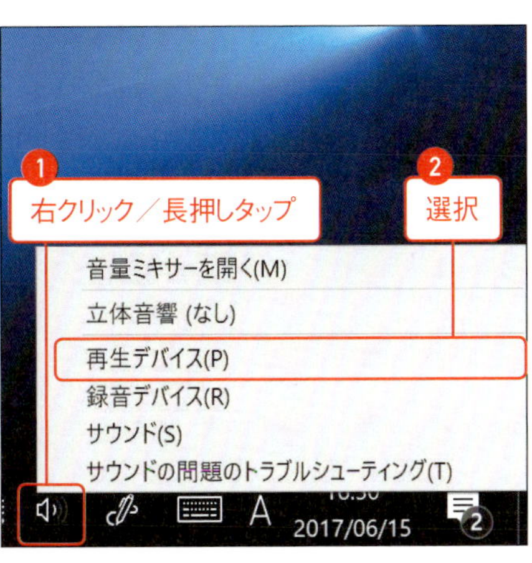

2 「再生」タブで再生を確認したいデバイスを右クリック／長押しタップして❶、ショートカットメニューから「テスト」を選択します❷。

3 該当デバイスでテスト音が再生されます。

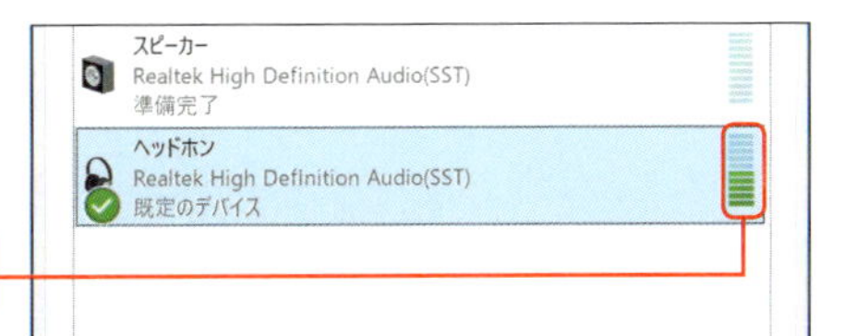

●通常音声再生デバイスの指定

1 「再生」タブで音声再生に指定したいデバイスを右クリック／長押しタップして❶、ショートカットメニューから「既定のデバイスとして設定」を選択します❷。

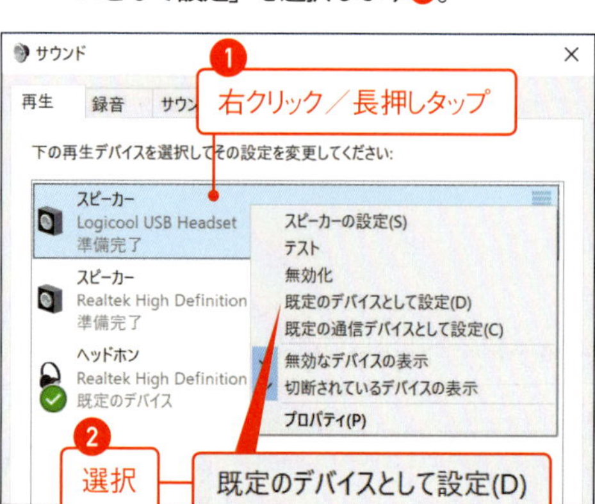

2 指定デバイスにチェックマークが付き「既定のデバイス」として設定されます。

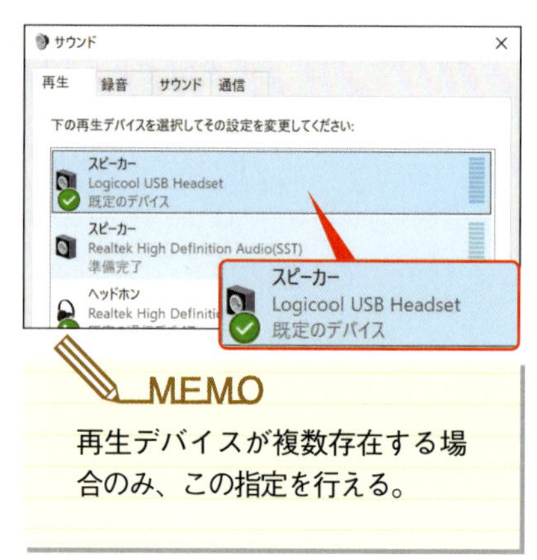

MEMO
再生デバイスが複数存在する場合のみ、この指定を行える。

●音声通話時に利用する再生／録音デバイスの指定

1 「再生」タブで音声通話時に指定したいデバイスを右クリック／長押しタップして❶、ショートカットメニューから「既定の通信デバイスとして設定」を選択します❷。

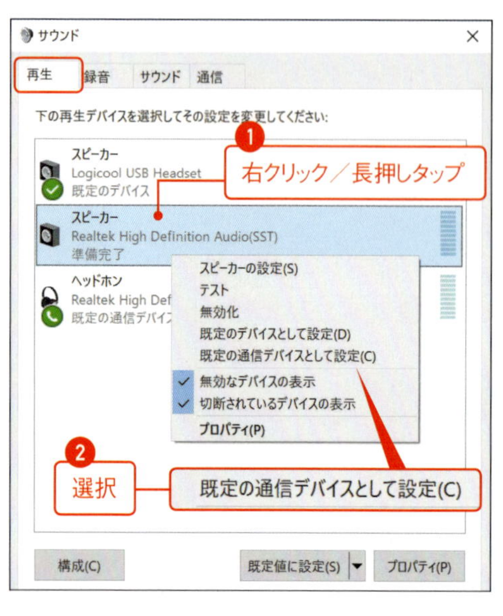

2 指定デバイスに「電話マーク」が付き「既定の通信デバイス」として設定されます。

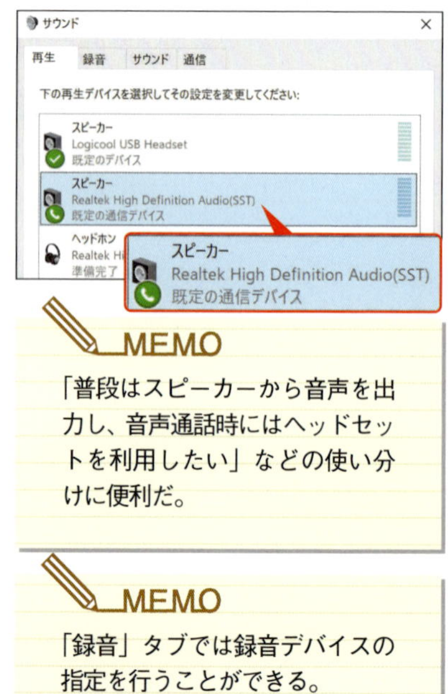

MEMO
「普段はスピーカーから音声を出力し、音声通話時にはヘッドセットを利用したい」などの使い分けに便利だ。

MEMO
「録音」タブでは録音デバイスの指定を行うことができる。

テク 041 通知音やタッチキーボード音などを設定したい

各イベントサウンドを設定する

Windows 10ではエラーや通知などの各場面で音声が再生されますが、この音声を任意に割り当てたい場合には、以下の手順に従います。

1 「⚙設定」から「個人用設定」→「テーマ」を選択します❶。「テーマ」欄の「サウンド」をクリック／タップします❷。

2 「サウンド」タブ内、「プログラムイベント」欄で任意のイベントを選択して❶、「サウンド」のドロップダウンから任意の音声を選択します❷。すべての割り当てが終了したら、「OK」ボタンをクリック／タップします❸。

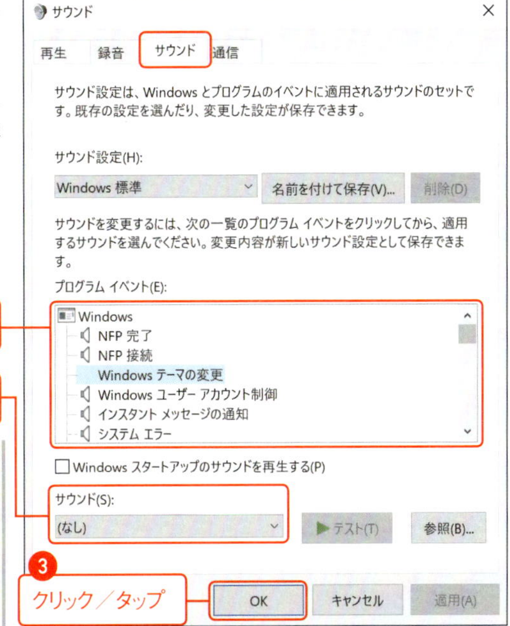

> **MEMO**
> 「テスト」ボタンをクリック／タップすれば、選択したサウンドの音声を確認することができる。

イベントサウンドを停止する

1 「設定」から「個人用設定」→「テーマ」を選択します❶。「テーマ」欄の「サウンド」をクリック／タップします❷。

2 「サウンド」タブ内、「サウンド設定」欄のドロップダウンから「サウンドなし」を選択します❶。「OK」ボタンをクリック／タップします❷。

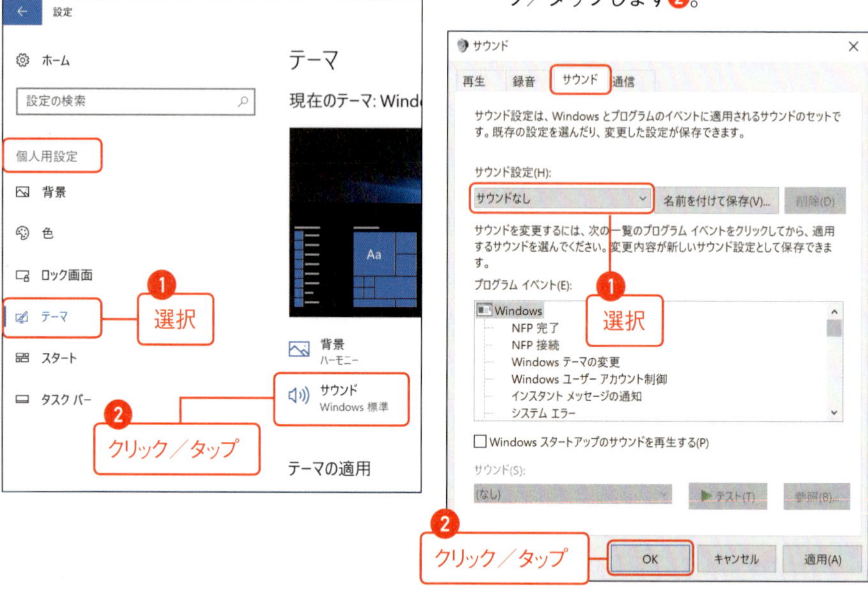

タッチキーボードの入力音を停止する

タッチキーボードはキーをクリック／タップした際に「コツッ」というキー音が再生されますが、この音声が不要な場合には以下の手順で設定します。

→ 「設定」から「デバイス」→「入力」を選択します❶。「タッチキーボード」欄の「入力時にキー音を鳴らす」をオフにします❷。

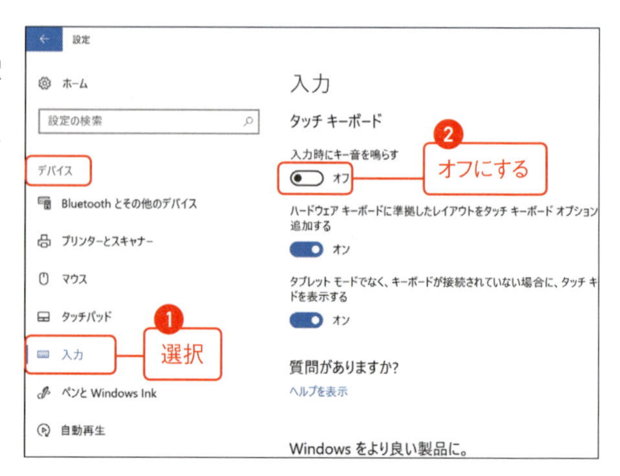

chapter

03

アプリ操作や環境設定／Microsoft Officeの活用

本章ではSurfaceのアプリ関連操作やWindows 10の環境設定全般について解説します。
Windows 10でよく利用する操作であるキャプチャ（画面保存）や日本語入力全般の設定のほか、Microsoft Office操作やPowerPointによるプレゼンテーションの実践、ノートアプリであるOneNoteの活用などについて解説します。
また、「ストア」からのアプリ導入やデータファイルを任意のアプリで開く設定、[スタート]メニューやタスクバーをカスタマイズして自分に使いやすい環境を構築する方法なども解説します。

テク042 画面スケッチ機能を利用して画面をキャプチャしたい

画面スケッチ機能で画面をキャプチャする

1 通知領域にある「Windows Ink ワークスペース」ボタンをクリック／タップして❶、「画面スケッチ」をクリック／タップします❷。

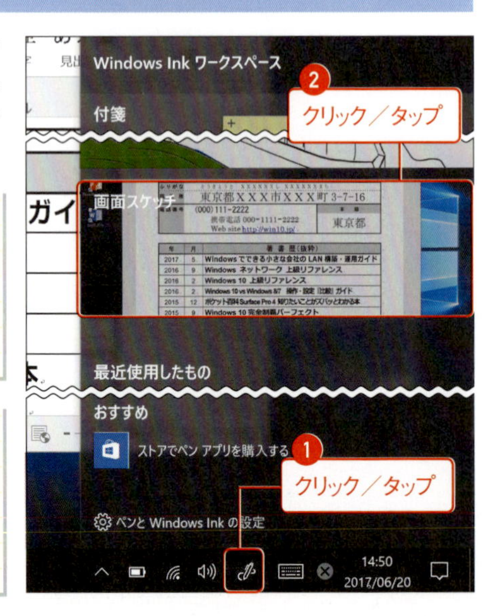

MEMO

「Windows Ink ワークスペース」は、ショートカットキー ⊞ ＋ W キーでも表示できる。

MEMO

通知領域に「Windows Ink ワークスペース」ボタンを表示したい場合には、P.087 を参照。

MEMO

Surface ペンに「画面スケッチ」が割り当てられている場合（P.225 参照）、Surface ペンのトップボタンをダブルノックすることでも同様の操作ができる。

2 キャプチャのプレビューが表示されます。キャプチャ画像に対して描画／トリミング／ファイル保存／共有などの任意の操作が行えます（P.083 参照）。

キャプチャのプレビューが表示される

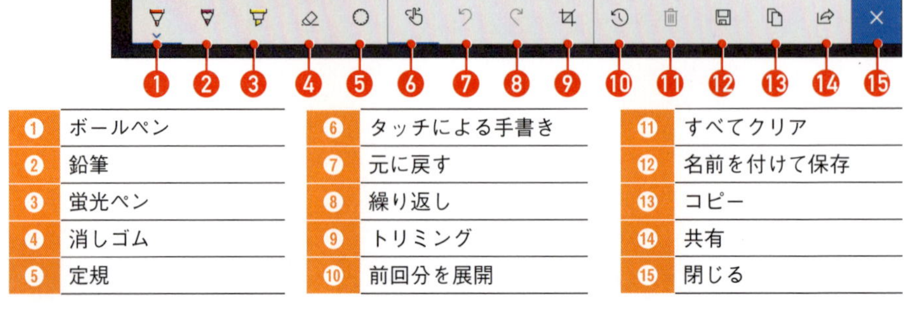

❶	ボールペン	❻	タッチによる手書き	⓫	すべてクリア
❷	鉛筆	❼	元に戻す	⓬	名前を付けて保存
❸	蛍光ペン	❽	繰り返し	⓭	コピー
❹	消しゴム	❾	トリミング	⓮	共有
❺	定規	❿	前回分を展開	⓯	閉じる

テク 043 画面スケッチ機能で描画／トリミング／ファイル保存／共有をしたい

描画する

●フリーハンドで描画する

1 「ボールペン」「鉛筆」「蛍光ペン」をクリック／タップします。またもう一度選択したペンをクリック／タップすることで、色やサイズを選択することができます。

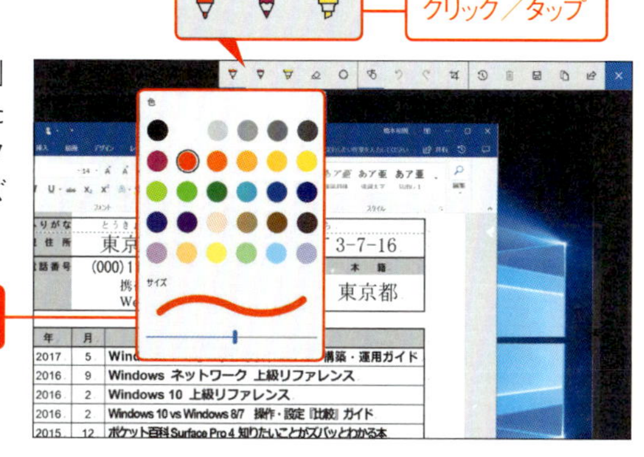

2 マウス操作や Surface ペンの場合にはそのまま描画します。タッチ操作の場合には、「タッチによる手書き」をクリック／タップしたのち❶、画面をタッチして任意の描画を行います❷。

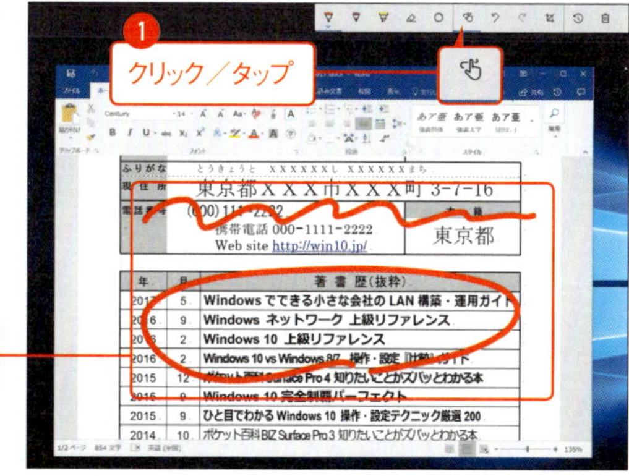

3 描画を 1 つ手前に戻したい場合には「元に戻す」をクリック／タップします。

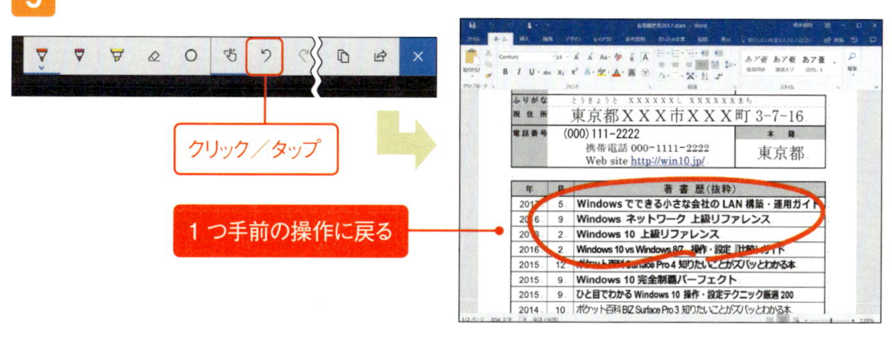

4 任意の描画オブジェクトを消去したい場合には、「消しゴム（ストローク）」を選択して❶、任意のオブジェクトをクリック／タップします❷。

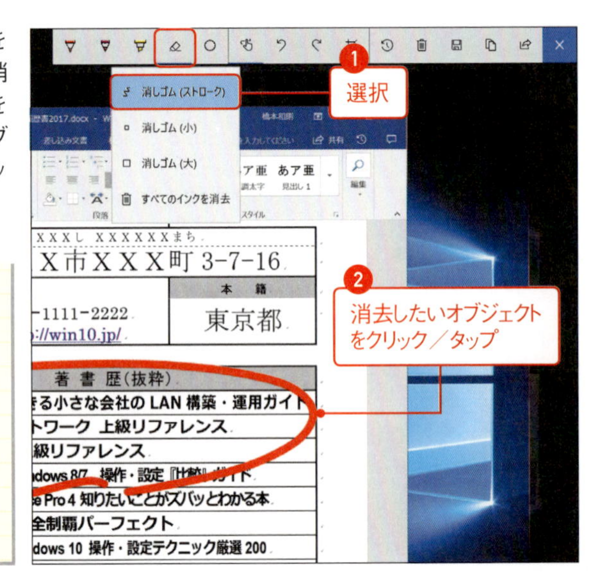

MEMO

すべての描画を消去したい場合には、「すべてクリア」あるいは「消しゴム」のドロップダウンから「すべてのインクを消去」を選択する。

●定規／分度器を置いて描画する

1 「定規」をクリック／タップします。「定規」の位置を変更したい場合にはドラッグ、角度を変更したい場合には２本指ドラッグします。

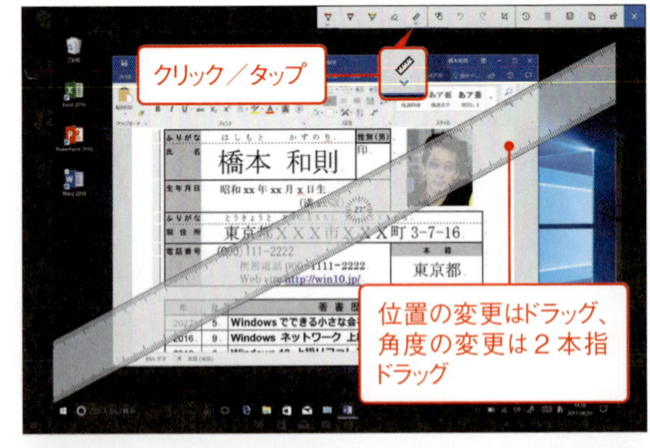

2 「定規」を置いた状態でペンを利用すれば、定規に沿った描画を行うことができます。

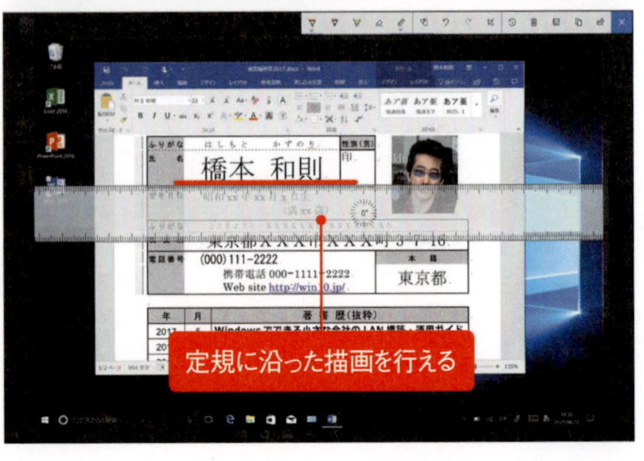

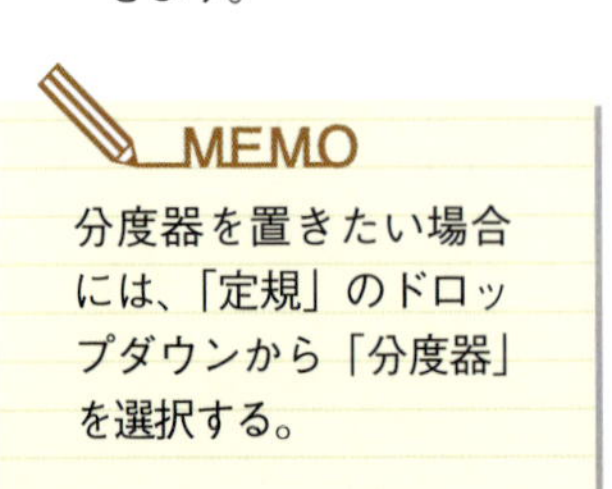

MEMO

分度器を置きたい場合には、「定規」のドロップダウンから「分度器」を選択する。

トリミングする

1 「トリミング」をクリック／タップします。

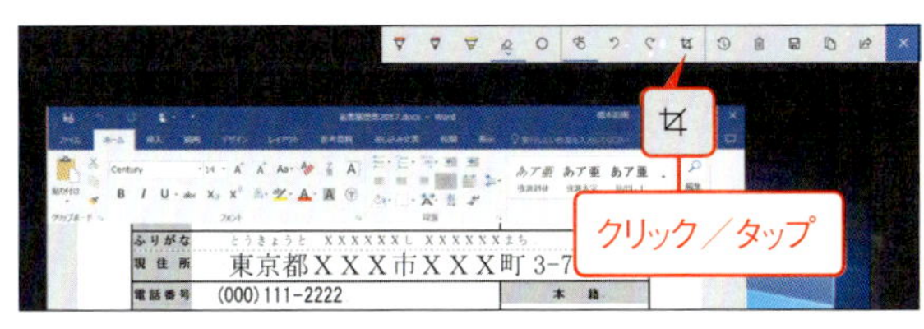

2 切り取りたい領域を指定して❶、「適用」をクリック／タップします❷。

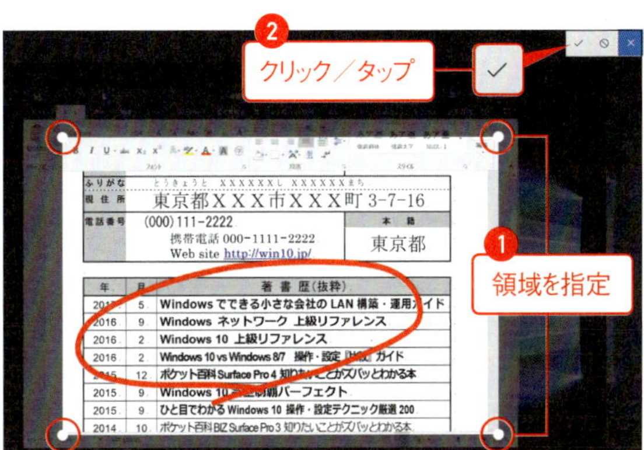

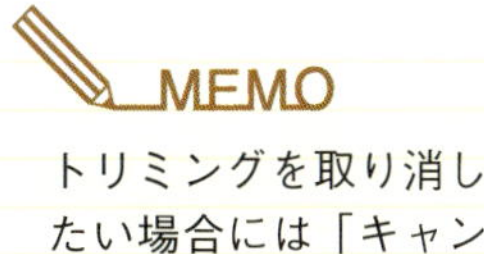

MEMO

トリミングを取り消したい場合には「キャンセル」をクリック／タップする。

3 任意の領域で画像を切り取ることができます。

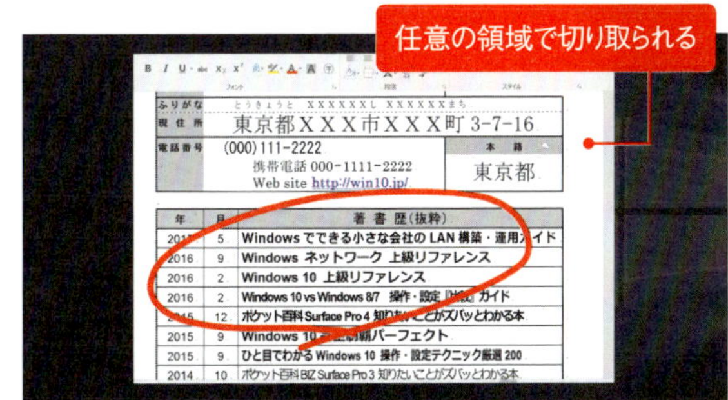

画面キャプチャをファイルとして保存する

1 「名前を付けて保存」をクリック／タップして❶、保存したい場所を指定してファイル名を入力したうえで❷、「保存」ボタンをクリック／タップします❸。

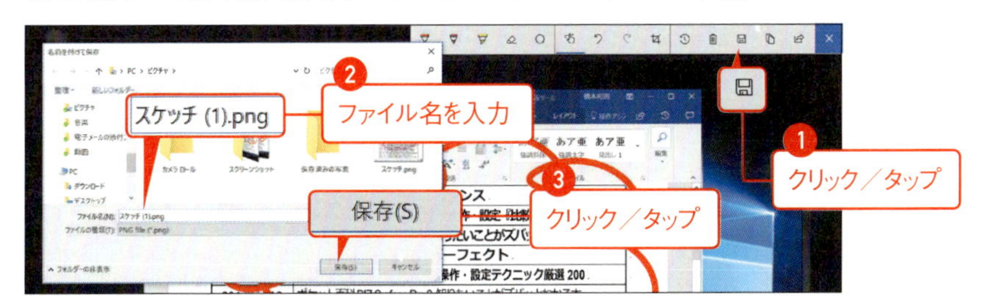

2 画像ファイルとして画面スケッチを保存できます。

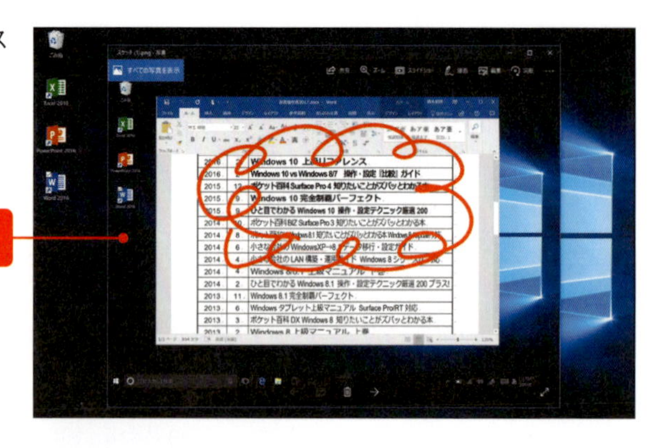

他のアプリへ画像を転送する

1 「共有」をクリック／タップして❶、転送先のアプリをクリック／タップします❷。

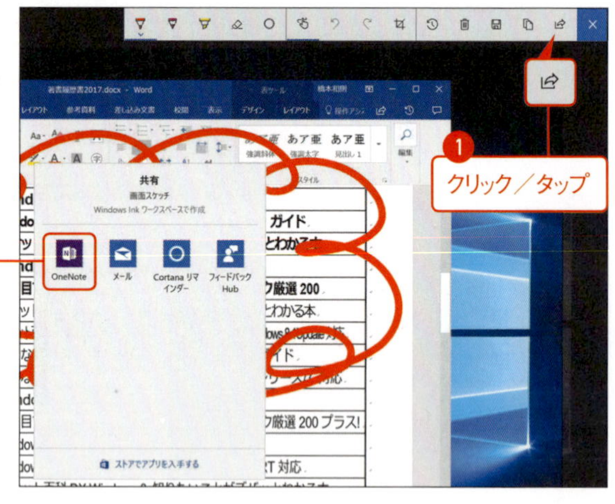

2 指定のアプリに画像を転送（共有）できます。

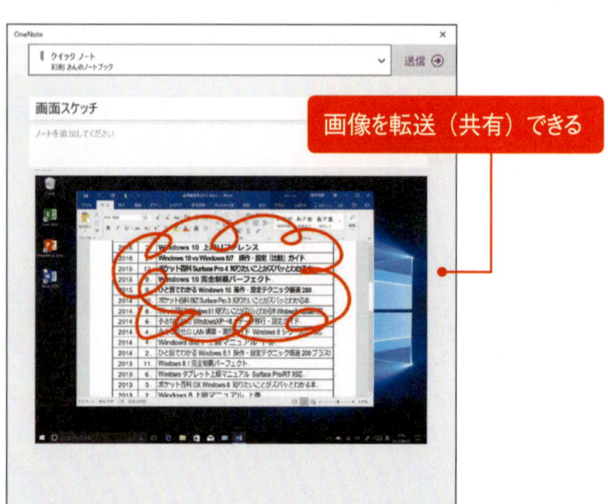

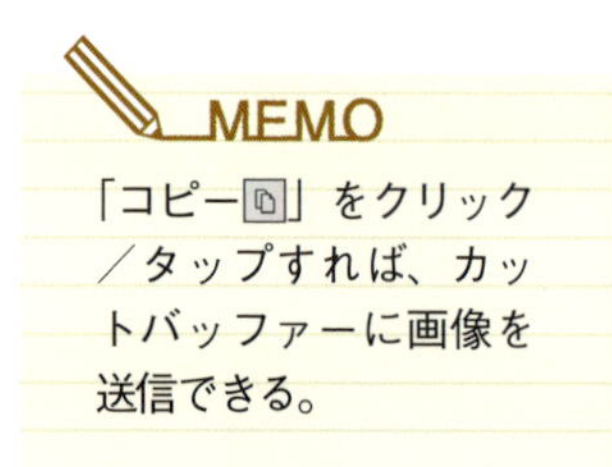

MEMO

「コピー」をクリック／タップすれば、カットバッファーに画像を送信できる。

通知領域に「Windows Ink ワークスペース」ボタンを表示したい

「Windows Ink ワークスペース」ボタンの表示／非表示を設定する

通知領域における「Windows Ink ワークスペース」ボタンの表示／非表示を任意に設定したい場合には、以下の手順に従います。

1. タスクバーの余白部分（あるいは「タスクビュー」ボタン）を右クリック／長押しタップして❶、ショートカットメニューから「Windows Ink ワークスペースボタンを表示」のチェックをオン／オフします❷。

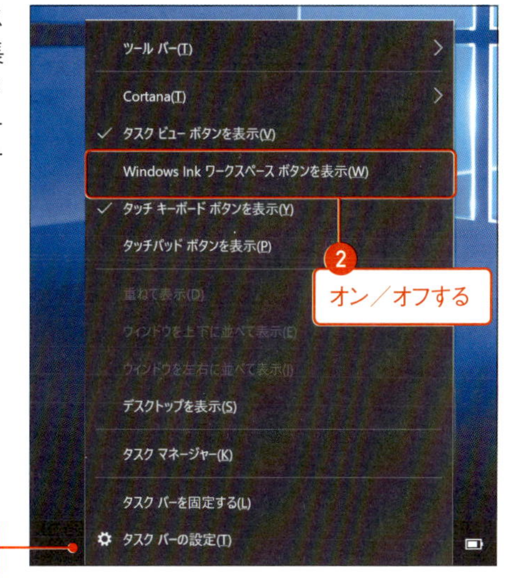

2. チェックした場合には「Windows Ink ワークスペース」ボタンが表示されます。また、チェックを外した場合には「Windows Ink ワークスペース」ボタンが非表示になります。

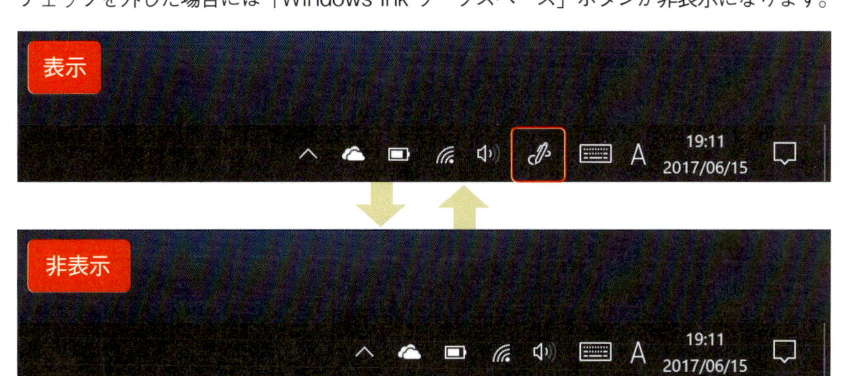

テク045 画面全体をキャプチャしたい

画面全体をキャプチャする

タイプカバーで画面全体をキャプチャしたい場合には、以下の手順に従います。

1 ショートカットキー ⊞ + Print Screen キーを入力します❶。画面が一時暗転し、キャプチャが実行されます❷。

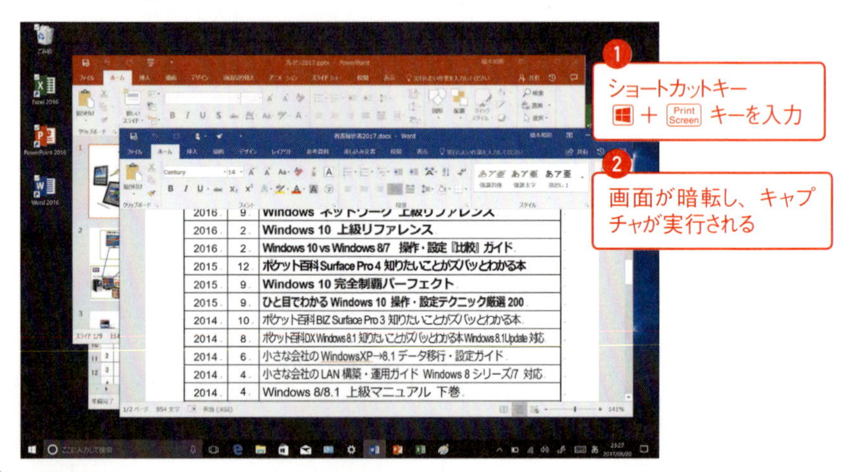

タイプカバーのモデル（世代）によっては Print Screen キーが独立して存在しないため、ショートカットキー Fn + ⊞ +スペースキーを入力する。

2 「ピクチャ」→「スクリーンショット」フォルダー内にキャプチャ画像が保存されます。

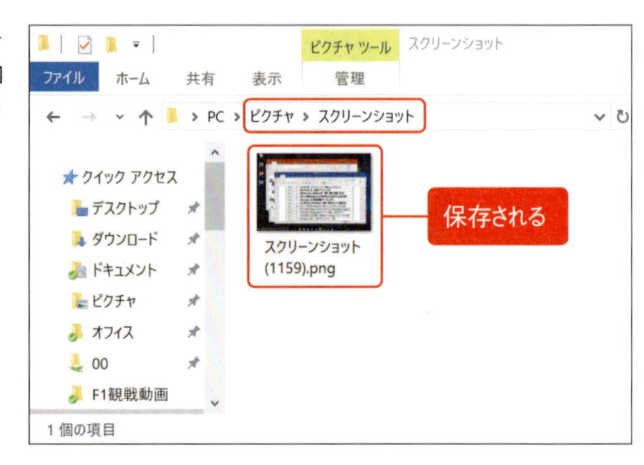

テク 046 領域指定でキャプチャしたい

領域指定で画面キャプチャする

タイプカバーで任意の画面領域をキャプチャしたい場合には、以下の手順に従います。

1 ショートカットキー ⊞ ＋ Shift ＋ S キーを入力します。デスクトップが白濁します。

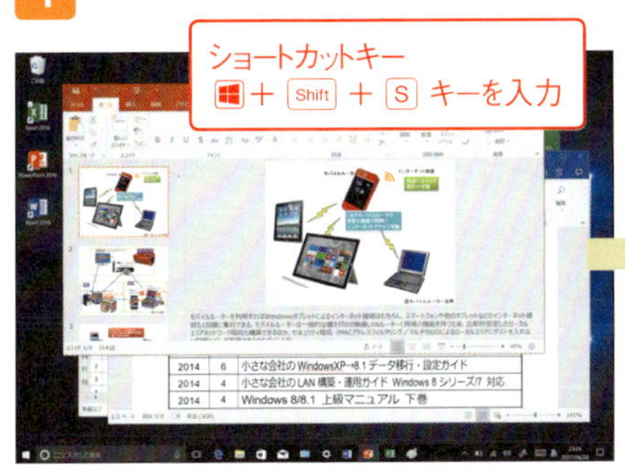

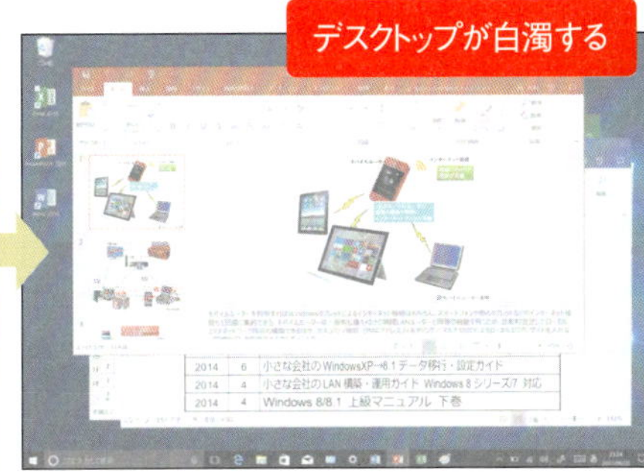

2 ドラッグして切り取りたい領域を指定します。

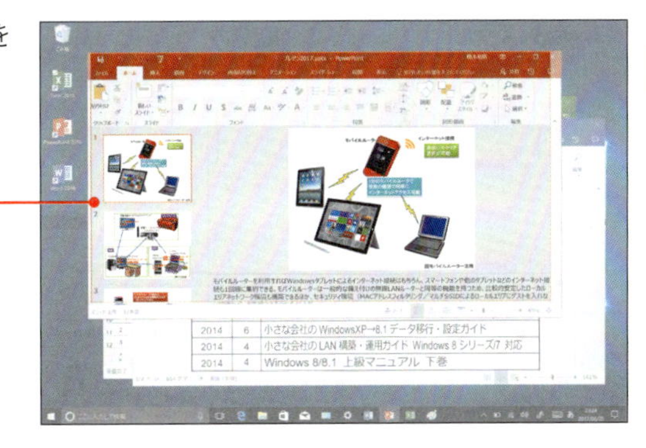

3 領域指定したデスクトップ画面はカットバッファーに送信されます。任意のアプリ（画像を扱えるアプリ）でショートカットキー Ctrl ＋ V キーを入力すれば❶、切り取った画像を貼り付けることができます❷。

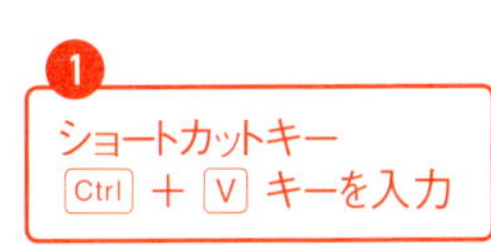

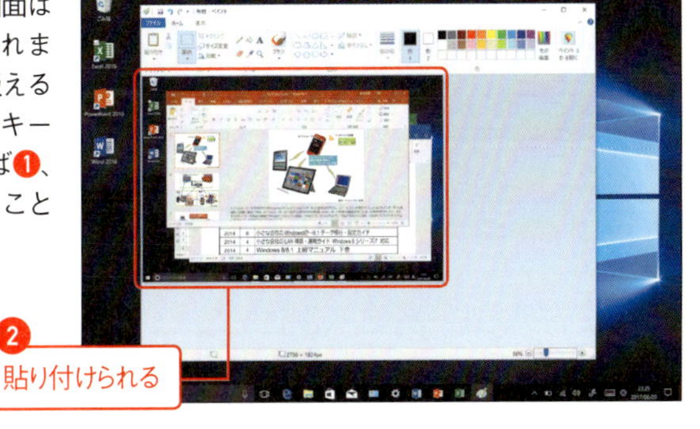

テク 047 日本語入力の予測入力を無効にしたい

Microsoft IME の予測入力を無効にする

Windows 10の日本語入力では「予測入力」があらかじめ有効になっており、入力中に変換候補が自動的に表示されます。この「予測入力」を使わず、以前のWindows OSのような日本語入力を望む場合には、以下の設定を適用します。

MEMO

「予測入力」では今まで入力変換した候補が自動表示される。人前で日本語入力を行う環境などで、過去の入力変換を見られたくないという場合には、予測入力を無効にする。

1 通知領域にある入力インジケーターを右クリック／長押しタップして❶、ショートカットメニューから「プロパティ」を選択します❷。

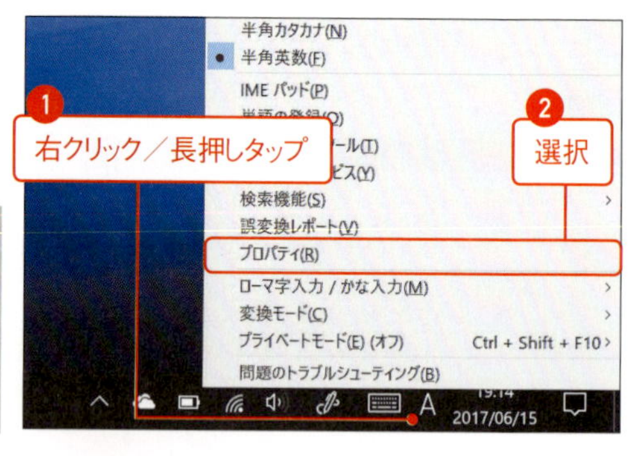

MEMO

「言語バー」を表示している場合には、「言語バー」から「ツール」→「プロパティ」を選択する。

2 「Microsoft IME の設定」が表示されます。「詳細設定」ボタンをクリック／タップします。

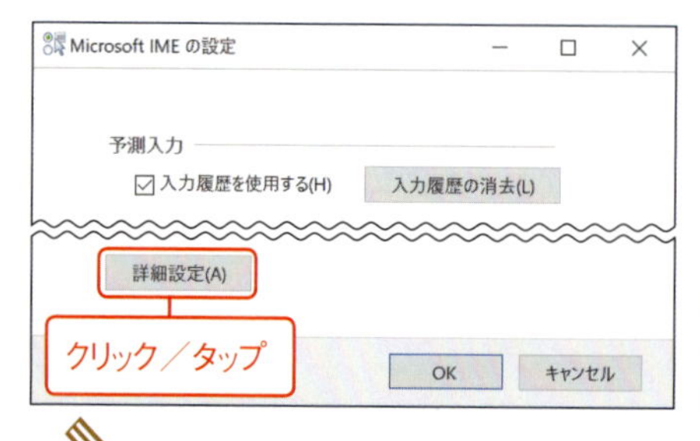

3 「予測入力」タブ内、「予測入力を使用する」のチェックを外します❶。「OK」ボタンをクリック／タップします❷。

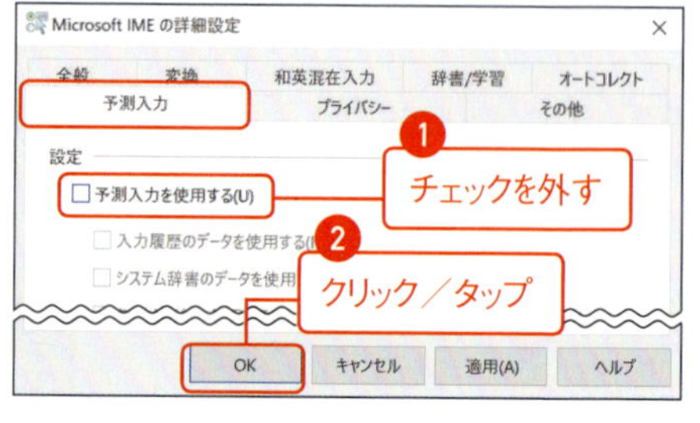

MEMO

予測入力は有効なままで入力履歴のみ利用したくない場合には、「入力履歴のデータを使用する」のみチェックを外す。

テク 048

画面中央に表示される入力モードを非表示にしたい

画面中央に表示される入力モードを非表示にする

Surfaceでは画面中央に「入力モード（「あ」／「A」）」が表示されますが、この表示を抑止したい場合には、以下の手順に従います。

1 通知領域にある入力インジケーターを右クリック／長押しタップして❶、ショートカットメニューから「プロパティ」を選択します❷。

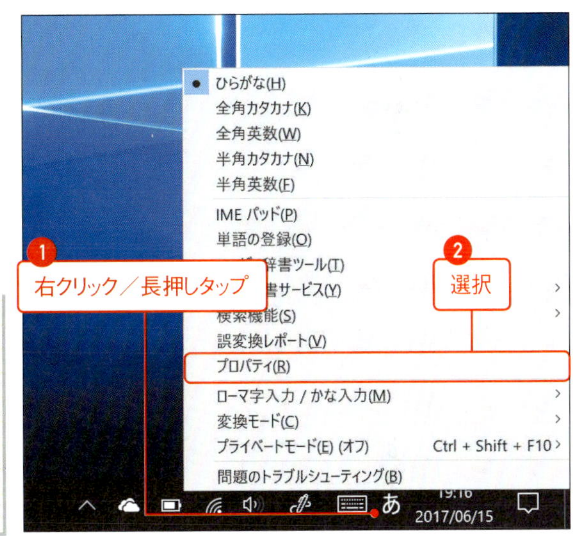

MEMO

「言語バー」を表示している場合には、「言語バー」から「ツール」→「プロパティ」を選択する。

2 「画面中央に表示する」のチェックを外します❶。「OK」ボタンをクリック／タップします❷。

テク 049

デスクトップに言語バーを表示したい

デスクトップに言語バーを表示する

Windows 10ではデスクトップに「言語バー」は表示されませんが、日本語入力において従来のWindows OS同様に「言語バー」を表示しておきたいという場合には、以下の手順に従います。

1 コントロールパネル（アイコン表示）から「言語」を選択して、タスクペインの「詳細設定」をクリック／タップします。

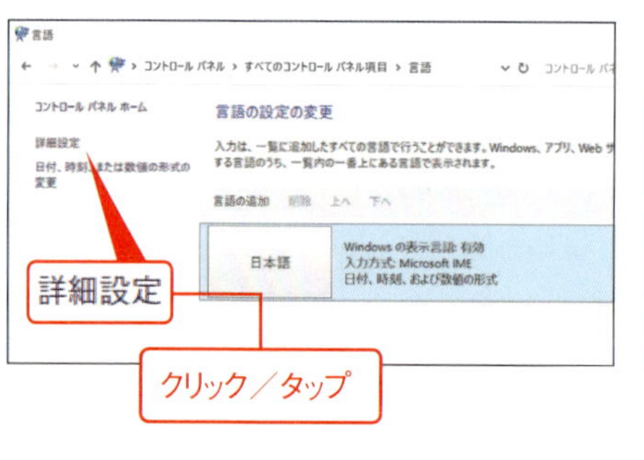

2 「詳細設定」内、「使用可能な場合にデスクトップ言語バーを使用する」にチェックして❶、「保存」ボタンをクリック／タップします❷。

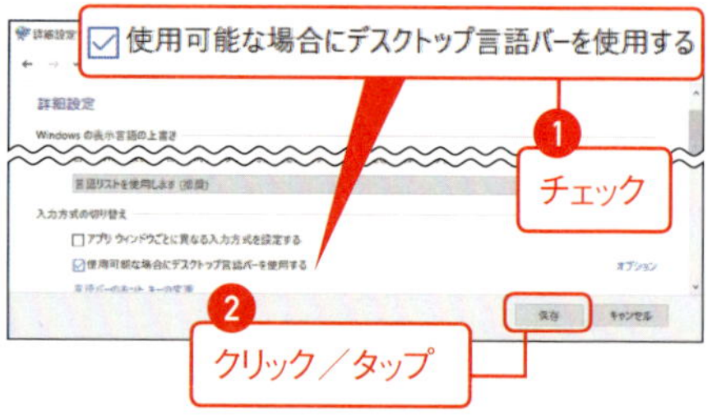

3 デスクトップに言語バーを表示することができます。

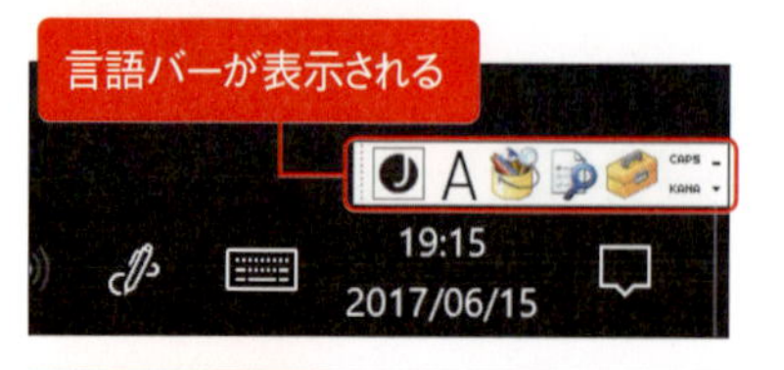

● 言語バーの各ボタンの詳細

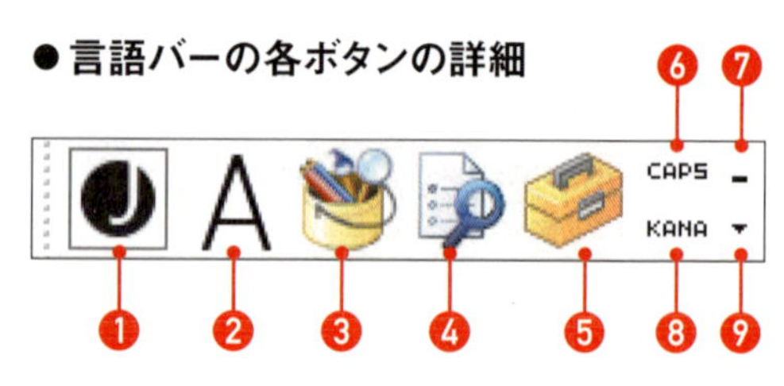

❶入力言語	IMEの種類を切り替える場合に使用する
❷入力モード	ひらがな入力やカタカナ入力、英数字入力などの入力する文字種を選択できる
❸IMEパッド	手書き、文字一覧、総画数、部首などの特殊入力を行う際に使用する
❹検索	未確定文字列を検索する（要検索プロバイダーの追加）
❺ツール	「プロパティ」や「辞書ツール」など設定系の機能にアクセスする
❻CAPS	Capsロックの状態の表示、変更を行える。凹んでいる状態であれば、英文字が大文字（A,B,C…）になる
❼最小化	言語バーをタスクバーの中に収める
❽KANA	かな入力状態の表示、変更を行える。凹んでいる状態がオン。かな入力を行いたいときにオンにする。逆に言えば、凹んでいない状態＝ローマ字入力という意味になる
❾オプション	言語バーに表示する項目を選択できる

テク 050 Microsoft Office を操作したい

Microsoft Office のリボン操作

Microsoft Office は「リボン操作」が基本であるため、リボン操作に着目して自分の操作スタイルに合わせたカスタマイズを行うと効率的な作業を実現できます。

● リボンの非表示

1 リボンが表示されている状態で［^］をクリック／タップします。

クリック／タップ

2 リボンコマンドが非表示になります。

リボンコマンドが非表示になる

MEMO

主に編集画面を広く確保したい場合に、リボンコマンドを非表示にする。

● リボンの表示（リボンが表示されていない場合）

1 リボンの任意の「タブ」をクリック／タップします。

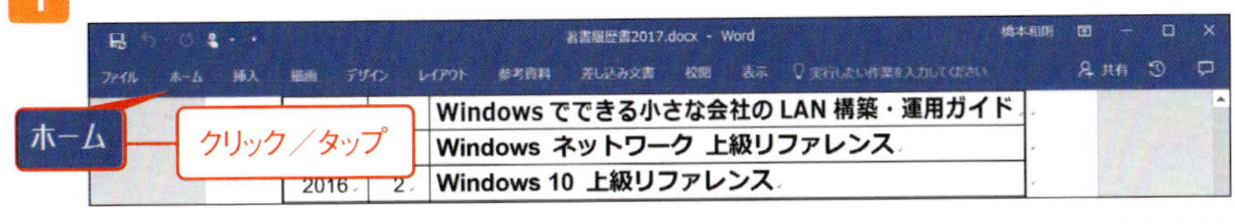

注意

Microsoft Office はアップデートにより操作や仕様は変更される。本書は 2017 年 7 月時点の操作設定方法の解説である。

2 リボンコマンドを表示できます。

リボンコマンドが表示される

MEMO

「リボンの固定」をしていない場合、リボンコマンドは一時的に表示されて、編集画面に重なる形で表示される。

●リボンの固定

1 リボンコマンドは常時表示しておきたい場合には、「リボンの固定」をクリック／タップします。

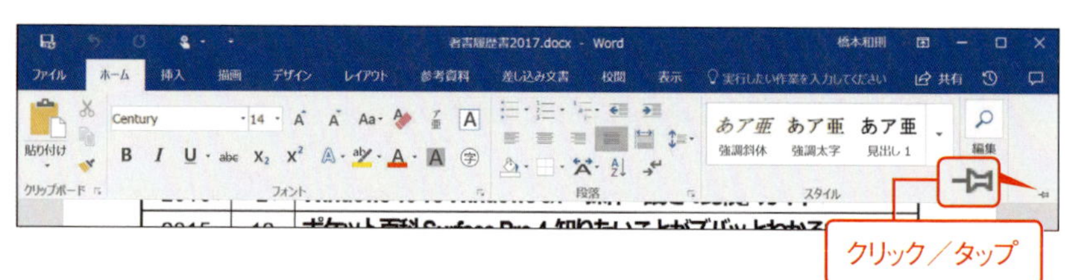

2 リボンコマンドが常時表示になります。

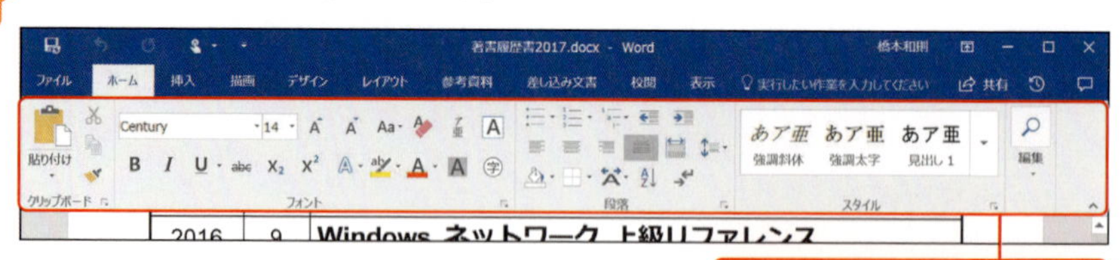

ここがポイント

●リボンコマンドの表示は可変する

リボンコマンドは「デスクトップ環境」や「ウィンドウサイズ」によって表示が可変するという特性がある。たとえばMicrosoft Officeの表示サイズ（ウィンドウサイズ）を可変させることにより、リボンコマンド表示の詳細は異なってくる。

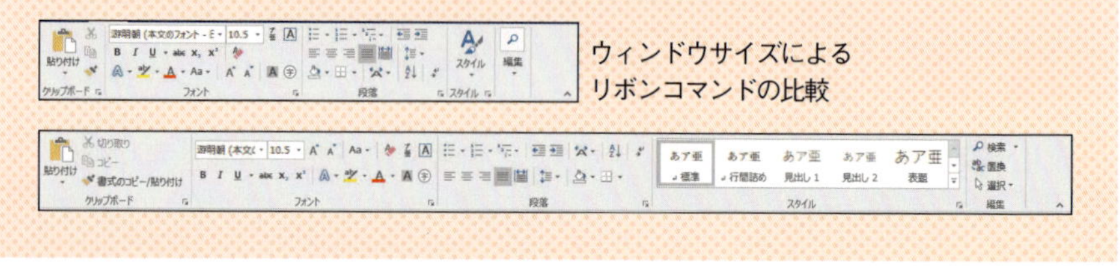

ウィンドウサイズによる
リボンコマンドの比較

テク051 Microsoft Officeを ショートカットキーで操作したい

リボンコマンドのショートカットキー

Microsoft Officeで効率的な操作を行いたい場合には、各リボンコマンドに割り当てられている「ショートカットキー」が有効です。

1 Alt キーを入力します❶。リボンのタブに対応するキーが表示されるので、任意のタブのキーを入力します❷。

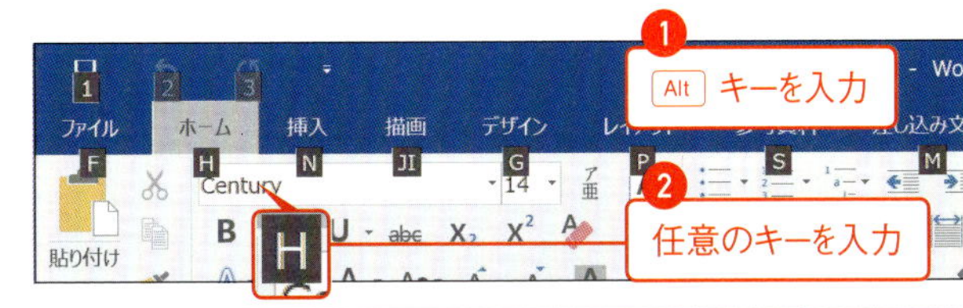

2 選択したリボンのリボンコマンドに対応するキーが表示されるので、任意のキーを入力すれば、コマンドを実行することができます。

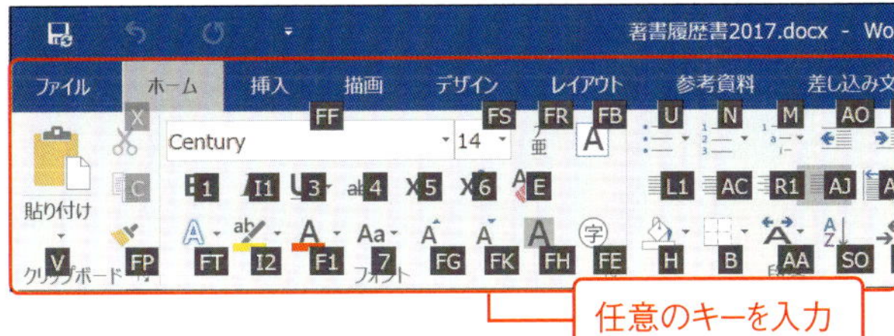

MEMO

リボンコマンドのショートカットキーは Alt キーからと覚えるとよい。たとえば、「ホーム」タブのコマンドを利用したい場合には、ショートカットキー Alt → H キーと入力する。

MEMO

キー表示が文字列の場合には、そのまま2ストローク入力する。たとえば「フォント」は「FF」だが、この場合 F → F キーと続けて入力する。

● リボンの固定／固定解除

ショートカットキー Fn ＋ Ctrl ＋ F1 キーを入力します（Fnロックをしていない場合）。リボンの固定／固定解除を行うことができます。

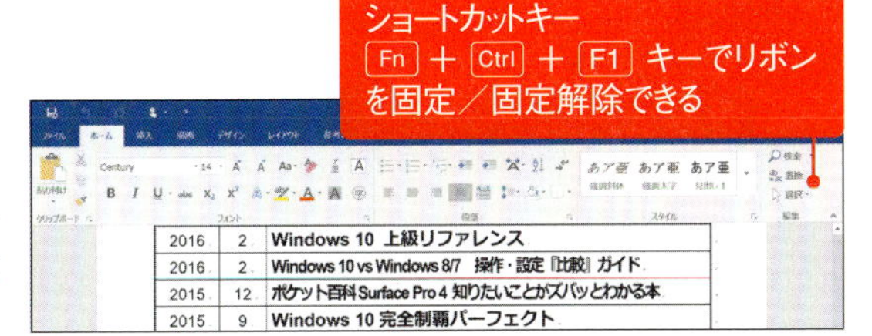

MEMO

Fnロック（P.020参照）をしている場合には、ショートカットキー Ctrl ＋ F1 キーでリボン固定のトグルになる。

テク 052 タッチ操作でMicrosoft Officeの各種編集を行いたい

タッチ操作で各種編集を行う

Microsoft Officeはタッチ操作も想定した設計がなされており、リボンコマンドをタッチ操作で選択しやすいだけでなく、一部の編集操作にはタッチ操作に最適化された独自の手順が割り当てられています。

●リボンコマンド表示をタッチ操作に最適化する

1 クイックアクセスツールバーの「タッチ／マウスモードの切り替え」をクリック／タップします❶。メニューから「タッチ」を選択します❷。

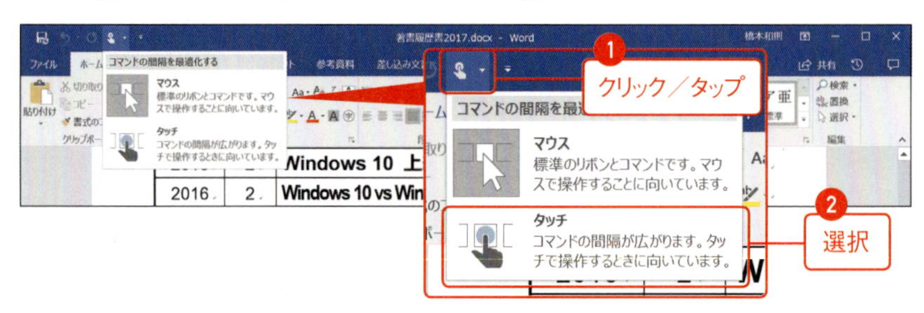

2 リボンコマンドやクイックアクセスツールバーの間隔が広くなり、タッチ操作が行いやすくなります。

MEMO

クイックアクセスツールバーに「タッチ／マウスモードの切り替え」が表示されていない場合には、「クイックアクセスツールバー」横の▼をクリック／タップして、「タッチ／マウスモードの切り替え」をチェックする。

●文字列の選択

1 任意の文字列をタップします❶。選択ハンドルが表示されます❷。

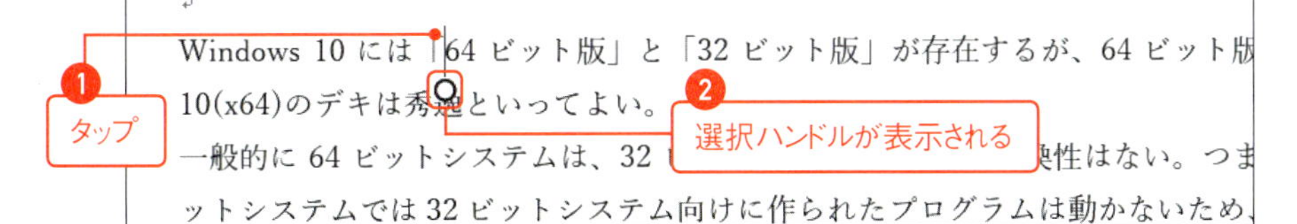

2 選択ハンドルをタッチ操作でドラッグすることで❶、文字列選択の始点と終点を指定することができます❷。

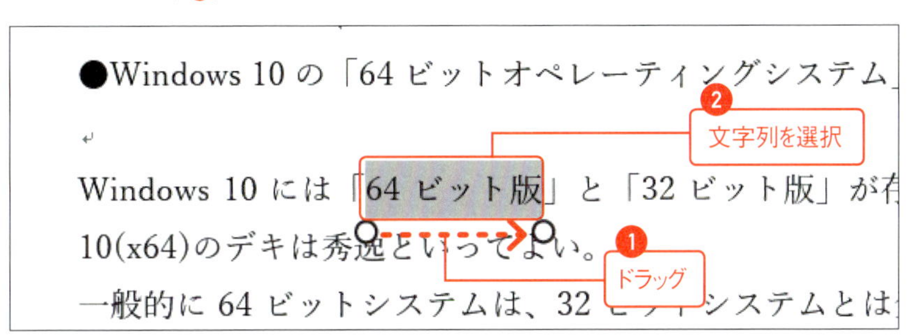

●編集メニューを表示する

1 選択文字列を長押しタップします。

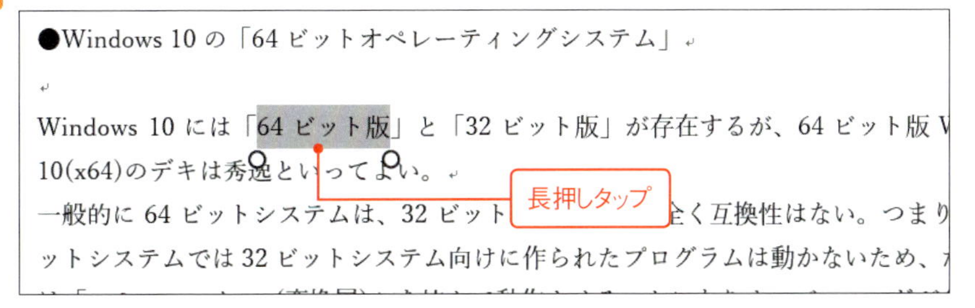

2 編集メニューが表示されるので、任意のコマンドを選択します。

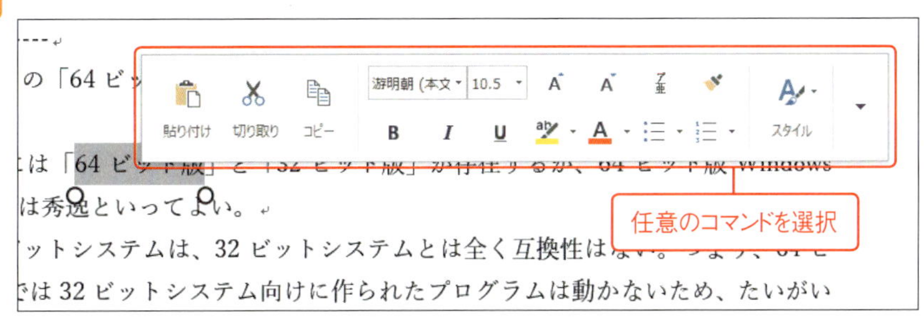

テク 053

クイックアクセスツールバーを活用したい

クイックアクセスツールバーの活用

Microsoft Officeのタイトルバーの左側に配置されているコマンド群を「クイックアクセスツールバー」といいます。「クイックアクセスツールバー」はワンクリック／ワンタップで目的の操作を素早く実行できるのが特徴です。
また、クイックアクセスツールバーでは任意のコマンドを配置できたり、ショートカットキーで素早くコマンドを実行したりも可能です。

●表示するコマンドを指定する

→ 「クイックアクセスツールバー」横の▼をクリック／タップします❶。メニューからよく利用するコマンドをチェックします❷。また、利用しないコマンドのチェックを外します。

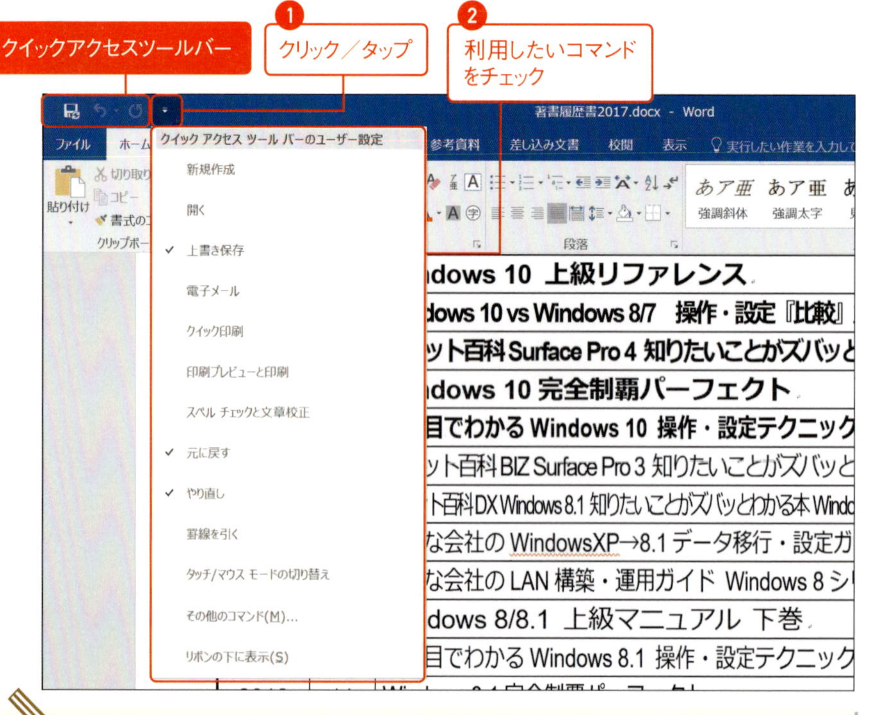

MEMO

クイックアクセスツールバーは標準では「タイトルバー」内に表示されているが、「リボンの下に表示」を選択すれば、リボンの下側に表示することも可能。

●任意のコマンドを追加する

1 クイックアクセスツールバーに追加したいリボンコマンドを表示します。リボンコマンドを右クリック／長押しタップして❶、ショートカットメニューから「クイックアクセスツールバーに追加」を選択します❷。

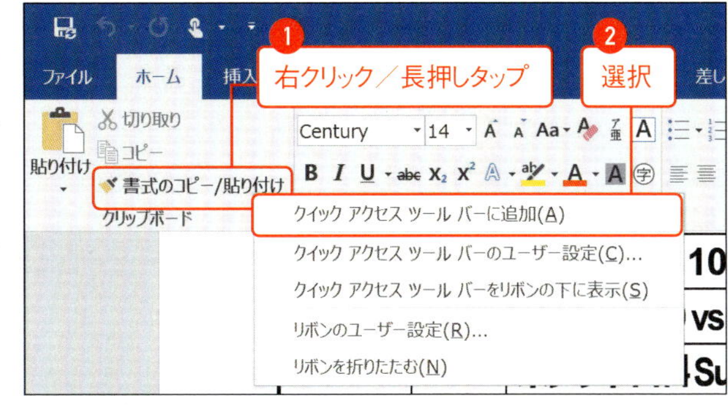

2 クイックアクセスツールバーに指定のコマンドが追加されます。

MEMO

クイックアクセスツールバーのコマンドはリボンのように表示を切り替え／展開することなく、ワンクリック／ワンタップでコマンドを実行できるのが特徴だ。

●コマンドをショートカットキーで操作する

→ クイックアクセスツールバーには、表示コマンドの順序に従って数字キーが割り当てられ、Alt →「数字キー」でコマンドを実行することができます。

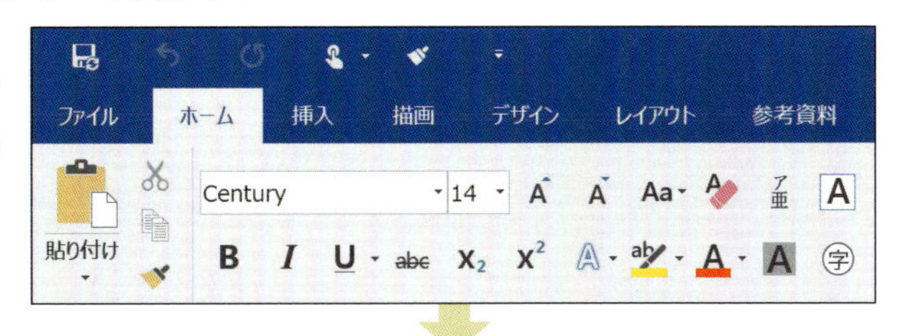

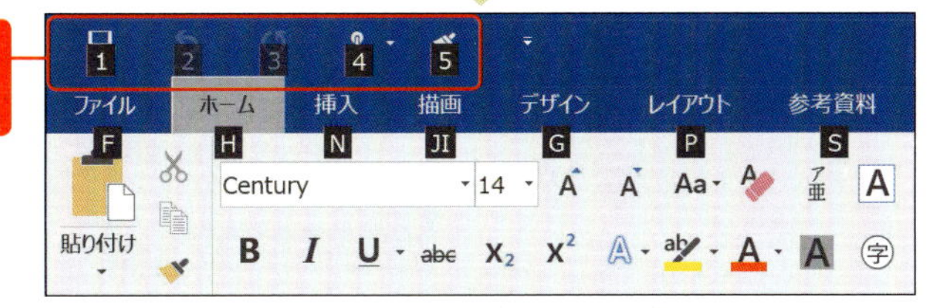

MEMO

クイックアクセスツールバーのコマンドは Alt →「数字キー」という入力しやすいショートカットキーであるため、素早くコマンド実行できる。

テク 054

Microsoft Officeでの作業領域を広くしたい

最大化表示にする

Microsoft Officeはデスクトップアプリであるためウィンドウ表示が行え、また他のウィンドウ同様「最大化」を行うことができますが、広い作業領域を確保したい場合には「全画面表示」が有効です。

1 ウィンドウのタイトルバーをダブルクリック／ダブルタップします。

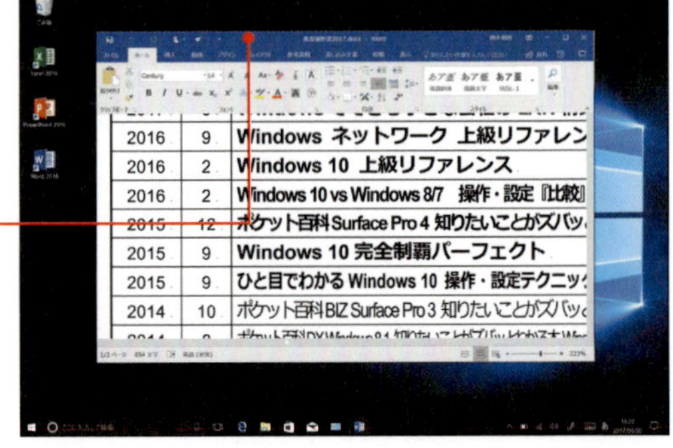

ダブルクリック／ダブルタップ

2 ウィンドウが最大化します。

「ウィンドウの半面表示」「ウィンドウの1/4表示」などのウィンドウスナップを行うことができる。

全画面表示にする

1 ウィンドウの（リボンの表示オプション）をクリック／タップします❶。メニューから「リボンを自動的に非表示にする」を選択します❷。

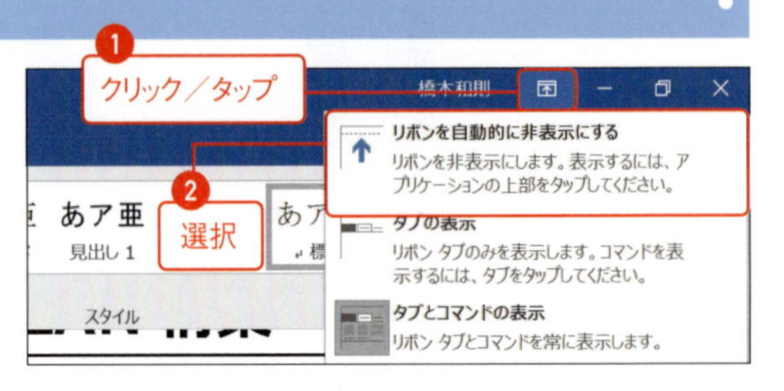

2 ウィンドウが全画面表示になります。

2016	9	Windows ネットワーク 上級リファレンス
2016	2	Windows 10 上級リファレンス
2016	2	Windows 10 vs Windows 8/7 操作・設定『比較』ガイド
2015	12	ポケット百科 Surface Pro 4 知りたいことがズバッとわかる本
2015	9	Windows 10 完全制覇パーフェクト
2015	9	ひと目でわかる Windows 10 操作・設定テクニック厳選 200
2014	10	ポケット百科 BIZ Surface Pro 3 知りたいことがズバッとわかる本
2014	8	ポケット百科 DX Windows 8.1 知りたいことがズバッとわかる本 Windows 8.1 Update 対応
2014	6	小さな会社の WindowsXP→8.1 データ移行・設定ガイド
2014	4	小さな会社の LAN 構築・運用ガイド Windows 8 シリーズ/7 対応
2014	4	Windows 8/8.1 上級マニュアル 下巻
2014	2	ひと目でわかる Windows 8.1 操作・設定テクニック厳選 200 プラス!
2013	11	Windows 8.1 完全制覇パーフェクト

全画面表示は最大化表示に比べてタイトルバー／タブ／リボン／ステータスバー表示がなくなるため、より広い編集画面を確保できる。

●全画面モードでの各種操作

→ [・・・] をクリック／タップします❶。タイトルバー／タブ／リボン／ステータスバーを表示することができます❷。

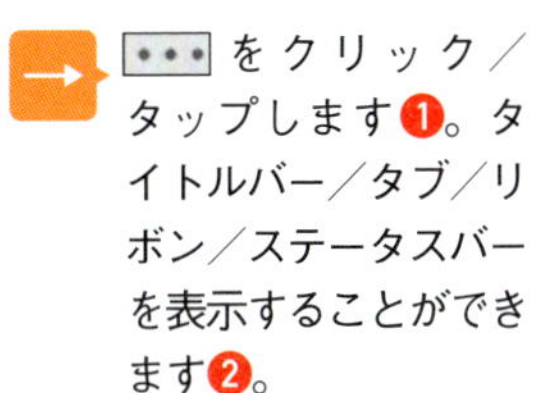

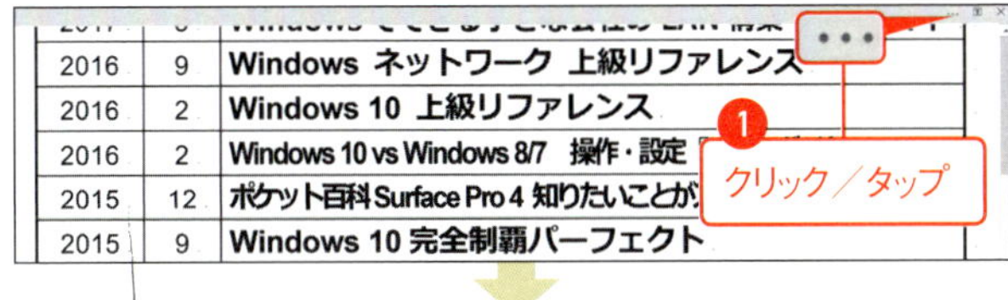

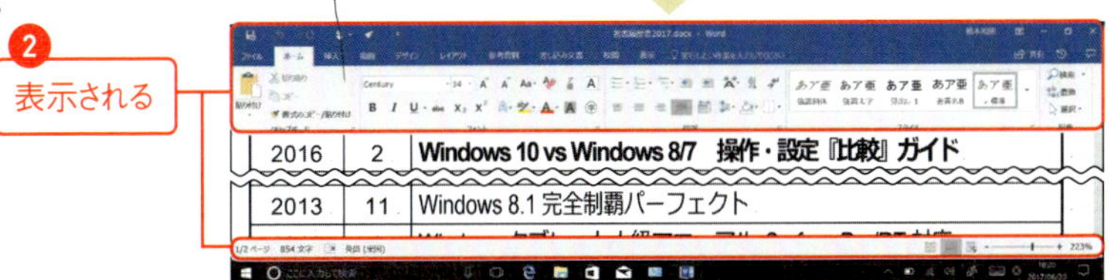

ここがポイント

●さらに広い作業領域を確保するには

Surface には標準で「デスクトップオブジェクトの拡大」が適用されており、デスクトップオブジェクト（テキストやアイコンなど）は拡大されて表示されている。この「デスクトップオブジェクトの拡大」を小さくすれば、より広い編集画面を確保して、デスクトップを広く利用できる（P.174 参照）。

200%（既定サイズ）

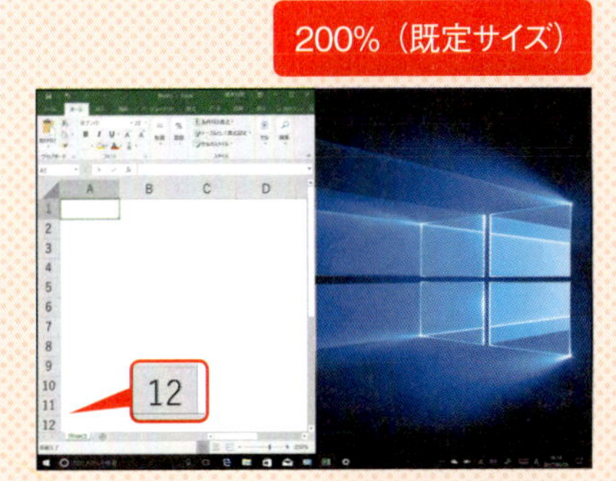

100%

第1章 ハードウェアと基本操作
第2章 周辺機器&ハードウェア設定
第3章 アプリ&Office
第4章 カスタマイズ
第5章 タブレット活用&ペン
第6章 ネットワーク接続&クラウド&セキュリティ

テク055 Microsoft Office上でフリーハンド描画を行いたい

タッチ操作でフリーハンド描画を行う

Microsoft Officeで編集を行っていると「手書きの図形やコメントを入れたい」という場面がありますが、手書きのオブジェクトを挿入したい場合には、以下の手順に従います。

1. 「描画」タブの「ツール」内、「タッチして描画する」をクリック／タップします。

2. 「描画」タブのから任意のペンをクリック／タップします。

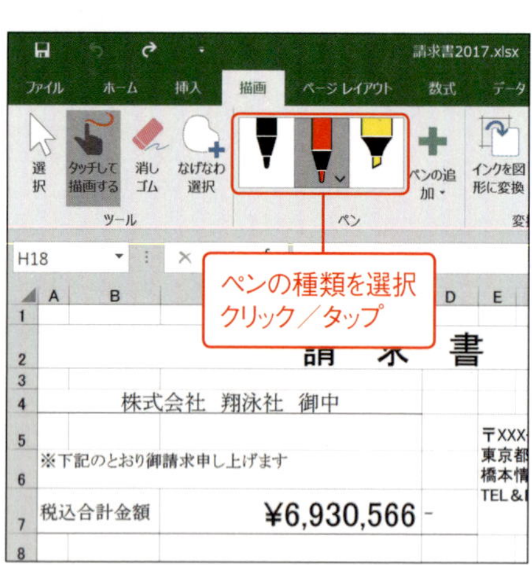

3. 編集画面上で自由にフリーハンド描画を行うことができます。

MEMO

ペンの太さや色を変更したい場合には、をクリック／タップして、任意の太さや色を選択する。

フリーハンド描画したオブジェクトを消去する

1 「描画」タブの「ツール」内にある「消しゴム」をクリック／タップします。

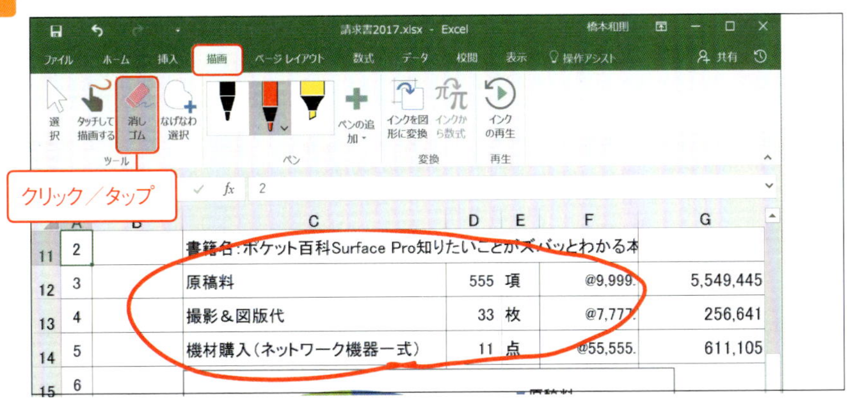

2 任意のオブジェクトをクリック／タップします❶。指定オブジェクトが消去されます❷。

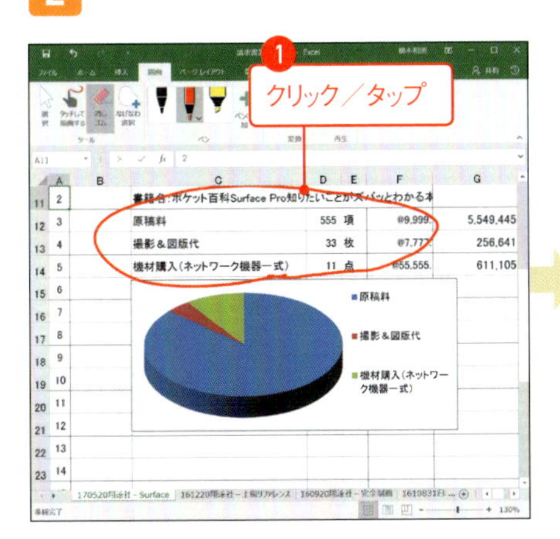

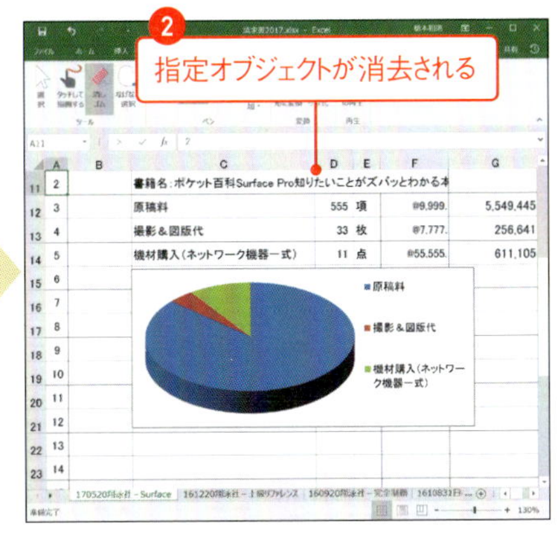

ここがポイント

●Surface ペンを利用して フリーハンド描画を行う

Surface ペンを利用すれば、編集画面に直接描画を行うことができる。また、描画したオブジェクトを消去したい場合には、Surface ペンのトップボタン（消しゴム）でオブジェクトを指定すればよい。

テク 056

Word／Excel／PowerPointで保存時のデータファイル形式を指定したい

ファイル形式の種類を知る

Word／Excel／PowerPointのデータファイル形式は、大きく分けて「2007以降形式（XML準拠）」と「97-2003形式」の２種類の形式があります。
この２種類のMicrosoft Officeデータファイル形式を把握して、場面によっては使い分けるようにします。

	Microsoft Office 2007以降（標準形式）	Microsoft Office 2003まで
特徴	XML準拠形式	旧アプリや他OS利用時の互換性が高い
Word	Word文章（*.docx）	Word97-2003文章（*.doc）
Excel	Excelブック（*.xlsx）	Excel97-2003ブック（*.xls）
PowerPoint	PowerPointプレゼンテーション（*.pptx）	PowerPoint97-2003 プレゼンテーション（*.ppt）

Microsoft Officeのファイル形式

●「97-2003形式」で保存する

→ ファイルを保存する際に「ファイルの種類」のドロップダウンから「Word97-2003文章（*.doc）」／「Excel97-2003ブック（*.xls）」／「PowerPoint97-2003プレゼンテーション（*.ppt）」を選択したのちに保存をします。

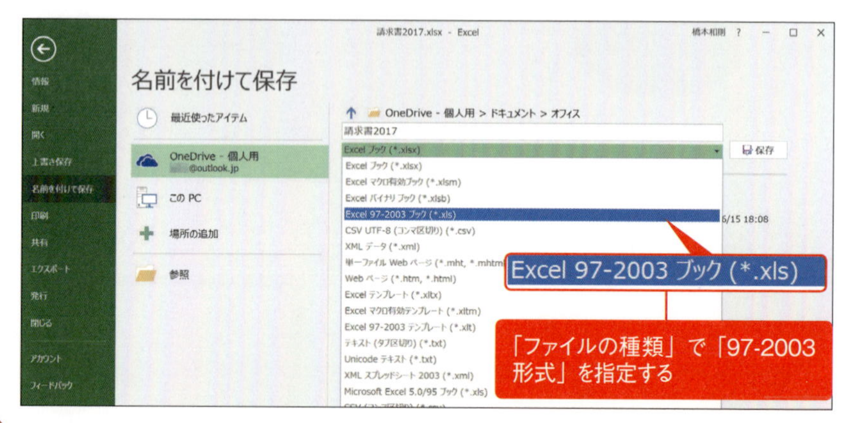

「97-2003形式」は一般的に互換性に優れ、別のアプリ（iOSアプリやAndroidアプリなど）でMicrosoft Officeデータファイルを活用したい際などに役立つ。

テク 057 Surfaceでプレゼンテーションを行いたい

PowerPointによるプレゼンテーションの実践

PowerPointはプレゼンテーションを実践できるアプリです。PowerPointでプレゼンテーションを実践するための基本操作は、以下の手順に従います。

●プレゼンテーションを開始する

1 「スライドショー」タブの「スライドショーの開始」内、「最初から（あるいは「現在のスライドから」）」をクリック／タップします。

2 スライドが画面全体に表示され、スライドショーが開始されます。

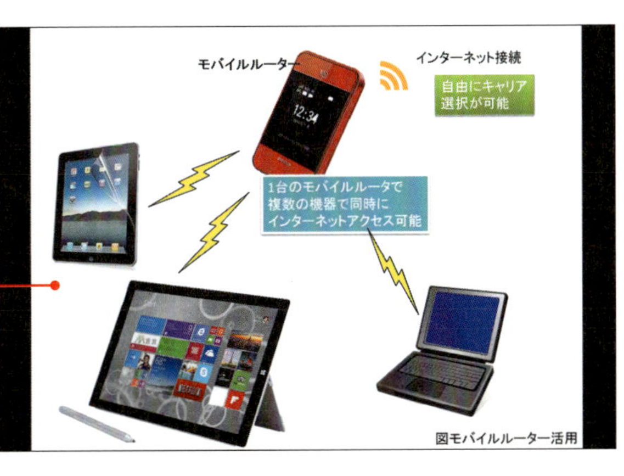

●次のスライドを表示する

1 マウス操作であれば左クリックします。タッチ操作であれば左へスライドします。

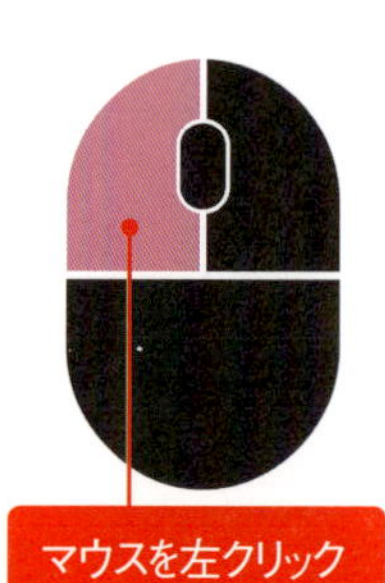

2 次のスライドが表示されます。

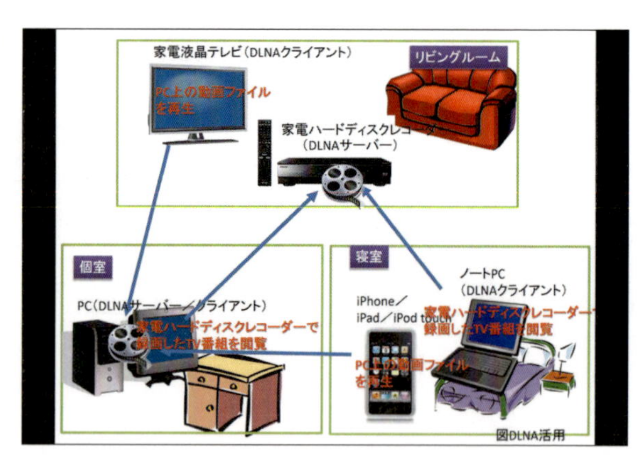

●発表者ツールを表示する

→ スライド上でマウスポインターを動かします。タッチ操作であればスライドをタップします。発表者ツールを表示することができます。

テク 058

プロジェクターを利用してプレゼンテーションを行いたい

プロジェクターによるプレゼンテーションの実践

Surface は Mini Display Port から映像出力を行うことにより、プロジェクター出力が可能です（P.060 参照）。また、PowerPoint はプロジェクター出力に最適化された「発表者ビュー」があり、Surface 上では発表者ツールやノートを表示した状態で、外部出力側では「スライドのみ」を表示することもできます。

プロジェクター
（写真は BenQ の「MS531」）

● 発表者ビューにする

1 「発表者ツール」から⊡をクリック／タップします❶。メニューから「発表者ビューを表示」を選択します❷。

2 Surface 側に「発表者ビュー」が表示されます。外部出力側にはスライドのみが表示されます。

●スライドの拡大を行う

→ スライドをピンチアウトすると、スライドが拡大表示されます。位置調整はスライドをドラッグします。

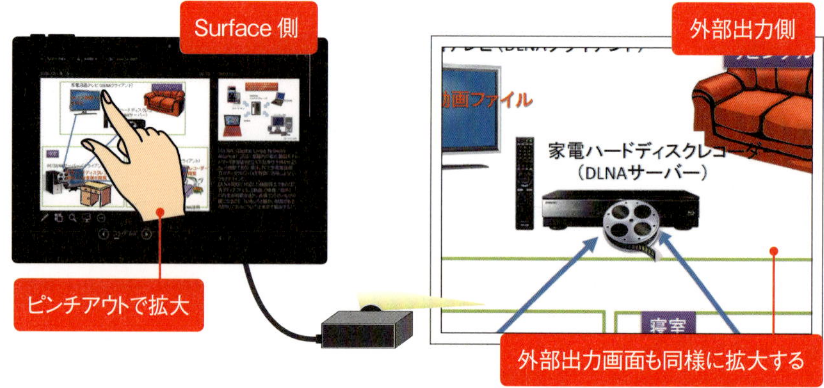

MEMO

マウス操作であれば「発表者ツール」の「スライドを拡大します🔍」で拡大操作が行えるが、タッチによるピンチ操作のほうが任意拡大や位置指定が行いやすい。

●発表者ビューのみにスライド一覧を表示する

1 「発表者ツール」の「すべてのスライドを表示▦」をクリック／タップします。

2 スライドの一覧が表示されます。なお、外部出力側の表示は任意のスライド表示が保たれ、スライドの一覧は表示されません。

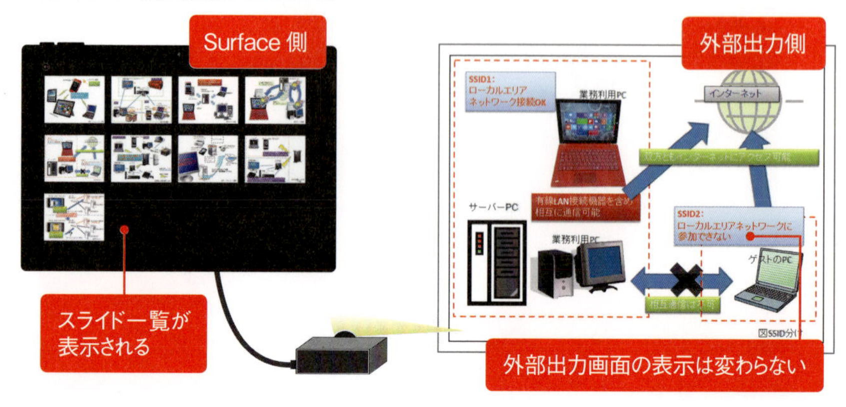

テク 059

プレゼンテーション時のレーザーポインターの利用とスライドへの書き込み方法を知りたい

レーザーポインターを表示する

PowerPoint 上の操作でレーザーポインターを表示したい場合には、以下の手順に従います。

1 「ペンとレーザーポインターツール」をクリック／タップします❶。メニューから「レーザーポインター」を選択します❷。

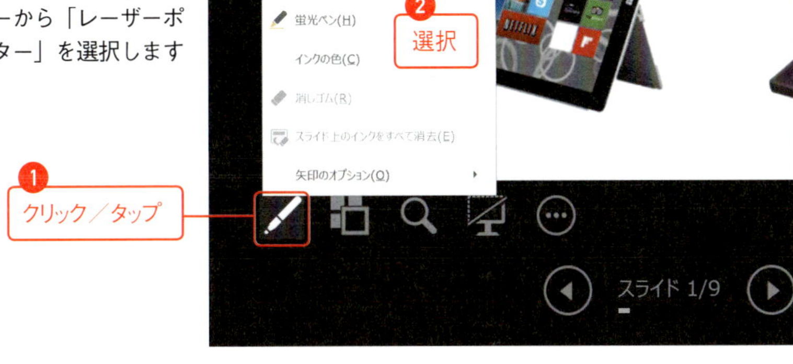

2 マウス操作であればマウスポインターを移動します。タッチ操作であればドラッグします。レーザーポインターを任意の位置に移動することができます。

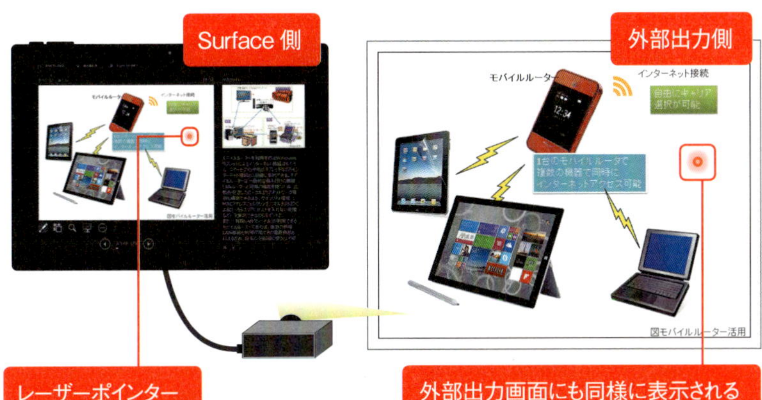

MEMO

マウス操作／タッチ操作だけでなく、Surface ペンでもレーザーポインターを移動することができる。

ペン／蛍光ペンでスライドに書き込む

PowerPoint によるプレゼンテーション中にスライドに書き込みを行いたい場合には、以下の手順に従います。

1 「ペンとレーザーポインターツール」をクリック／タップします❶。メニューから「ペン（あるいは「蛍光ペン」）」を選択します❷。

MEMO

ペンの色を選択したい場合には、メニューから「インクの色」→「[任意の色]」を選択する。

2 マウス／タッチ／Surface ペンで任意にスライドに書き込むことができます。

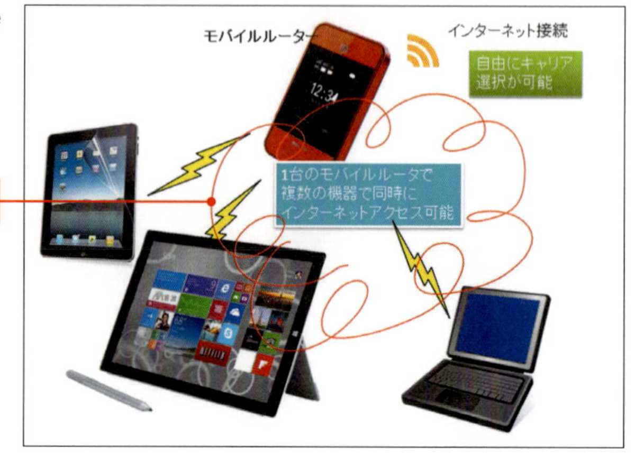

ペン／蛍光ペンで書き込んだ内容を消去する

1 「ペンとレーザーポインターツール」をクリック／タップします❶。メニューから「スライド上のインクをすべて消去」を選択します❷。

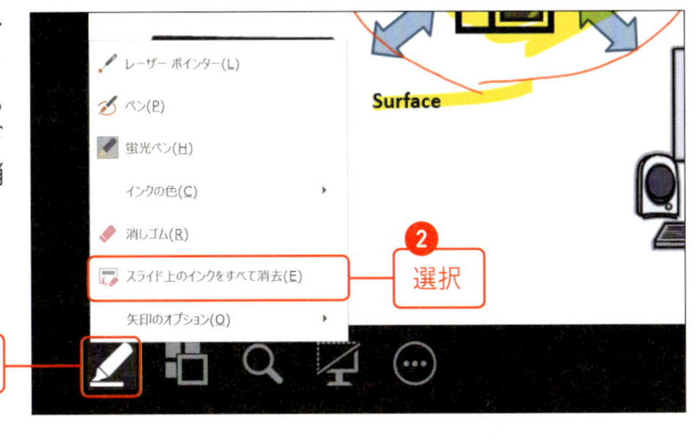

2 該当スライドに書き込んだインク（ペン／蛍光ペン）がすべて消去されます。

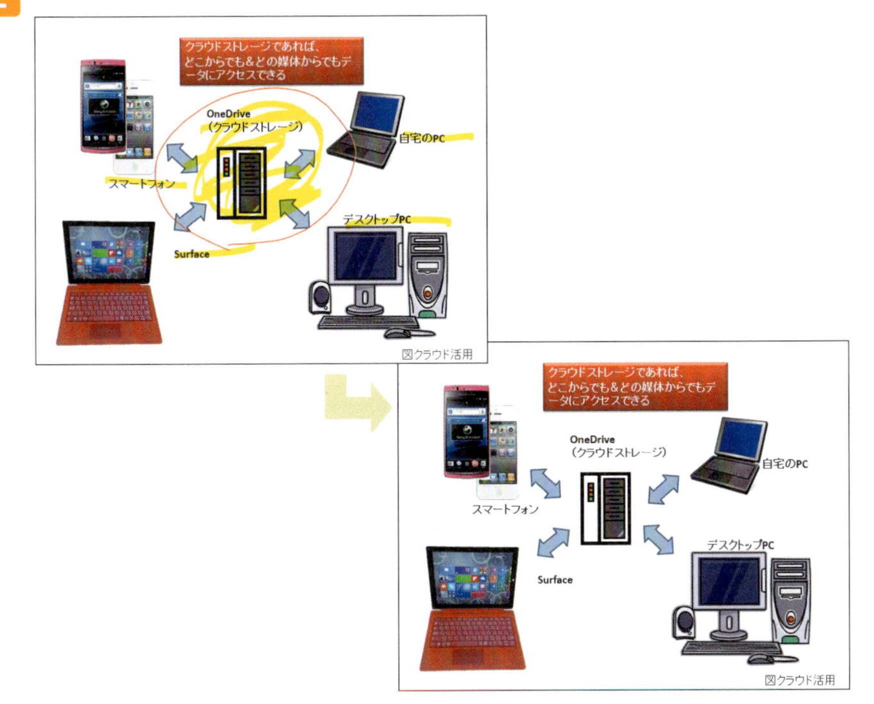

MEMO

描画した任意オブジェクトを消去したい場合には、「ペンとレーザーポインターツール」から「消しゴム」を選択して、消去したいオブジェクトをクリック／タップする。

ペン／蛍光ペンで書き込んだ内容を保存する

1 「スライドショーの終了」をクリック／タップします。

2 「インク注釈を保持しますか？」で「保持」ボタンをクリック／タップします。

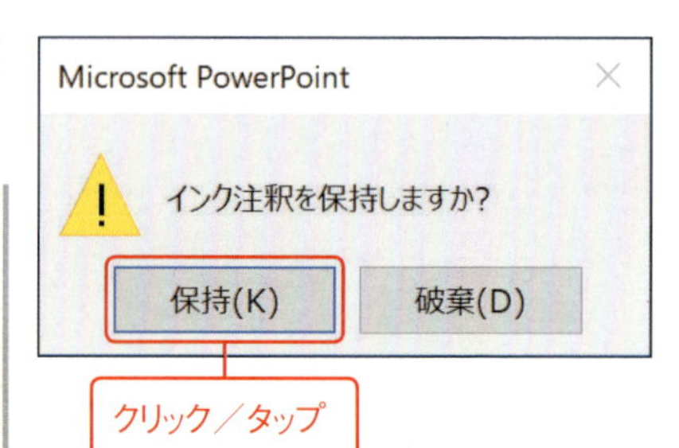

MEMO

ペン／蛍光ペンで書き込んだ内容を保存する必要がない場合には「破棄」ボタンをクリック／タップする。

3 ペン／蛍光ペンで書き込んだ内容がスライドに反映されます。

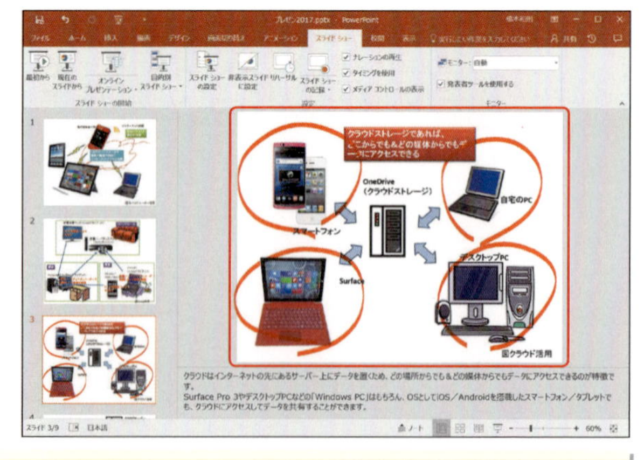

MEMO

ペン／蛍光ペンで書き込んだ内容は独立したオブジェクトとして扱われるため、スライドの編集作業で消去することも可能だ。

3-01 OneNote の基礎知識

「OneNote」は Microsoft が提供するノートアプリであり、Windows 10 に標準搭載されています。OneNote を利用すればノートの記述や整理のほか、各媒体間での情報共有が簡単に行えます。

Surface で利用できる 2 つの OneNote

Surface では、Windows 10 が標準で搭載する「ユニバーサルアプリ版 OneNote」と、Microsoft Office 2016 に含まれる「デスクトップアプリ版 OneNote」の、2 つの One Note を利用できます。なお、どちらのアプリでも同じノートブックを共有して編集できるため、自分にとって使いやすいアプリを選択、あるいは場面によって使い分けてもよいでしょう。

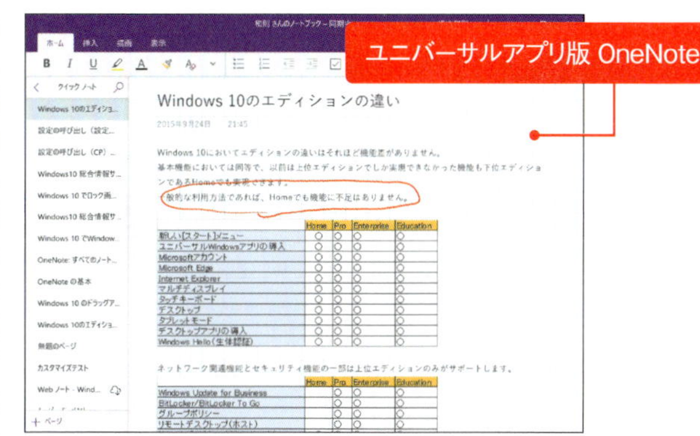

ユニバーサルアプリ版 OneNote は Windows 10 標準搭載のノートアプリであり、各種機能強化が行われたため一般的な利用方法であればデスクトップアプリ版 OneNote よりも手軽で使いやすい。なお、ユニバーサルアプリは仕様上アップデートにより操作や機能は随時更新される。

OneNote は「クラウド保存」されるノートブック

「OneNote」のノートブックはクラウドに保存されます。これによりインターネットに接続できるどの PC でも同一のノートブックを参照＆編集できることはもちろん、スマートフォンやタブレットでも同一のノートブックを参照＆編集することができます。

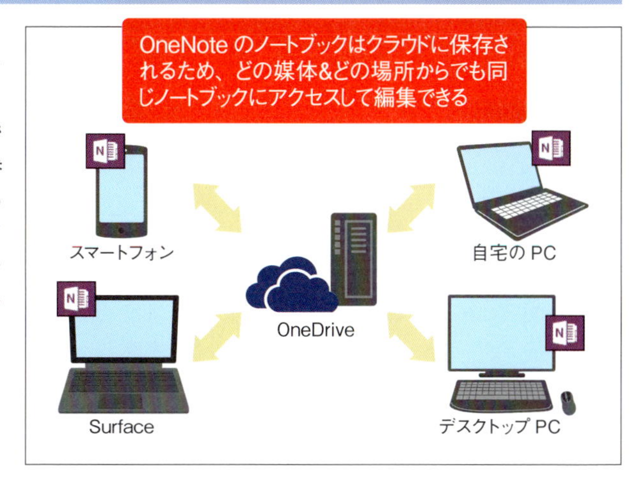

テク 060 OneNoteの基本操作を知りたい

OneNoteを起動する

Windows 10でOneNoteを起動するには、以下の手順に従います。なお、ここでのOneNoteとは「ユニバーサルアプリ版OneNote」を示します。

1 [スタート]メニューから「OneNote」をクリック／タップします。

2 「OneNote」を起動できます。

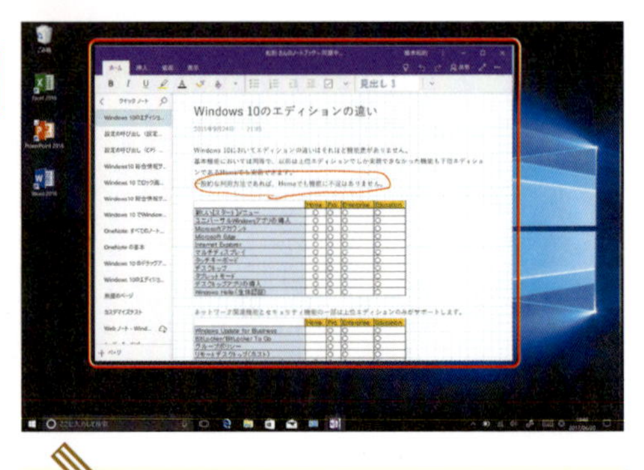

注意

Windows 10ではユニバーサルアプリ版OneNoteは「OneNote」と表記され、デスクトップアプリ版OneNoteは「OneNote 2016」と表記される。

MEMO

初期起動の場合にはOneNoteの解説ウィザードが表示される。なお、Microsoftアカウントでサインインしている場合、ノートブックは該当Microsoftアカウントのクラウドに保存される。

新しいページを作成する

1 「OneNote」で「+ページ」をクリック／タップします。

2 新しいページを作成できます。

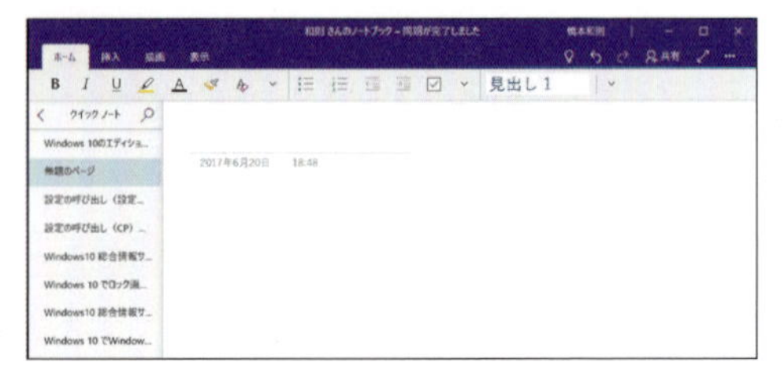

ノートブック／セクション／ページを切り替える

1 「<」をクリック／タップします。

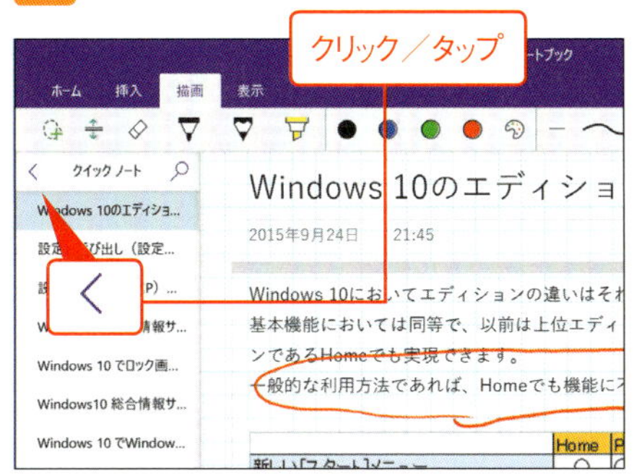

2 任意のノートブック／セクション／ページを選択して切り替えることができます。

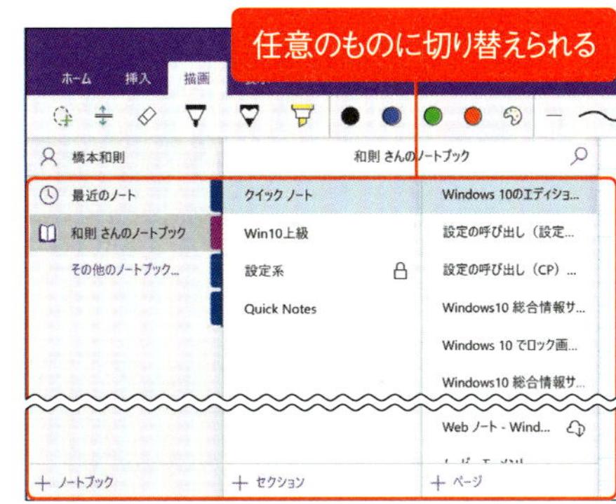

注意

ユニバーサルアプリは全般的にアップデートにより操作や機能が大きく改善る。よって、各種操作は変更される可能性がある。

MEMO

OneNoteは「ノートブック」内に「セクション」が存在し、セクションの中に「ページ」が存在する形になる。

スマートフォン／タブレットのアプリでノートブックを共有する

1 ストア（App Store／Google Play）から「OneNote」アプリを入手します。

2 初期セットアップで、Surfaceでサインインしている Microsoft アカウント（OneNoteで利用しているMicrosoftアカウント）でサインインします。

3 アプリでOneNote上のノートブックにアクセスできます。

3-02 「ストア」からのアプリ導入とユニバーサルアプリ

Windows 10では「ストア」からのアプリ導入が可能です。「ストア」から入手できるWindows 10向けに設計された「ユニバーサルアプリ」はライセンスがMicrosoftアカウントに紐付けられるため扱いやすいほか（同じMicrosoftアカウントを利用すれば、再インストール時や別PCで同一のアプリ環境を実現可能）、サンドボックス化されているためプログラムの動作として安全性が高くセキュアなのも特徴です。

「ストア」の起動

［スタート］メニューから「ストア」をクリック／タップ、あるいはタスクバーの「ストア」をクリック／タップして「ストア」を起動します。

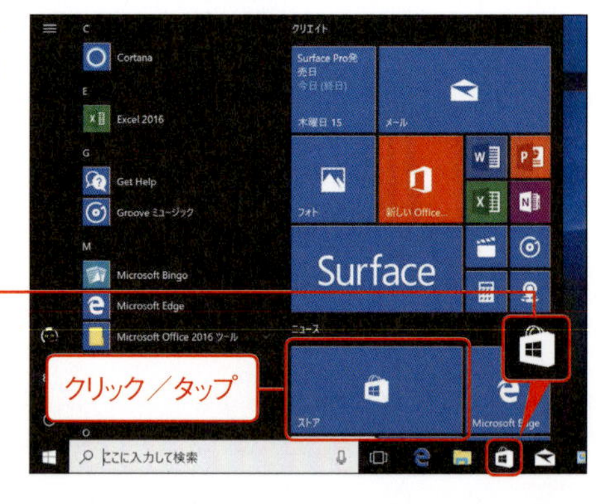

ストアでアプリを検索する

1 「ストア」の検索ボックスに任意のキーワードを入力します。インクリメントサーチで適合するアプリがドロップダウンに検索候補として表示されます。

キーワード入力
候補が表示される

2 検索ボックスからキーワード検索を行うと（検索実行すると）、適合するアプリが一覧で表示されます。

ストアのトップページに戻りたい場合には、「ホーム」をクリック／タップする。

カテゴリからアプリを選択する

1 「ストア」のホームから「トップアプリ」をクリック／タップします。

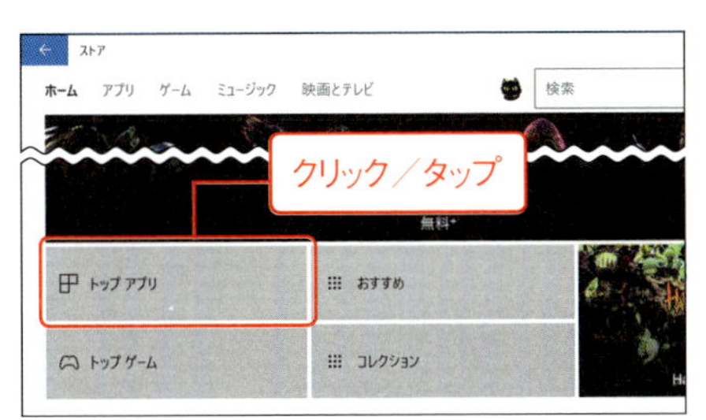

2 「カテゴリ」のドロップダウンから任意のカテゴリをクリック／タップします。

ストアからアプリを導入する

「ストア」から導入したいアプリを表示したうえで、任意のボタン（下表参照）をクリック／タップします。アプリを導入することができます。

購入	アプリを入手できる
無料体験版	利用期間や機能に制限があるアプリの体験版を入手できる
インストール	アプリをインストールできる。以前に入手したことがあるアプリなどで表示される

「共有」ボタンをクリック／タップすれば、該当アプリのリンクをメールやOneNoteなどの指定アプリに送信できる。

ここがポイント

●ユニバーサルアプリはアンインストールしてもライセンスは消失しない

ユニバーサルアプリは基本的に「Microsoft アカウント」に紐付いて管理されている。このため、仮にアプリを有料で購入後にアンインストールしても同一アカウントであれば購入情報が管理されており、再度導入する際に課金せずに該当アプリを導入できる（年間ライセンスやハードウェアに紐付けられたアプリなどは除く）。

テク061 アプリからの通知とロック画面での簡易ステータス表示を設定したい

通知を表示するアプリを指定する

アプリの一部では各種通知を行うことが可能ですが、アプリごとに通知の表示を設定したい場合には、以下の手順に従います。

1 「設定」から「システム」→「通知とアクション」を選択します❶。「これらの送信者からの通知を取得する」欄から任意のアプリの通知をオン／オフします❷。また、各アプリの通知の詳細設定を行いたい場合には「アプリ名」をクリック／タップします❸。

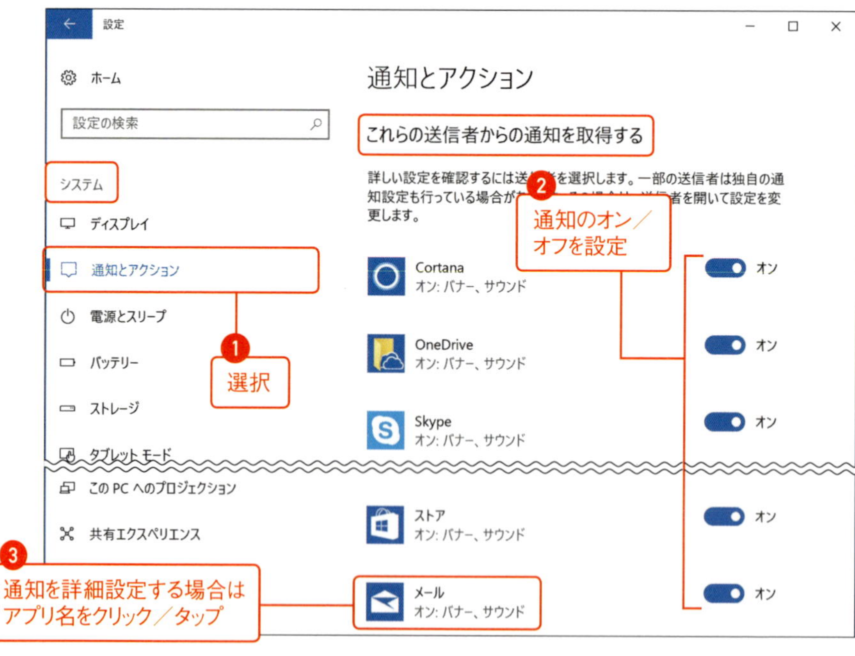

2 通知の詳細を設定することができます。

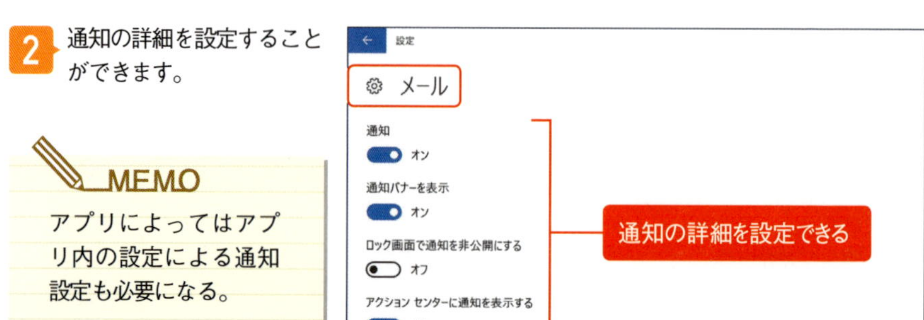

MEMO

アプリによってはアプリ内の設定による通知設定も必要になる。

ロック画面で簡易ステータス表示するアプリの指定

ロック画面で簡易ステータスを表示するアプリを指定したい場合には、以下の手順に従います。

1 「設定」から「個人用設定」→「ロック画面」を選択します❶。「簡易ステータスを表示するアプリを選ぶ」から「+」もしくは任意のアイコンをクリック／タップします❷。

MEMO

同様の方法で「状態の詳細を表示するアプリを選ぶ」から任意のアプリを選択すれば、指定アプリの詳細ステータスをロック画面に表示できる。

2 ロック画面に表示したい任意のアプリを選択します。

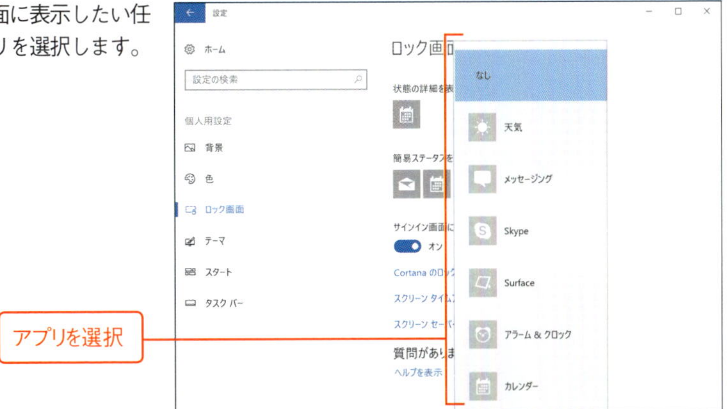

3 ロック画面で指定アプリのステータスが表示されます。

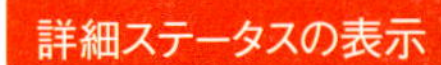

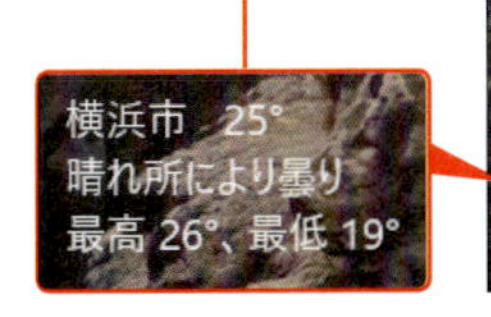

テク 062

アプリを管理／アンインストールしたい

アプリを一覧表示する

現在導入しているアプリを一覧で確認したい場合には、以下の手順に従います。

「設定」から「アプリ」→「アプリと機能」を選択します。インストールされているアプリを一覧で確認できるほか、アプリごとの容量や導入日を確認できます。

アプリ情報をリセットする

アプリ内で設定した情報（アプリのデータ）をリセットしたい場合には、以下の手順に従います。

1 「アプリと機能」の一覧から任意のアプリをクリック／タップします。

2 「詳細オプション」をクリック／タップします。

3 「リセット」ボタンをクリック／タップします❶。メッセージを確認して❷、「リセット」ボタンをクリック／タップします❸。

全使用量: 16.0 KB
このデバイス上のアプリのデータが、基本設定とサインインの詳細を含めて完全に削除されます。
リセット
リセット
❶ クリック／タップ
❷ 確認
❸ クリック／タップ

一覧表示からアプリをアンインストールする

一覧表示からアプリをアンインストールしたい場合には、以下の手順に従います。

1 「アプリと機能」の一覧からアンインストールしたいアプリをクリック／タップします。

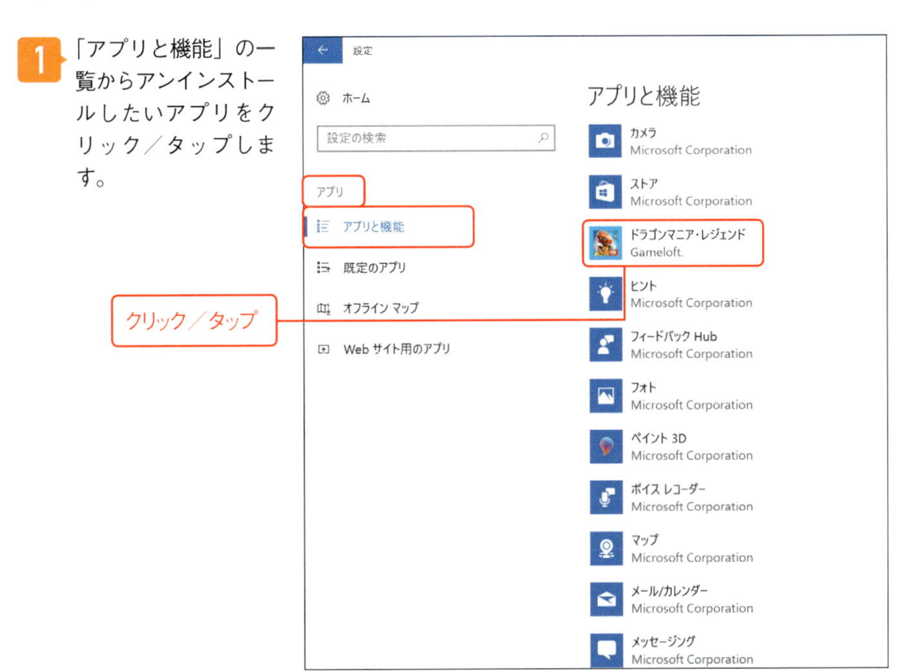

2 「アンインストール」ボタンをクリック／タップします。

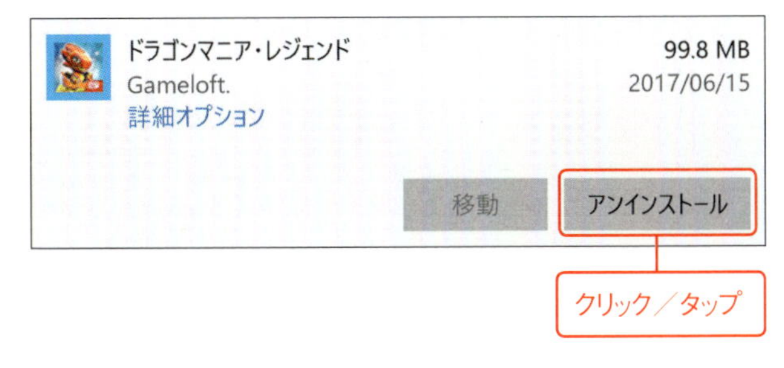

3 メッセージを確認して、「アンインストール」ボタンをクリック／タップします。

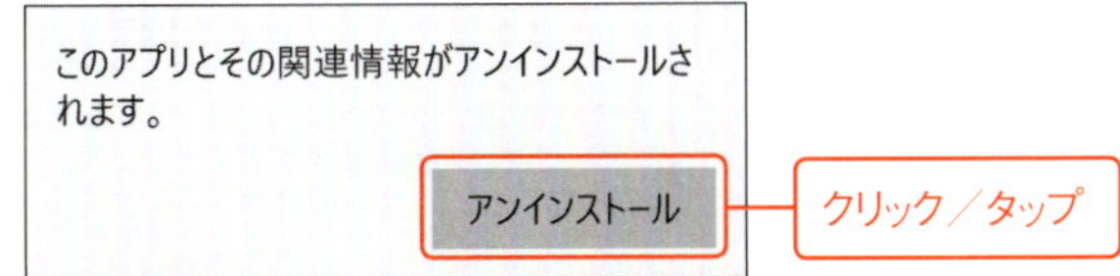

MEMO

アンインストール対象がデスクトップアプリの場合、タイトルによってアンインストール手順の詳細が異なる場合がある。

テク063 ユニバーサルアプリに表示されているデータをアプリ間で共有したい

アプリ間でデータを共有する

アプリ間でデータを共有したい場合には、以下の手順に従います。

1 Microsoft Edgeで任意のWebページを表示します。「共有」をクリック／タップします❶。「共有」から「OneNote」をクリック／タップします❷。

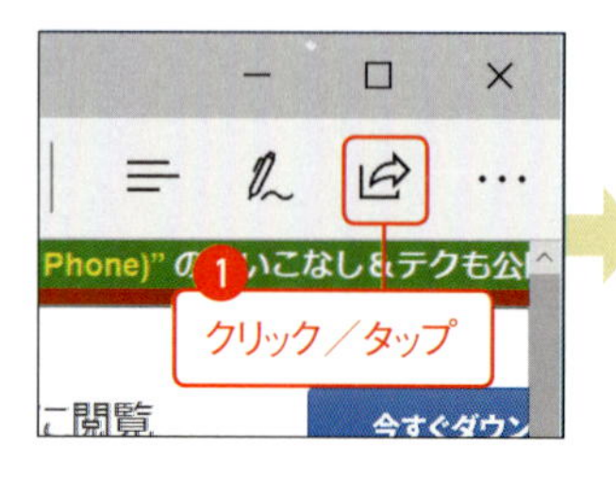

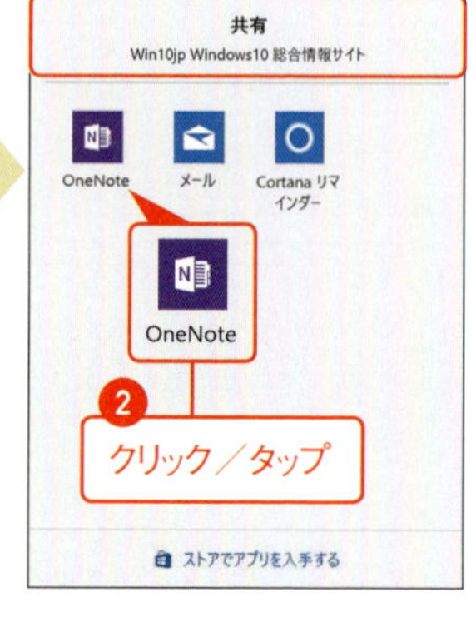

MEMO

ここでは「Microsoft Edge」で表示しているWebページを「OneNote」へ共有する方法を解説している。

2 ドロップダウンから任意のノートブックを選択します❶。任意のノートを記述して「送信」をクリック／タップします❷。

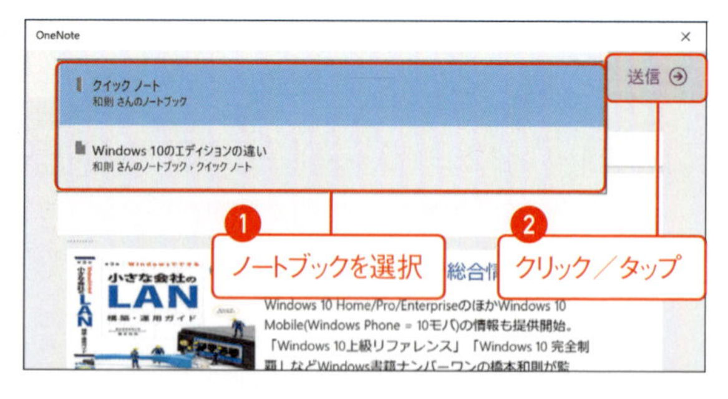

3 「OneNote」を起動します。先にMicrosoft Edgeで表示していたWebページがノートのページとして追加されています。

3-03 作業効率化のためのアプリ起動テクニック

Windows 10において、アプリを起動する方法は複数用意されています、各種起動方法を知ったうえで、自分の使い方に合わせて環境を最適化するとSurfaceにおける効率的な作業環境を実現できます。

[スタート] メニューからアプリを起動する

Windows 10の［スタート］メニューはタイルを配置できるため、結果的に該当アプリのタイルを配置すれば［スタート］メニューを表示してすぐに起動することができます。アプリの設計によってはライブタイルにも対応しているため情報を素早く確認できるのもポイントです（P.132～参照）。

ファイルから目的のアプリを直接起動する

Windows OSはファイルの種類を「ファイルの拡張子」で識別する仕様です。たとえばテキストファイルは「*.TXT」、JPEG画像ファイルは「*.JPG」という形でファイルの拡張子で識別できます。ちなみにこの拡張子にはアプリを割り当てることができるため、任意の拡張子に任意のアプリを割り当てることによりデータファイルをダブルクリック／ダブルタップするだけで素早く目的のアプリでデータを開くことができます（P.127参照）。

タスクバーから素早くアプリを起動する

タスクバーに配置したタスクバーアイコンはワンクリック／ワンタップでアプリを起動することができます。［スタート］メニューに比べてメニューを表示する手間がないので、アプリ起動においてもっとも素早く起動できる部位だともいえます。タスクバーアイコンにはショートカットキーを割り当てられるため素早く該当アプリを起動できるだけでなく、ジャンプリストから開いたデータの履歴を素早く呼び出せるのもポイントです（P.148参照）。

検索ボックスを活用してアプリ／ファイルを開く

Windows 10には「Cortana（タスクバーの検索ボックス）」が配置されていますが、Cortanaでは「アプリ」を検索することができるほか、「データファイル」も検索できるため、素早く目的のアプリやデータを開きたい場合に活用できます（P.125参照）。

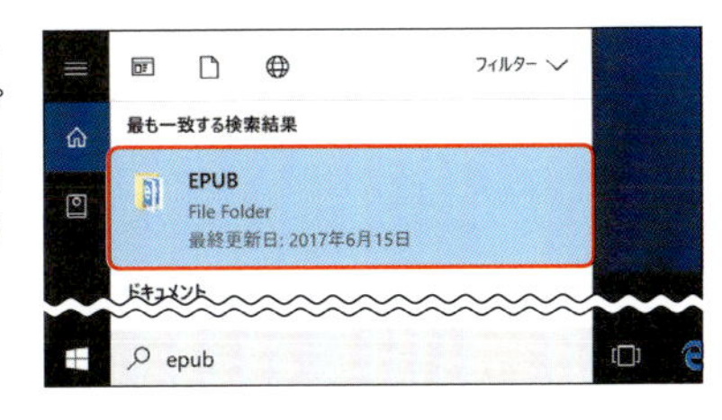

第1章 ハードウェアと基本操作
第2章 周辺機器&ハードウェア設定
第3章 アプリ&Office
第4章 カスタマイズ
第5章 タブレット活用&ペン
第6章 ネットワーク接続&クラウド&セキュリティ

テク 064

サインイン時に任意のアプリを自動起動したい

アプリを自動起動する設定

Windows 10 でサインイン時に任意のアプリを自動起動したい場合には、以下の手順に従います。

1 「ファイル名を指定して実行（P.039 参照）」から「SHELL:STARTUP」と入力し❶、Enter キーを入力します❷。

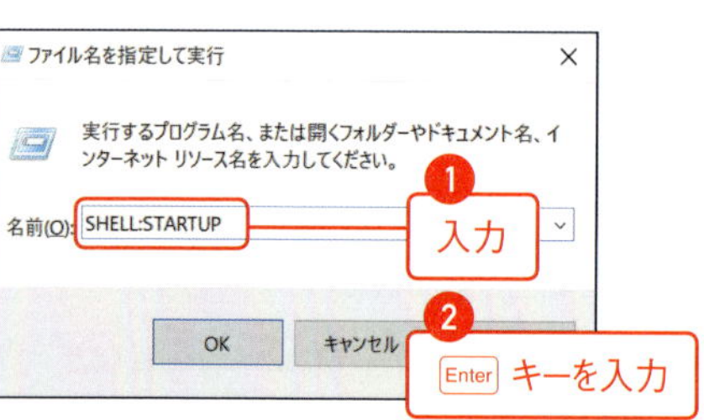

2 「スタートアップ」フォルダー（ユーザー側）が開かれるので、この中にアプリのショートカットアイコンを登録します。

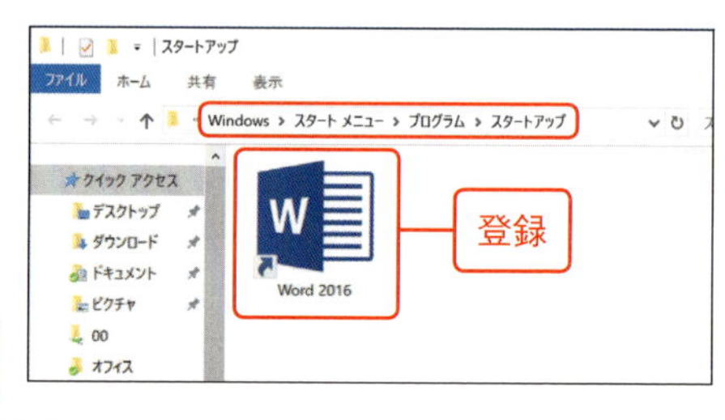

注意

必ずアプリのショートカットアイコン（アプリのリンク）を登録する。

3 登録したアプリがサインイン時に自動起動するようになります。

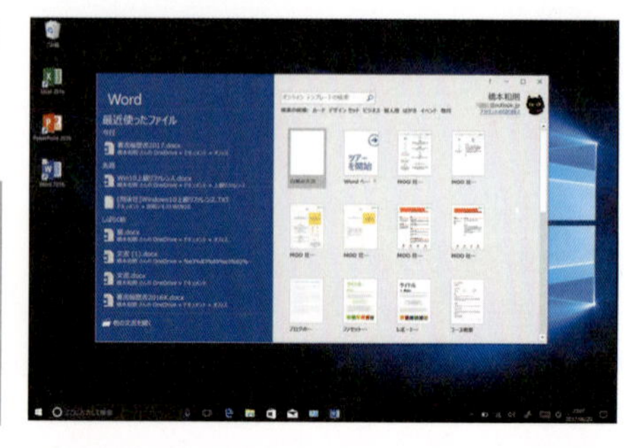

MEMO

一部のシステムやセキュリティに影響するアプリは自動起動がブロックされる場合がある。

ここがポイント

●［スタート］メニューの構造

［スタート］メニューには、「ユーザー側の［スタート］メニュー」と「すべてのユーザー（All Users）側の［スタート］メニュー」が存在する。「ユーザー側のスタートアップ」は「SHELL:STARTUP」（本文解説）、また「すべてのユーザー（All Users）側のスタートアップ」は「SHELL:COMMON STARTUP」で開くことができる。

テク 065

Cortanaでアプリ／ファイルを検索して開きたい

Cortanaからアプリやファイルを開く

Cortana（タスクバーの検索ボックス）を活用すれば、キーワード検索により目的のアプリやファイルをスムーズに開くことができるだけでなく、フィルターを利用することにより絞り込んだ形で目的のアイテムを開くことができます。

●Cortanaでキーワード検索を行う

1 Cortanaの検索ボックスに任意の検索キーワードを入力します。

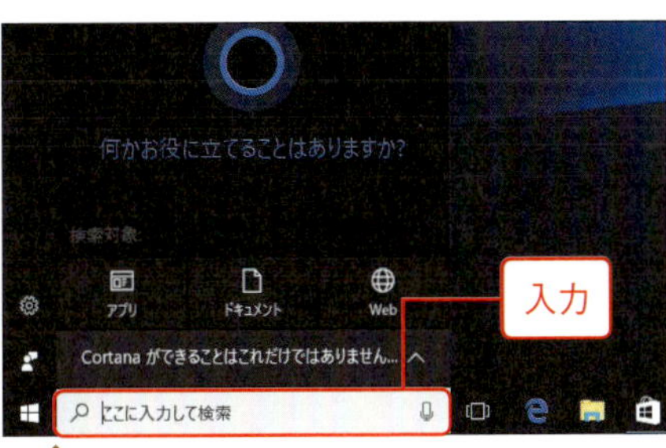

2 検索キーワードに適合する検索結果が表示されます。

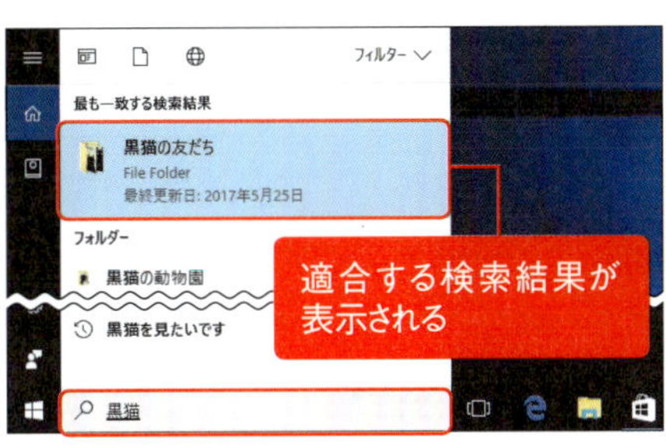

MEMO

検索インデックス内の適合するアイテムが検索される。任意のフォルダーから目的のファイルを検索したい場合には、エクスプローラーの検索ボックスからのキーワード検索がよい（検索対象を該当フォルダー内に絞り込むことができる）。

●Cortanaの検索対象を絞り込む

1 Cortanaの検索における検索対象を絞り込みたい場合には、上部のアイコンをクリック／タップします。「アプリ」「ドキュメント」「ウェブ」を選択することができます。

2 「アプリ」をクリック／タップすれば、検索結果を検索キーワードに適合するアプリに絞り込めます。

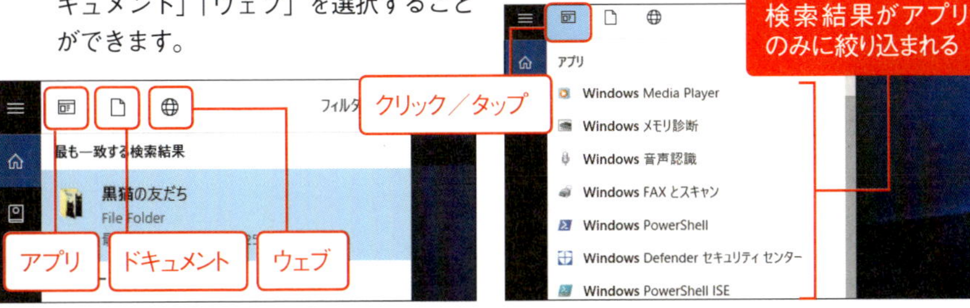

3 「ドキュメント」をクリック／タップすれば、検索結果を検索キーワードに適合するドキュメント（データファイル）を絞り込めます。

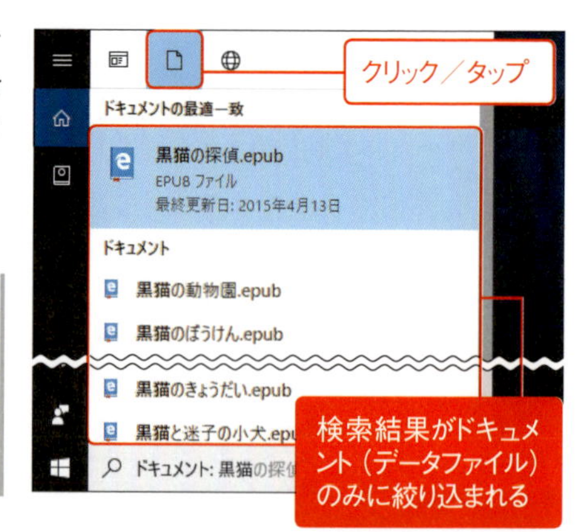

MEMO

検索結果から任意のアイテムをクリック／タップすることにより、目的のアプリ／ファイルを開くことができる。

フィルターを活用する

1 検索結果一覧右上の「フィルター」をクリック／タップします。

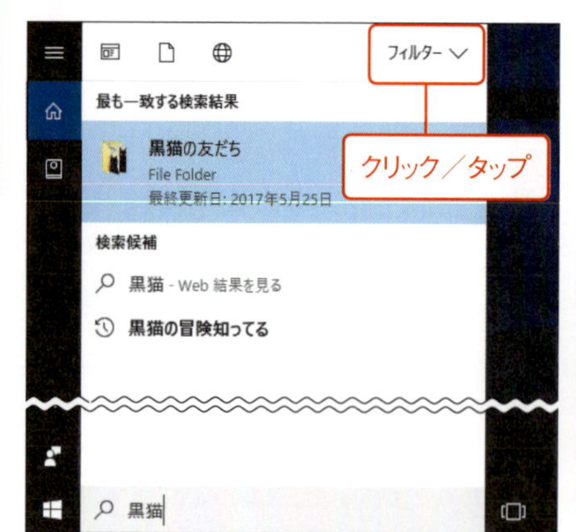

2 任意のフィルターをクリック／タップします。

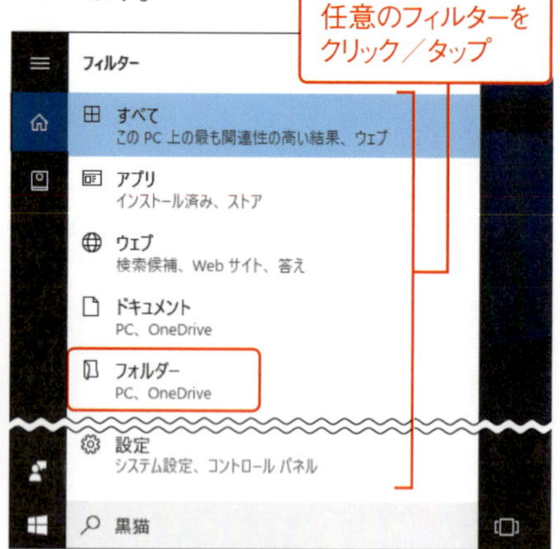

3 フィルターに従った検索結果が表示されます。

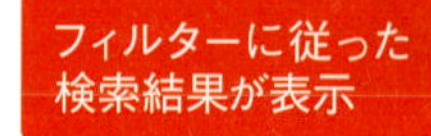

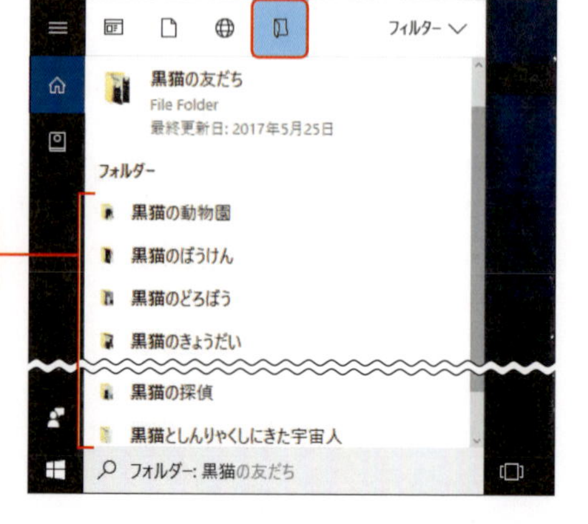

テク066 ファイルから目的のアプリを素早く開きたい

ファイルをダブルクリック／ダブルタップで開くアプリを指定する

ファイルをダブルクリック／ダブルタップした際、ファイルの種類（ファイル拡張子の文字列）に応じて既定のアプリでファイルが開かれます。ファイル拡張子に割り当てられているアプリを任意に変更したい場合には、以下の手順に従います。

●ファイルから「アプリ」を割り当てる

1. アプリの関連付けを変更したいデータファイルを右クリック／長押しタップして❶、ショートカットメニューから「プログラムから開く」→「別のプログラムを選択」を選択します❷。

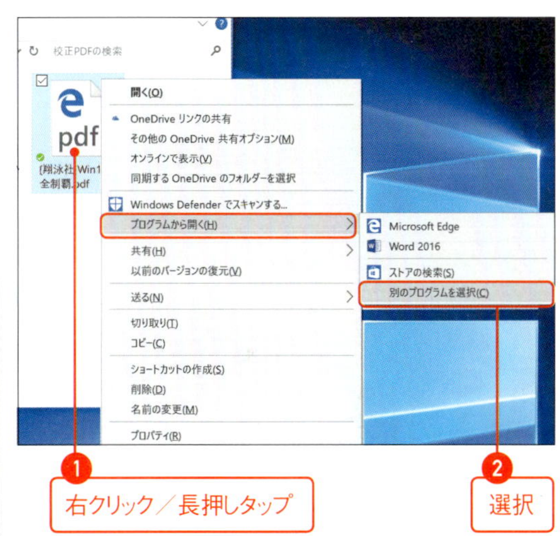

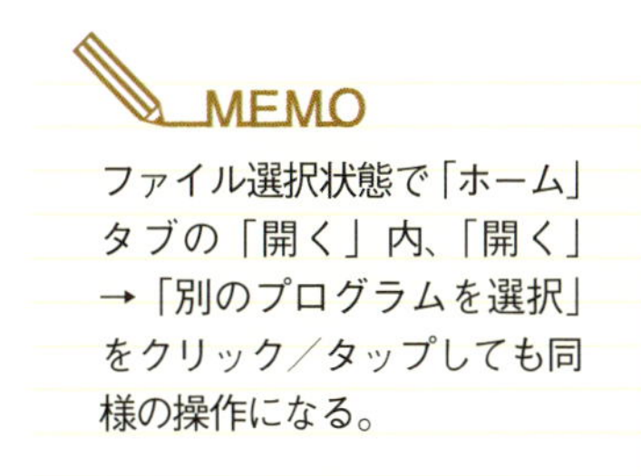

ファイル選択状態で「ホーム」タブの「開く」内、「開く」→「別のプログラムを選択」をクリック／タップしても同様の操作になる。

2. 「このファイルを開く方法を選んでください」から「常にこのアプリを使って［ファイルの拡張子］ファイルを開く」にチェックします❶。一覧に該当アプリが存在する場合には、該当アプリをクリック／タップして❷、「OK」ボタンをクリック／タップします❸。また、一覧に該当アプリが存在しない場合には、「その他のアプリ」をクリック／タップします。

3 手順**2**で「その他のアプリ」をクリック／タップした場合には、その他のアプリが表示されます。一覧に該当アプリが存在する場合には、該当アプリをクリック／タップします。この中にも存在しない場合には、「この PC で別のアプリを探す」をクリック／タップします。

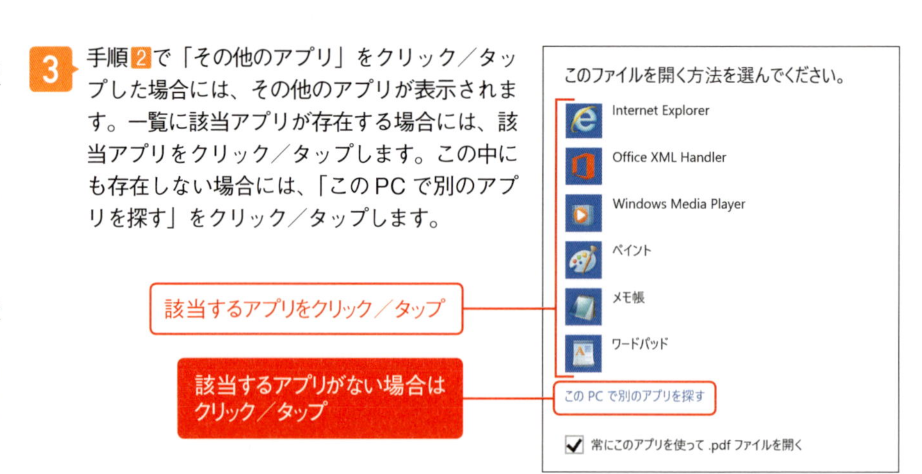

4 手順**3**で「この PC で別のアプリを探す」をクリック／タップした場合には、「プログラムから開く」でデータファイルを開くためのプログラムファイル（実行ファイル）を指定します。

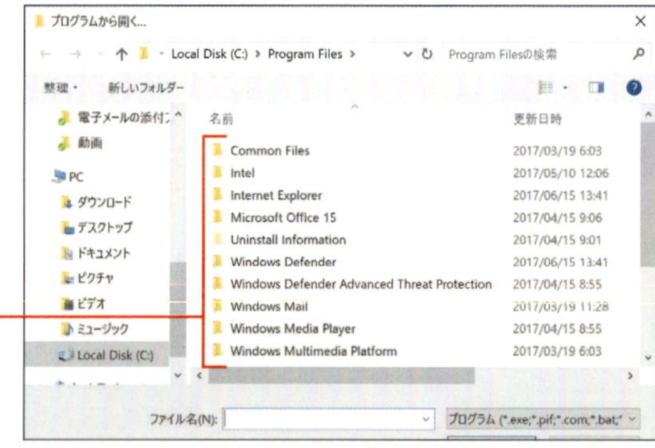

MEMO

一覧から該当アプリを指定した以後は、該当データファイル種類をダブルクリック／ダブルタップした際、ここで指定したアプリで開かれる。

●既定のアプリを設定する

1 「設定」から「アプリ」→「既定のアプリ」を選択します❶。「既定のアプリの選択」欄で、各場面に割り当てられているアプリをクリック／タップします❷（あるいは「＋既定を選ぶ」アイコンをクリック／タップします）。

2 任意のアプリを指定します。

● ファイルの種類（拡張子）に対して既定のアプリを指定する

1 「設定」から「アプリ」→「既定のアプリ」を選択します❶。「ファイルの種類ごとに既定のアプリを選ぶ」をクリック／タップします❷。

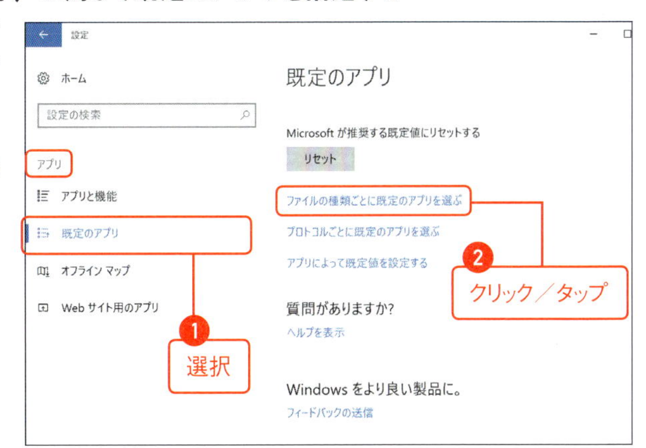

2 名前（拡張子）に割り当てられているアプリをクリック／タップして❶（あるいは「＋既定を選ぶ」アイコンをクリック／タップして）、アプリを指定します❷。

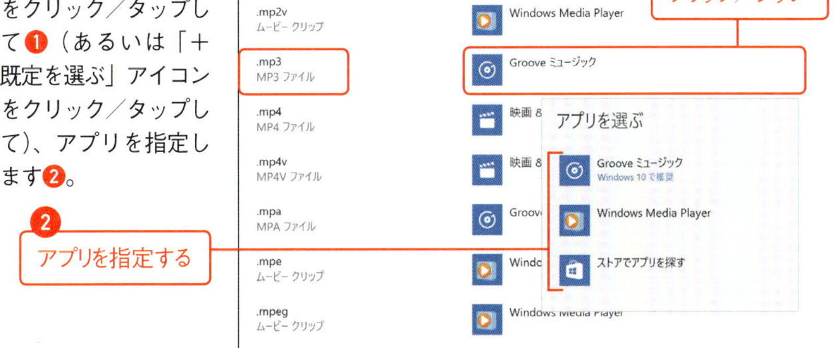

テク 067

ファイルを既定ではないアプリで開きたい

既定とは別のアプリで開く

ファイルをダブルクリック／ダブルタップした際にはファイルの種類に割り当てられた既定のアプリが起動しますが、既定以外のアプリでファイルを開きたい場合には、以下の手順に従います。

●ショートカットメニューで指定する

→ データファイルを右クリック／長押しタップして❶、ショートカットメニューから「プログラムから開く」→「[任意のアプリ]」を選択します❷。

MEMO

ファイル選択状態で「ホーム」タブの「開く」内、「開く」の横の▼→［任意のアプリ］をクリック／タップしても同様の操作になる。

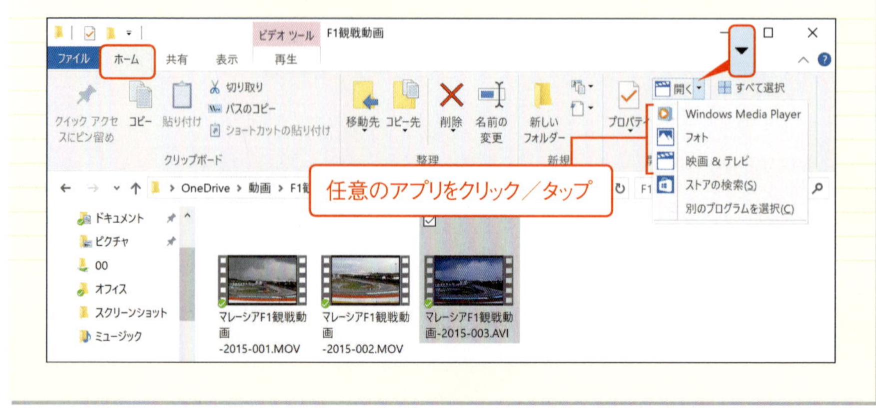

テク068 ファイルを開かずに内容を確認したい

ファイルを開かずに内容を確認する

エクスプローラーには「プレビューウィンドウ」という機能が備えられており、データファイルを開かずにデータの内容を確認することができます。

エクスプローラーの「表示」タブの「ペイン」内、「プレビューウィンドウ」をクリック／タップします。

MEMO

エクスプローラーからショートカットキー Alt ＋ P キーで、素早く「プレビューウィンドウ」を表示できる。

「プレビューウィンドウ」が表示されます。内容を確認したい任意のデータファイルをクリック／タップすれば、プレビューウィンドウに内容が表示されます。

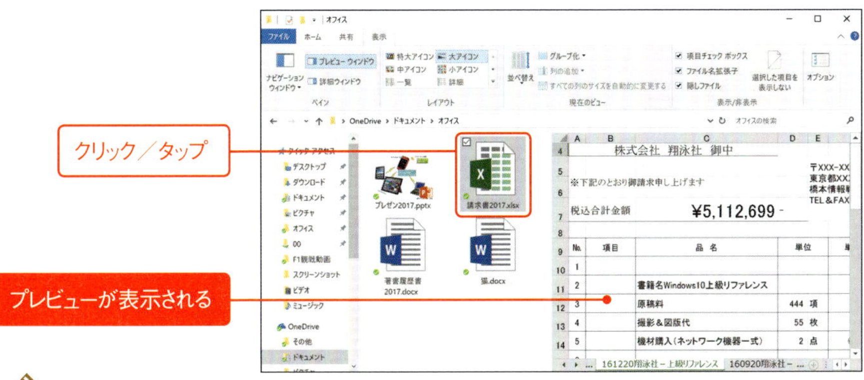

MEMO

プレビューウィンドウでファイル内容を表示するには、該当ファイルにおいてプレビュー表示に対応するアプリが導入／割り当てられている必要がある。

テク 069

[スタート] メニューのサイズを変更したい

[スタート] メニューを任意にサイズ変更する

1 [スタート] メニューの高さを変更したい場合には [スタート] メニューの上端をドラッグします。[スタート] メニューの幅を変更したい場合には [スタート] メニューの右端をドラッグします。

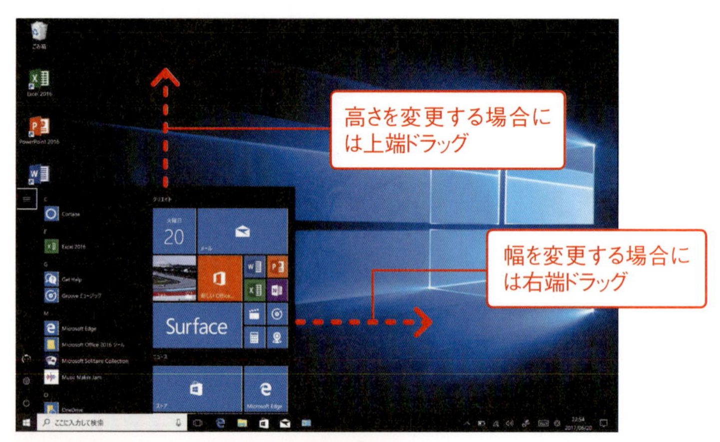

([スタート] メニューの項目をフォーカスし) Ctrl +上下カーソルキー	[スタート] メニューの高さのリサイズ
([スタート] メニューの項目をフォーカスし) Ctrl +左右カーソルキー	[スタート] メニューの横幅のリサイズ

2 [スタート] メニューのサイズを任意に変更することができます。

テク 070 ［スタート］メニューを全画面表示にしたい

［スタート］メニューを通常モードで全画面表示にする

Windows 10の［スタート］メニューを全画面表示にしたい場合には、以下の手順に従います。なお、「タブレットモード（P.196参照）」では下記の設定の適用に関わらず［スタート］メニューは全画面表示になります。

1 「設定」から「個人用設定」→「スタート」を選択します❶。「全画面表示のスタート画面を使う」をオンにします❷。

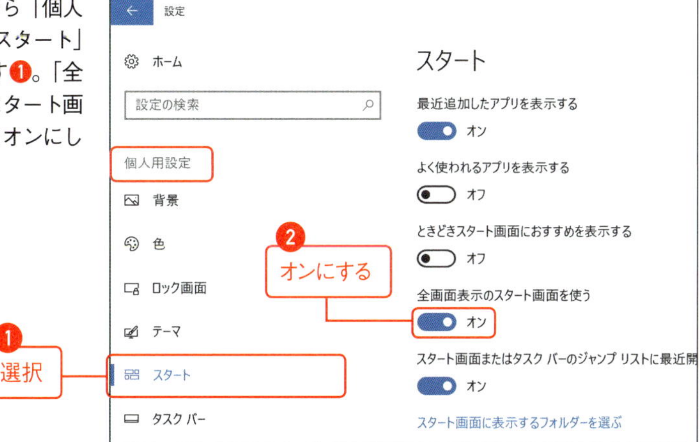

2 以後、［スタート］メニューを表示すると全画面表示になります。

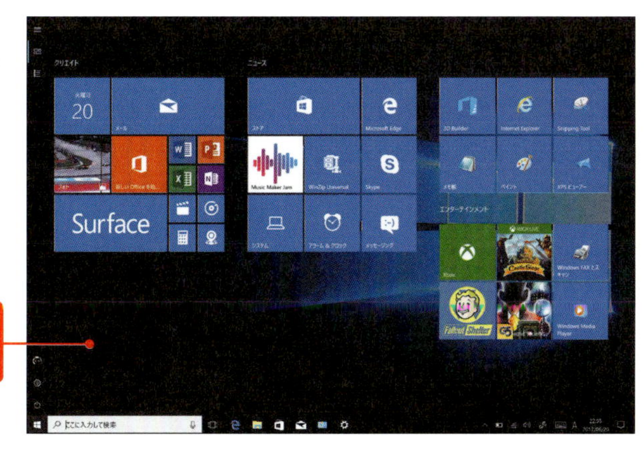

全画面表示の［スタート］メニューの操作についてはP.029を参照。

テク071 マウス操作で［スタート］メニューのタイルを最適化したい

マウス操作で［スタート］メニューのタイルをカスタマイズする

●マウス操作によるタイルのカスタマイズ

→ 任意のタイルを右クリックします❶。ショートカットメニューから任意の操作を選択します❷。

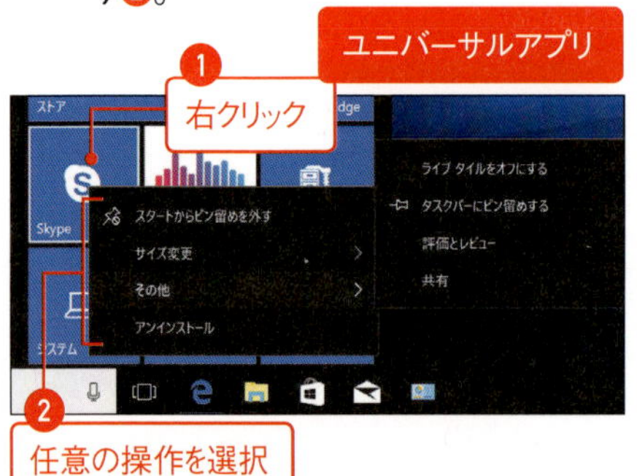

デスクトップアプリ
右クリック
スタートからピン留めを外す
サイズ変更
その他
アンインストール
タスクバーにピン留めする
管理者として実行
ファイルの場所を開く
著書履歴書2017
Win10上級リファレンス
[翔泳社]Windows10上級リファレンス.TXT
任意の操作を選択

スタート画面からピン留めを外す	該当タイルを［スタート］メニューから消去する
サイズ変更	タイルサイズを変更する
ライブタイルをオンにする／ライブタイルをオフにする	ライブタイル表示を有効／無効にする
タスクバーにピン留めする／タスクバーからピン留めを外す	該当アプリをタスクバーにピン留め／ピン留めを外す
評価とレビュー	アプリを評価する
共有	ストア上のアプリリンクを共有する
アンインストール	該当アプリをアンインストールする
管理者として実行	該当アプリを管理者として実行する
ファイルの場所を開く	該当アプリのプログラムファイル／ショートカットアイコンが存在するフォルダーを開く

●マウス操作によるタイルの移動

→ タイルをドラッグして❶、任意の移動先でドロップすると❷、タイルを移動できます。

テク
072

タッチ操作で［スタート］メニューのタイルを最適化したい

タッチ操作で［スタート］メニューのタイルをカスタマイズする

［スタート］メニューにおけるタイルに対する設定操作は、マウス操作とタッチ操作で差異があり、タッチ操作ではショートカットメニューの表示方法などが異なります。タッチにおけるタイル操作は、以下の手順に従います。

● タッチ操作でタイルのカスタマイズ準備を行う

任意のタイルを長押しタップします。右上に「アンピン」アイコン、右下にメニューアイコンが表示されます。

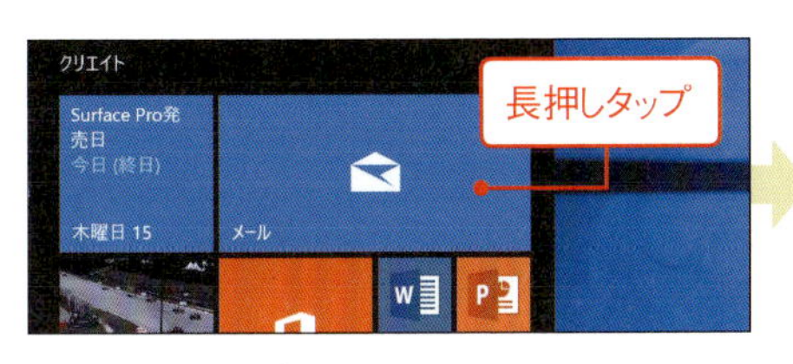

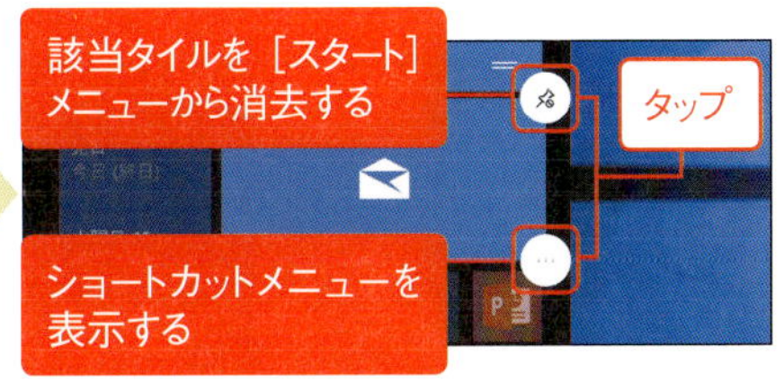

● タッチ操作によるタイルのカスタマイズ

任意のタイルを長押しタップして❶、右下のメニューアイコンをタップします❷。ショートカットメニューから任意の操作を選択します❸。

表示されるショートカットメニューの項目はアプリの種類によって異なる。

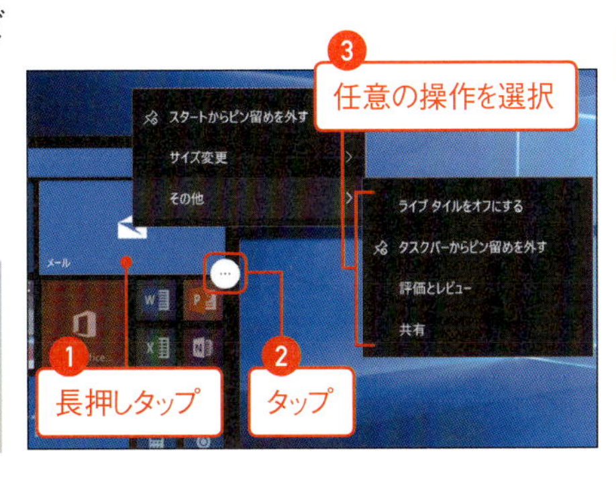

● タッチ操作によるタイルの移動

任意のタイルを長押しタップします❶。他のタイルの表示が薄くなったら該当タイルをドラッグして❷、移動先でドロップします❸。

テク073 [スタート] メニューのタイルをフォルダーにまとめたい

[スタート] メニューのタイルをフォルダーにまとめる

1 任意のタイルをドラッグして❶、同じフォルダーにまとめたいタイル上にドロップします❷。

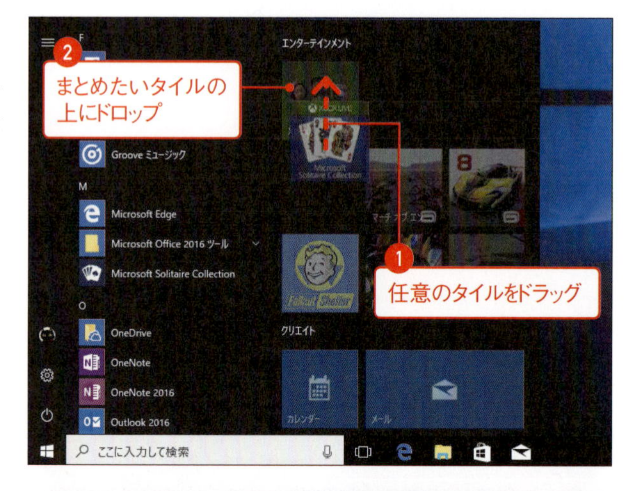

2 重ねたタイルがフォルダーに収められます。フォルダーは展開された状態で表示されます。

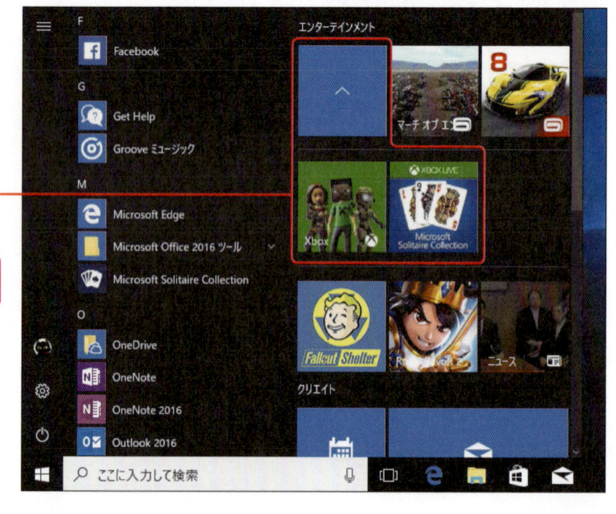

MEMO

展開したフォルダーは「∧」マークで示される。展開を閉じたい場合には「∧」マークのタイルをクリック/タップする。

3 以後、任意のタイルをフォルダーにドロップすることで、フォルダー内にタイルを追加することができます。

MEMO

フォルダー内のタイルをフォルダー外にドロップすることにより、[スタート] メニューのホーム（ピン留めしたタイル一覧）に表示できる。また、フォルダー内のすべてのタイルをフォルダー外にドロップすることで、フォルダーを消去できる。

テク 074 [スタート] メニューの「すべてのアプリ」を非表示にしたい

[スタート] メニューの「すべてのアプリ」を非表示にする

[スタート] メニューの「すべてのアプリ(アプリの一覧)」を非表示にしたい場合には、以下の手順に従います。

1 「設定」から「個人用設定」→「スタート」を選択します❶。「スタートメニューにアプリの一覧を表示する」をオフにします❷。

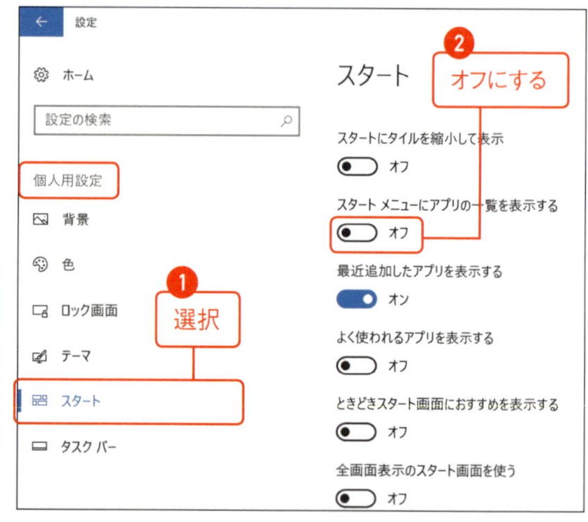

MEMO

[スタート] メニューに「すべてのアプリ」を表示したい場合には、「スタートメニューにアプリの一覧を表示する」をオンにする。

2 「すべてのアプリ」が表示されない [スタート] メニューになります。

テク 075

[スタート] メニューの「グループ」表示を最適化したい

[スタート] メニューのグループをカスタマイズする

[スタート] メニューのタイルは「グループ」ごとに区分けされており、グループに対してはグループ名の変更 (命名) やグループ単位での移動が行えます。また、必要であれば [スタート] メニュー内に新しいグループを作成することも可能です。

● グループ名の変更／命名

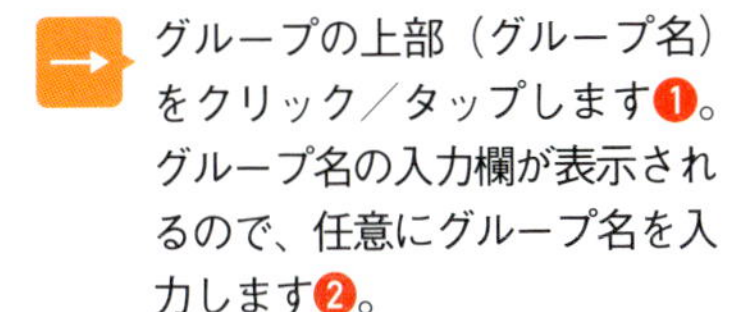

→ グループの上部 (グループ名) をクリック／タップします❶。グループ名の入力欄が表示されるので、任意にグループ名を入力します❷。

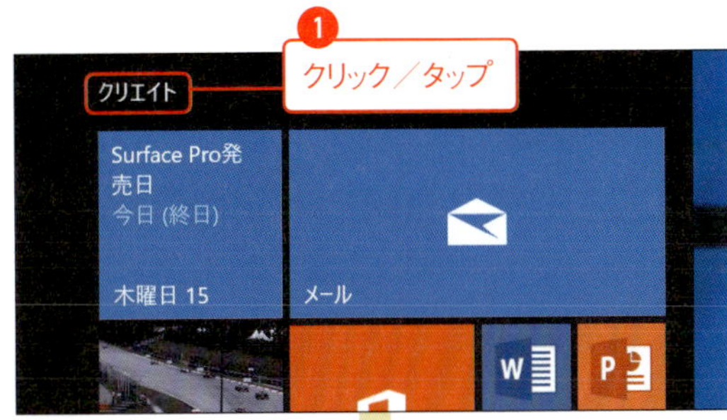

● グループの移動

1 グループの上部 (グループ名) をクリック／タップします❶。グループ名の横に表示される ═ をドラッグして移動します❷。

2 移動したい任意の位置でドロップします。任意の位置にグループを移動することができます。

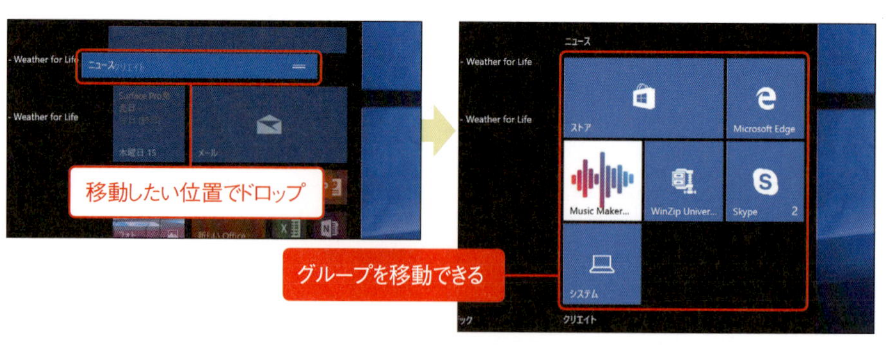

●新しいグループを作成

1 現在グループに属している任意のタイルを移動します。

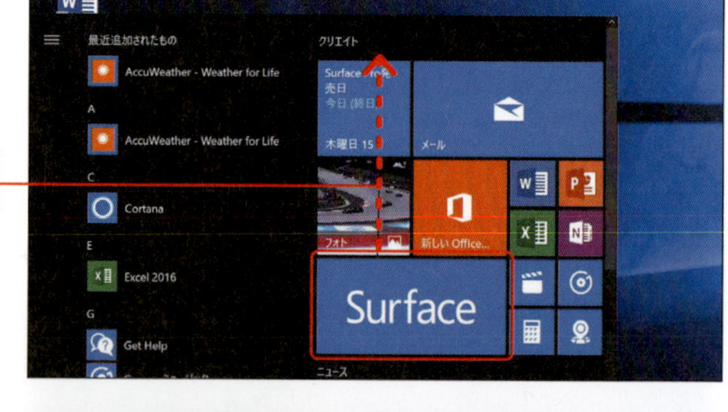

2 グループが存在しない場所にタイルをドロップすれば、新しいグループを作成することができます。

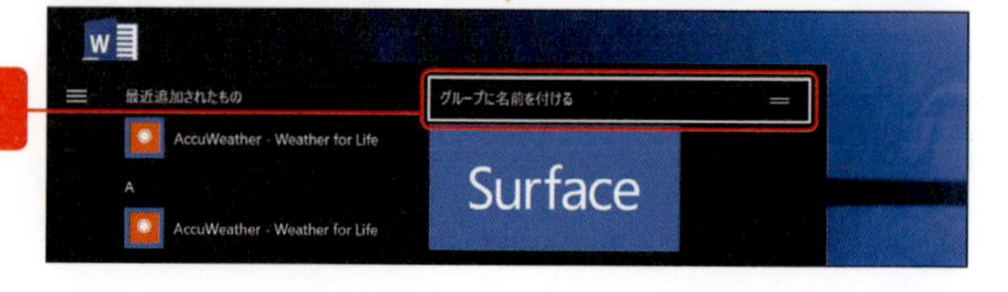

テク 076

［スタート］メニューに表示するフォルダーや履歴表示をカスタマイズしたい

［スタート］メニューに表示するフォルダーの設定

1 「設定」から「個人用設定」→「スタート」を選択します❶。「スタート画面に表示するフォルダーを選ぶ」をクリック／タップします❷。

2 ［スタート］メニューに表示するフォルダーを任意にオン／オフします。

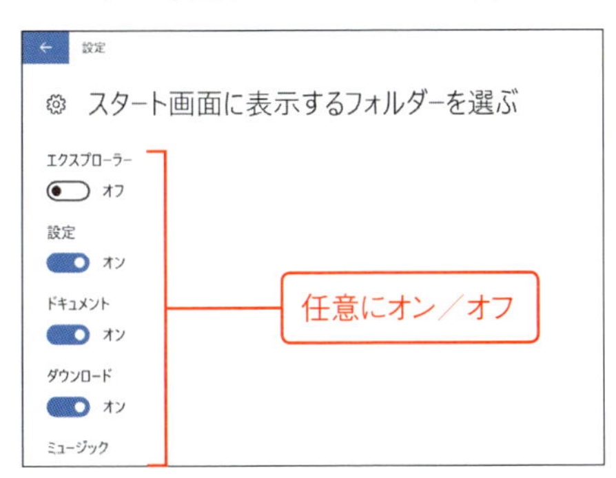

3 ［スタート］メニューに表示設定にしたフォルダーが表示されます。

［スタート］メニューの「よく使うアプリ」の表示設定

1 「設定」から「個人用設定」→「スタート」を選択します❶。「よく使われるアプリを表示する」を任意にオン／オフします❷。

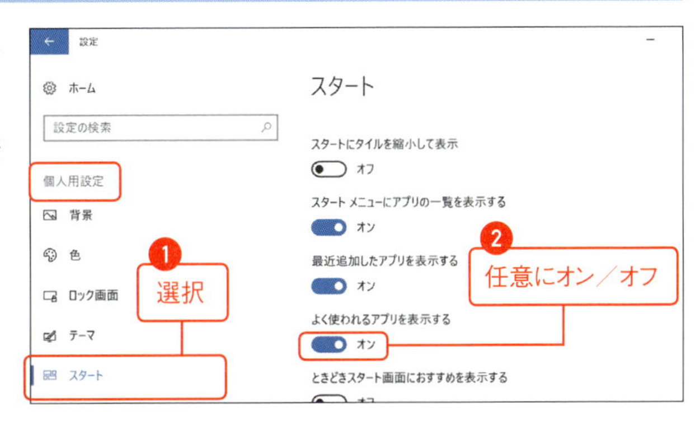

2 [スタート] メニュー内の「よく使うアプリ」の表示を設定できます。

[スタート] メニューの「最近追加されたもの」の表示設定

1 「設定」から「個人用設定」→「スタート」を選択します❶。「最近追加したアプリを表示する」を任意にオン/オフします❷。

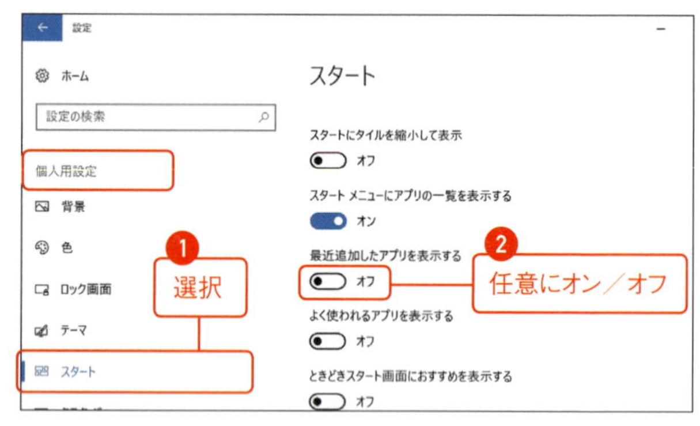

2 [スタート] メニュー内の「最近追加されたもの」の表示を設定できます。

テク 077 ［スタート］メニューやタイトルバーの配色を設定したい

アクセントカラーを指定する

Windows 10の［スタート］メニューやアプリ外形枠などに採用されるアクセントカラーを指定したい場合には、以下の手順に従います。

1 「⚙設定」から「個人用設定」→「色」を選択します❶。「背景から自動的にアクセントカラーを選ぶ」のチェックを外して❷、任意の色をクリック／タップして指定します❸。

2 Windows 10のアクセントカラーを変更することができます。

［スタート］メニュー／タスクバー／アクションセンターに配色する

［スタート］メニュー／タスクバー／アクションセンターにアクセントカラーを適用したい場合には、以下の手順に従います。

1 「設定」から「個人用設定」→「色」を選択します❶。「以下の場所にアクセントカラーを表示します」欄内、「スタート、タスクバー、アクションセンター」をチェックします❷。

2 ［スタート］メニュー／タスクバー／アクションセンターが、アクセントカラーで指定した配色になります。

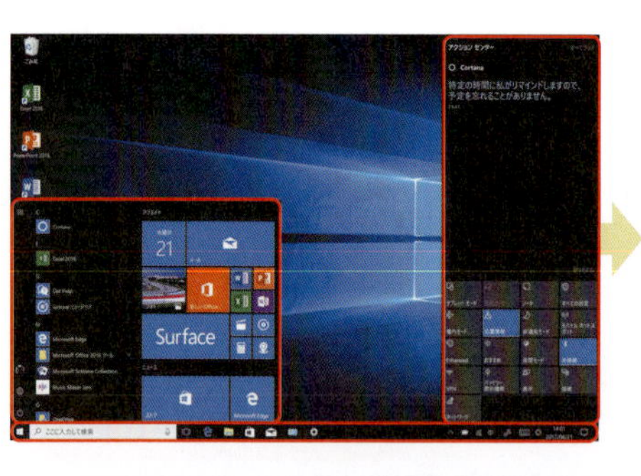

タイトルバーに配色する

ウィンドウやダイアログのタイトルバーの配色を設定したい場合には、以下の手順に従います。

1 「設定」から「個人用設定」→「色」を選択します❶。「以下の場所にアクセントカラーを表示します」欄内、「タイトルバー」をチェックします❷。

2 タイトルバーが、アクセントカラーで指定した配色になります。

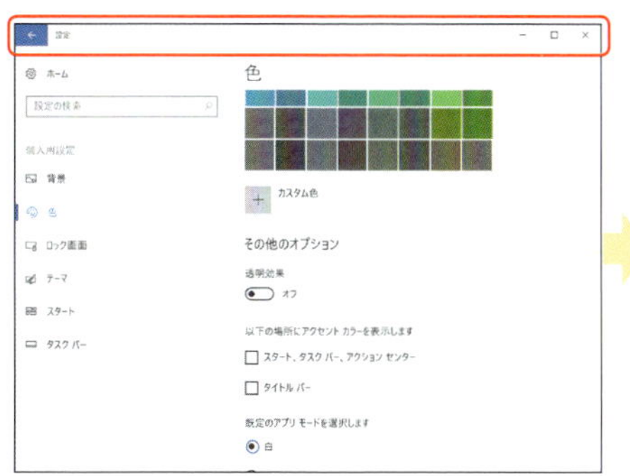

タイトルバーに既定の色を持たないアプリのみ、アクセントカラーが適用される。

透過表示を設定する

1 「⚙設定」から「個人用設定」→「色」を選択します❶。「その他のオプション」欄の「透明効果」をオン／オフします❷。

2 透過表示を設定できます。

テク 078

タスクバーから素早くアプリを起動したい

タスクバーから素早くアプリを起動する

→ タスクバーのタスクバーアイコンをクリック/タップします。アプリを起動することができます。

MEMO

Surfaceはタッチ操作に対応しているため、マウスを動かして該当タスクバーアイコンにフォーカスして起動するよりも、対象タスクバーアイコンをタップしたほうが素早くアプリを起動できる。

MEMO

Surfaceではタイプカバーを持ち上げている状態(キーボードに角度を付けている状態)では、タスクバーに対するタッチ操作がしにくくなるが、このような場合にはタスクバーの位置やサイズをカスタマイズするとよい(P.152参照)。

タスクバーでアプリの状態を確認する

→ Windows 10ではタスクバーのタスクバーアイコンの効果で「未起動」「起動中」「複数起動」などを確認することができます。

対象アプリを複数起動する

→ 現在起動中のタスクバーアイコンを、Shift ＋クリック／Shift ＋タップします。対象アプリをもう１つ起動することができます。

MEMO

ホイールボタンが搭載されている物理マウスを利用している場合、物理マウスのホイールボタンをクリックすることにより Shift ＋クリックと同様の操作を行える。

ショートカットキーによるアプリ起動

→ タスクバーアイコンは左側から順に ⊞ ＋「数字キー」のショートカットキーが割り当てられています。素早くアプリを起動したい時に便利です。

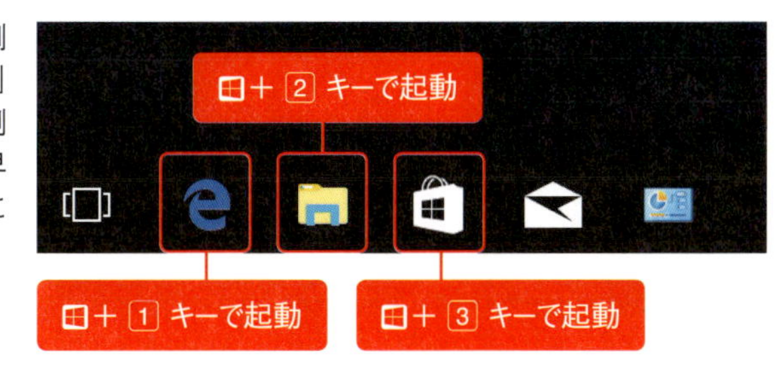

注意

ショートカットキー⊞＋「数字キー」によるアプリ起動は、フルキーボード側の数字キーのみ有効だ。テンキー側の数字キーではアプリを起動できない点に注意する。

MEMO

対象アプリを複数起動したい場合には、ショートカットキー⊞＋ Shift ＋「数字キー」を入力する。

テク079 タスクバーアイコンから履歴にアクセスしたい

タスクバーアイコンから履歴にアクセスする

タスクバーアイコンから「ジャンプリスト」を開くことで、該当アプリで開いた履歴にアクセスできます。よく利用するデータファイルにアクセスしたい、あるいはよく利用する設定項目やフォルダーを開きたいという場面で活用できます。

1 タスクバーアイコンを右クリック／長押しタップします❶。「ジャンプリスト」で該当アプリで過去に開いた履歴が表示されます。開きたいアイテムをクリック／タップします❷。

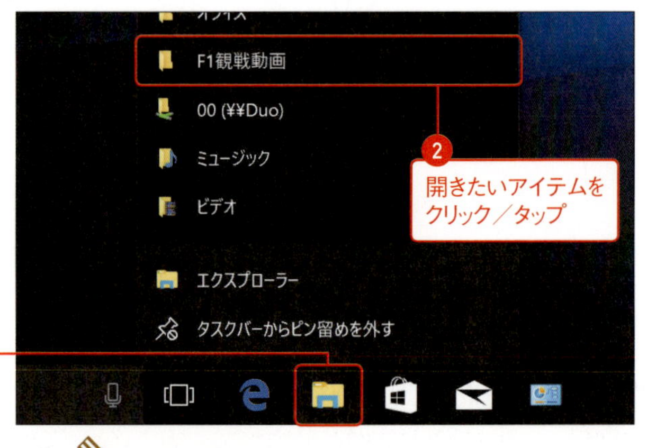

MEMO

タスクバーアイコンをデスクトップ側にドロップしても同様の操作を行える。

MEMO

アプリに適合する履歴が表示される。コントロールパネルであれば以前開いた設定項目、エクスプローラーの場合には開いたフォルダーの履歴が表示される。

2 履歴を該当アプリで開くことができます。

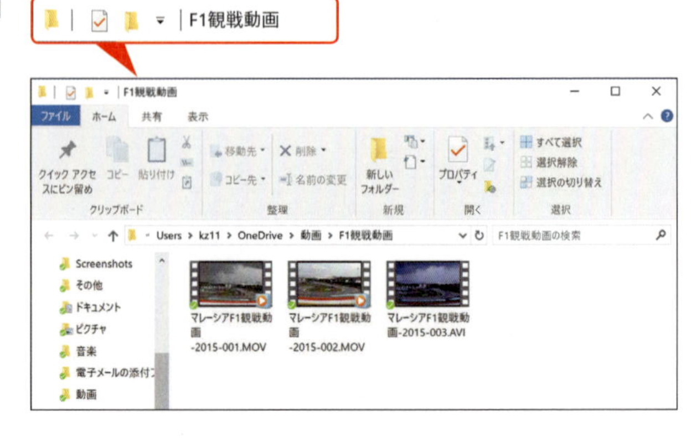

● ジャンプリストに項目をピン留めする

ジャンプリストにいつも表示しておきたい履歴項目は、該当項目をジャンプリスト内に「ピン留め」しておくことで、いつでもジャンプリストからアクセスできるようになります。履歴は古いものから消去される仕様ですが、ピン留めを行っておけば常に表示される（消去されない）履歴項目になります。

1 ジャンプリスト内に常に表示しておきたい項目を右クリック／長押しタップして❶、ショートカットメニューから「一覧にピン留めする」を選択します❷。

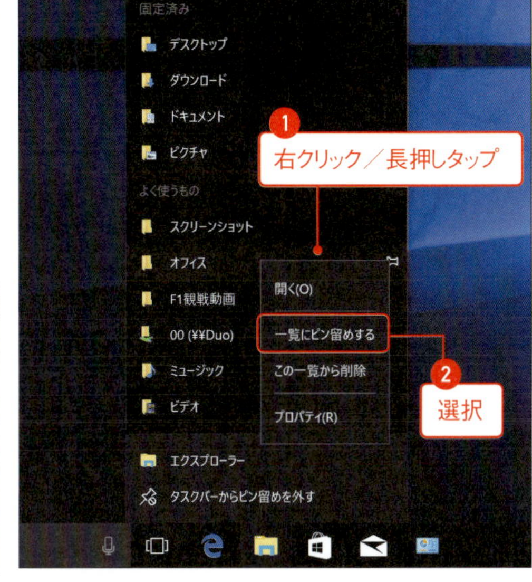

MEMO

該当項目をジャンプリストの上部にドロップしても同様の操作になる。また項目右端に表示される「 (一覧にピン留めする)」をクリック／タップしても同様だ。

2 ジャンプリスト上部に項目が移動し、常に表示される項目として設定されます。

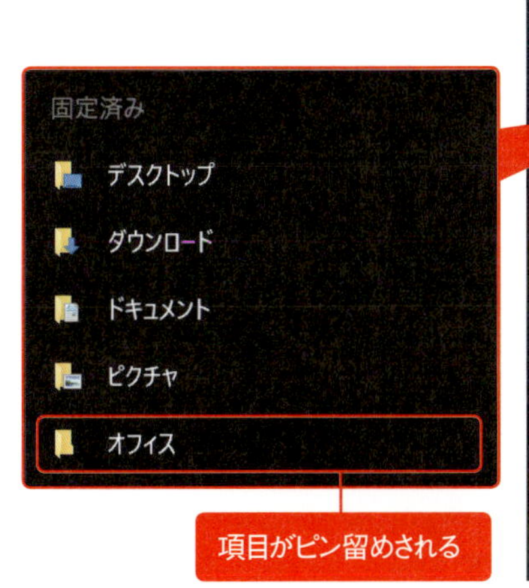

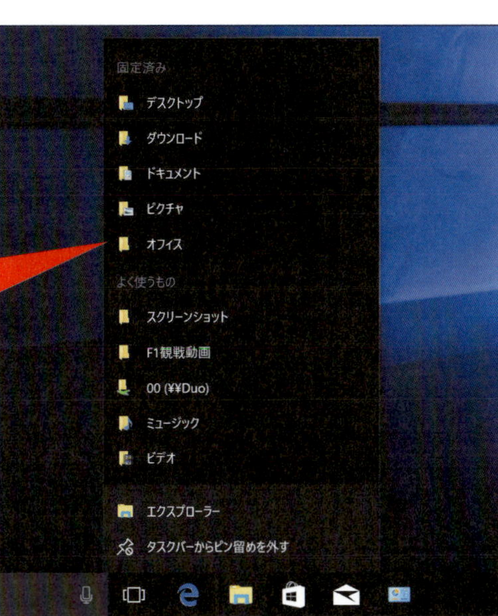

テク 080

アプリをタスクバーにピン留めしたい

[スタート] メニュー内のタイル/アプリアイコンをタスクバーアイコンとして登録する

[スタート]メニュー内のタイルや「すべてのアプリ」のアプリアイコンをタスクバーのタスクバーアイコンとして登録(表示)したい場合には、以下の手順に従います。

1 [スタート] メニュー内のタイル/アプリアイコンを右クリック/長押しタップして❶、ショートカットメニューから「その他」→「タスクバーにピン留めする」を選択します❷。

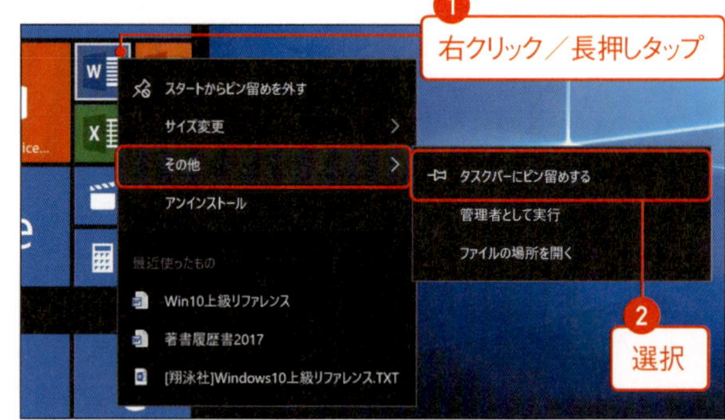

2 タスクバーに該当のアプリがピン留めされます。

起動しているアプリを登録する

現在起動しているアプリをタスクバーアイコンとして登録(ピン留め)したい場合には、以下の手順に従います。

1 該当アプリに相当するタスクバーアイコンを右クリック/長押しタップして❶、ジャンプリストから「タスクバーにピン留めする」を選択します❷。

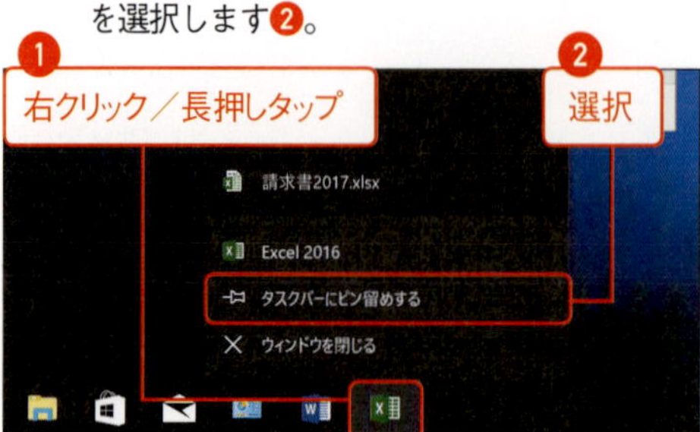

2 アプリを終了してもタスクバーにアプリのタスクバーアイコンがピン留めされます。

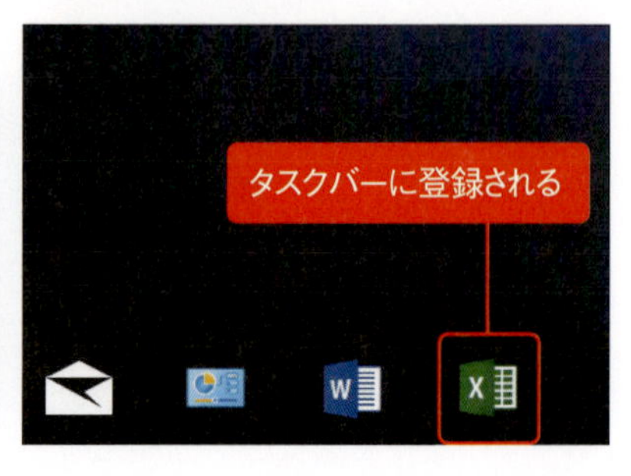

テク081 タスクバーアイコンの配列を整えたい

タスクバーアイコンを並び替える

タスクバー上の任意のタスクバーアイコンをドラッグします❶。任意の場所にドロップすればタスクバー上のタスクバーアイコンを並び替えることができます❷。

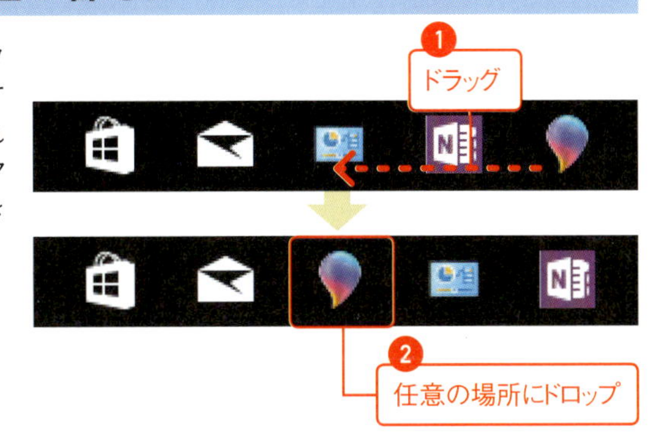

MEMO

タスクバーアイコンにはショートカットキー⊞＋「数字キー」が割り当てられているため、並び順序はショートカットキーにも影響する（P.147参照）。なるべく素早く該当ショートカットキーでアプリを起動したい場合には、よく利用するタスクバーアイコンを左に配置するとよい。

タスクバーアイコンを削除する

タスクバーアイコンを右クリック／長押しタップして❶、ジャンプリストから「タスクバーからピン留めを外す」を選択します❷。タスクバーから該当タスクバーアイコンが削除されます。

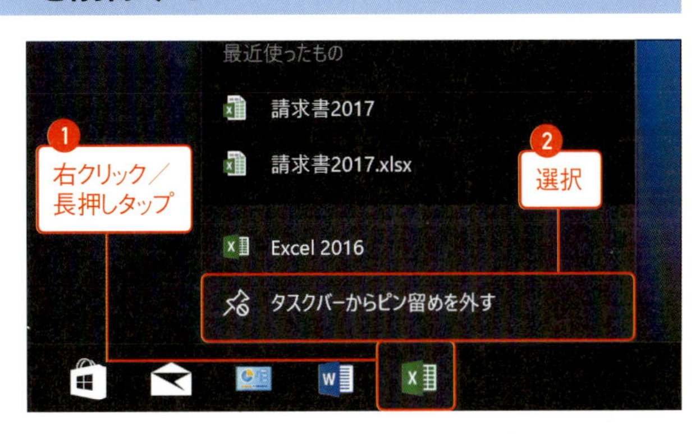

MEMO

あくまでもタスクバーからタスクバーアイコンが消えるだけで、アプリそのものがWindows 10／現在のユーザーからアンインストールされるわけではない。

テク 082

タスクバーのサイズや位置を変更したい

タスクバーのサイズ／位置変更を可能にする

タスクバーは通常デスクトップの下部に固定されていますが、この固定化を解除してタスクバーの位置／サイズ変更を可能にしたい場合には、以下の手順に従います。

→ タスクバー（タスクバーアイコンがない場所）を右クリック／長押しタップして❶、ショートカットメニューから「タスクバーを固定する」のチェックを外します❷。以後、タスクバーの位置やサイズを変更可能になります。

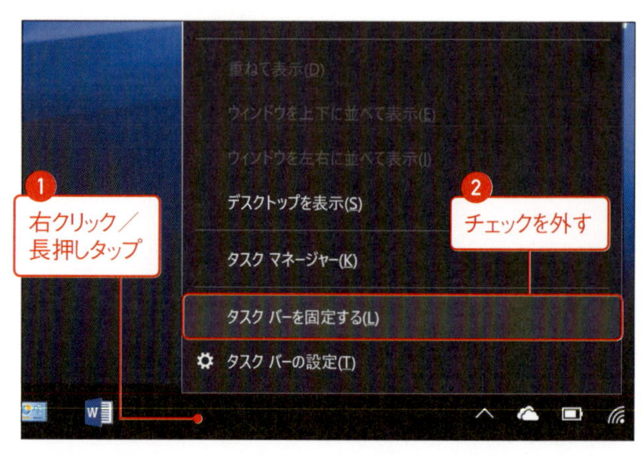

タスクバーを多段化する

→ タスクバーの固定化を解除して、タスクバーの境界線上端を上方にドラッグします。タスクバーを多段化することができます。

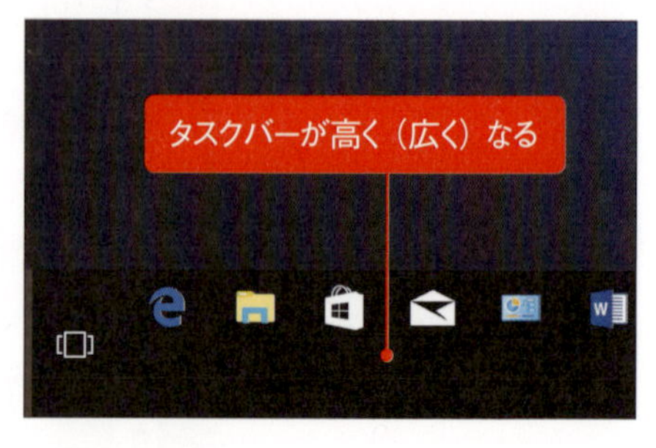

MEMO

Surfaceでタイプカバーを持ち上げてキーボードに角度を付けている場合、画面下部のタスクバーアイコンに対してタッチ操作がしにくいことがある。タスクバーを多段化すれば、よく利用するタスクバーアイコンが持ち上がる形になり操作がしやすくなる。

タスクバーの位置を変更する

1 タスクバーをドラッグして、任意の画面四辺(上端／左端／右端)にドロップします。

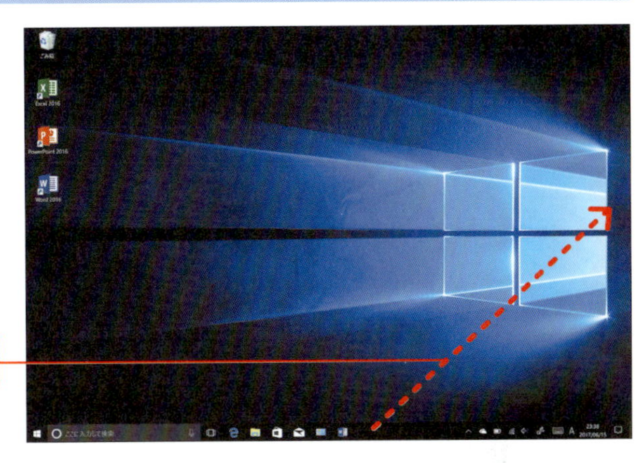

2 タスクバーを任意の位置に変更することができます。

MEMO

Surfaceをタブレット状態で利用することが多い場合には、タスクバーを上部に配置すると誤タッチ操作が少なくなり便利だ。

テク083 タスクバーの検索機能（Cortana）表示を最適化したい

Cortana（タスクバーの検索ボックス）の表示設定

Cortana（タスクバーの検索ボックス）の表示は任意に「検索ボックス表示」「検索アイコン表示」、あるいは表示しない設定にできます。なお、この設定は「通常モード（非タブレットモード）」のみで有効です。

→ タスクバーの余白部分（あるいは「タスクビュー」ボタン）を右クリック／長押しタップして❶、ショートカットメニューから「Cortana」→［任意の表示］を選択します❷。

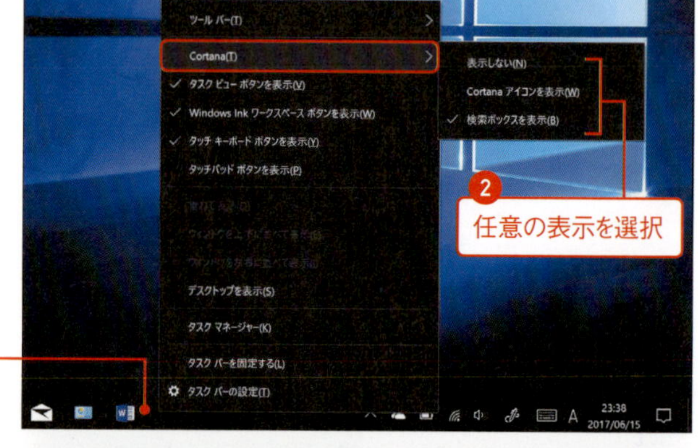

Cortana アイコンを表示

MEMO

検索機能表示設定をしていない場合にも、ショートカットキー［Windows］＋［S］キーで素早く検索機能にアクセスできる。

テク084 タスクバーに「デスクトップ」を配置したい

タスクバーに「デスクトップ」を配置する

デスクトップに複数のウィンドウを展開して作業しているとデスクトップに配置しアイコンにアクセスしづらいものですが、そのような場合にはタスクバーに「デスクトップ」を配置すれば、タスクバーからデスクトップ上のアイコンに素早くアクセスできます。

1 タスクバーを右クリック／長押しタップして❶、ショートカットメニューから「ツールバー」→「デスクトップ」を選択します❷。

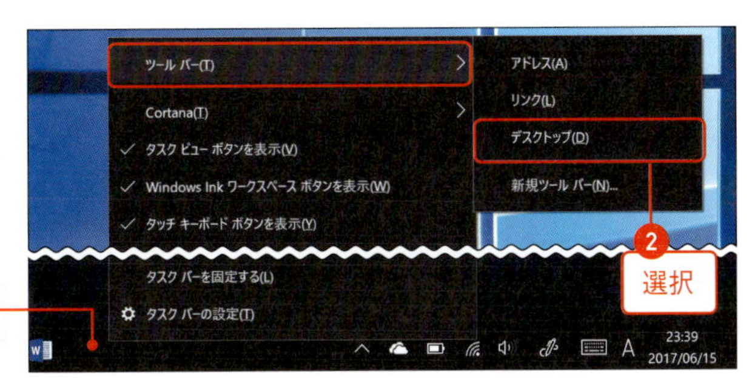

2 タスクバーに「デスクトップ」が配置されます。「デスクトップ」横の「>>」をクリック／タップすれば、ショートカットメニューから任意のデスクトップ項目にアクセスできます。

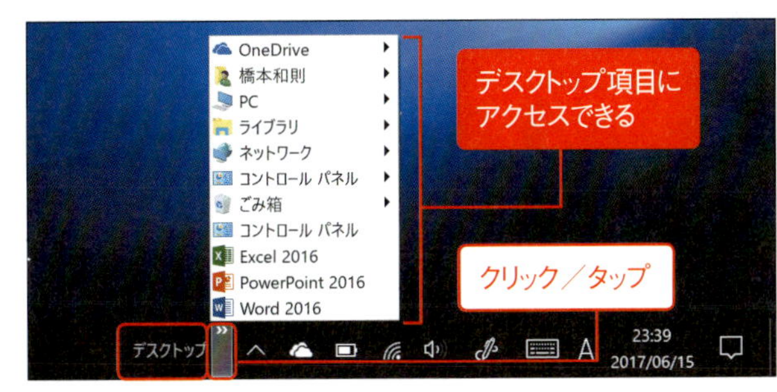

ここがポイント

● タスクバー上に項目の直接表示も可能

タスクバー（タスクバーアイコンがない場所）を右クリック／長押しタップして、ショートカットメニューから「タスクバーを固定する」のチェックを外し、タスクバーの固定を解除すれば、タスクバーのサイズやレイアウトを自由に変更できる（P.152参照）。「デスクトップ」を表示設定にしていれば、デスクトップ項目をタスクバーに表示することも可能だ。

テク 085 通知アイコン表示を最適化したい

通知アイコンの調整

●通知領域にない通知アイコンへアクセスする

通知領域の左側にある ^ ボタンをクリック／タップします。非表示になっている通知アイコンがポップアップで表示されます。

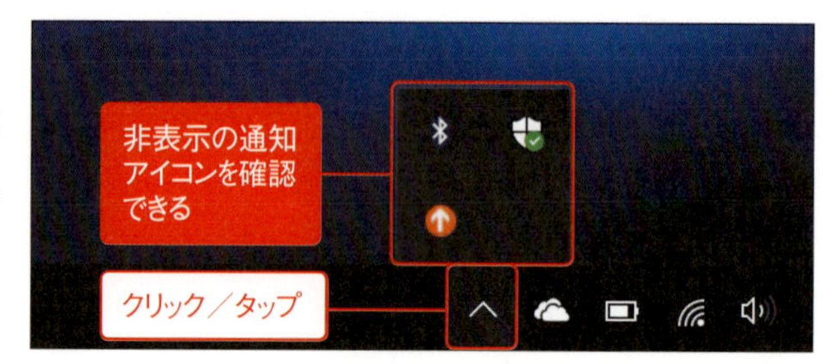

MEMO

ショートカットキー ⊞ ＋ B → Enter キーでも同様の操作を行える。

●通知領域に通知アイコンを配置する

ポップアップ内の通知アイコンを、通知領域にドラッグ&ドロップします。以後、該当の通知アイコンが通知領域に常時表示されるようになります。

MEMO

通知領域に表示しておきたくない通知アイコンを、ポップアップ側にドロップして非表示にすることも可能だ。

通知領域に表示する通知アイコンを指定する

1 「設定」から「個人用設定」→「タスクバー」を選択します❶。「タスクバーに表示するアイコンを選択してください」をクリック／タップします❷。

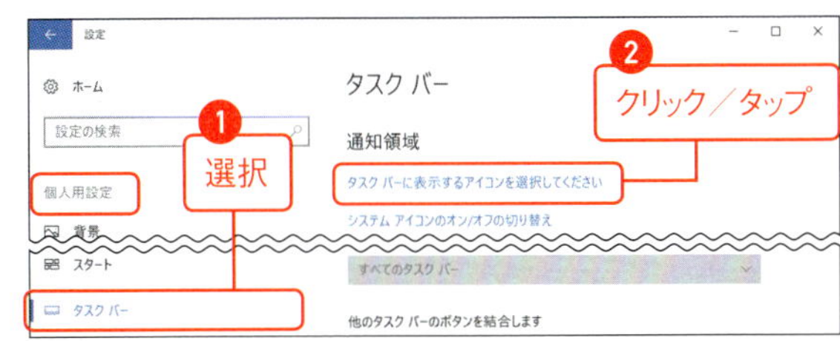

2 各項目の表示のオン／オフを任意に指定します。「オン」に設定した項目は通知領域に常時表示されます。

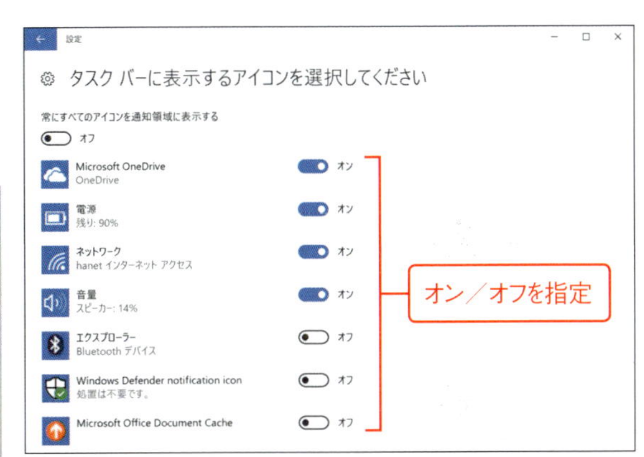

「常にすべてのアイコンを通知領域に表示する」をオンにすれば、すべての通知アイコンを通知領域に表示できる。

通知領域のシステムアイコンの表示を設定する

1 「設定」から「個人用設定」→「タスクバー」を選択します❶。「システムアイコンのオン／オフの切り替え」をクリック／タップします❷。

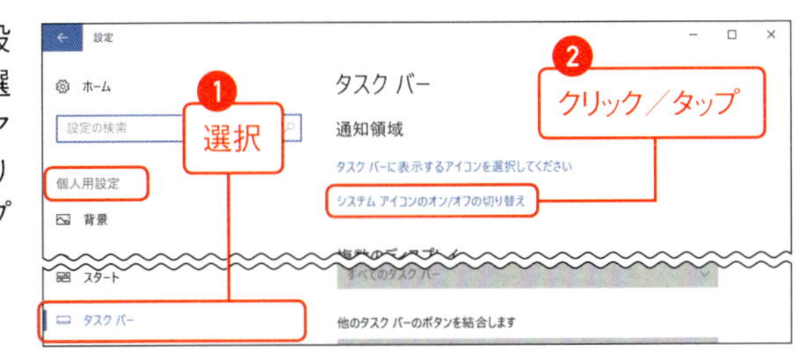

2 システムアイコンの表示のオン／オフを指定します。「オン」に設定した項目は通知領域に表示されます。

テク 086

通知領域に海外時計を配置したい

海外時計を追加する

通知領域の「時計」には、海外時計を２つまで追加することができます。また海外時計にはわかりやすい名称を任意に命名できます。

1 コントロールパネル（アイコン表示）から「日付と時刻」を選択します。「追加の時計」タブから、「この時計を表示する」をチェックします❶。「タイムゾーンの選択」から任意のタイムゾーンを選択して❷、「この時計の表示名」に国名などの任意名称を入力します❸。「OK」ボタンをクリック／タップします❹。

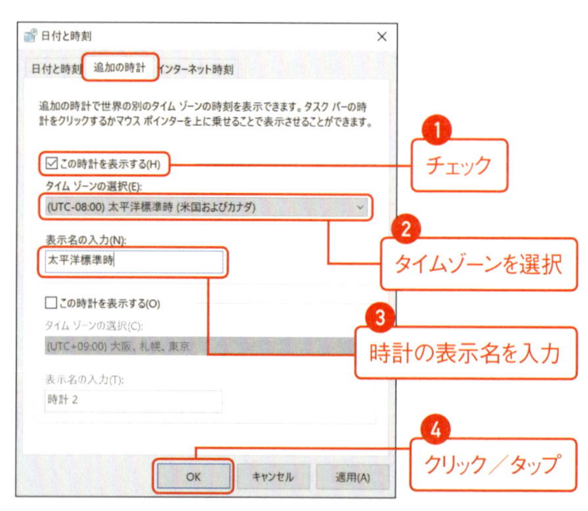

2 通知領域の時計にマウスポインターを合わせます。設定した地域の時刻が表示されます。

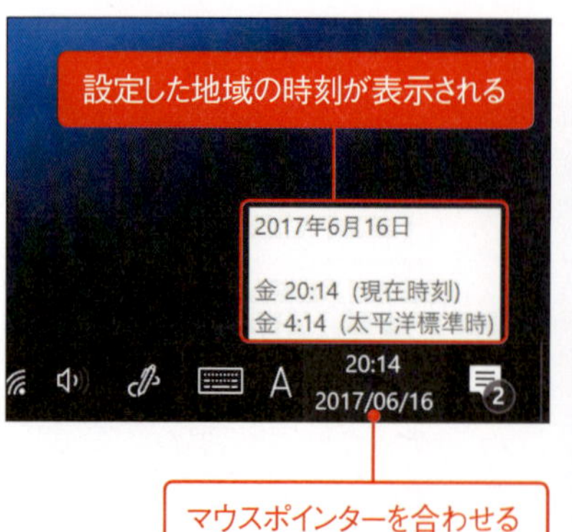

3 通知領域の時計をクリック／タップすると、設定した地域の日付と時刻を確認することができます。

20:14:12
2017年6月16日
太平洋標準時
4:14 今日
設定した地域の日付と時刻が表示される
クリック／タップ

chapter

04

Surface Pro 全般操作と動作環境の最適化

Surfaceはカスタマイズを施すことで操作性や利便性を格段に向上させることができます。
本章では、Surfaceの持つ高度な電源管理の最適化やタイプカバーを着脱／折りたたんだ際の動作設定、タッチパッドによる3本指／4本指ジェスチャ操作の活用や設定などを解説します。
また、Windows 10におけるデスクトップ全般で活用できる各種操作、作業環境の最適化、タスク操作、仮想デスクトップなどについても解説します。

テク 087 画面消灯／スリープに移行するまでの時間を設定したい

画面消灯／スリープに移行するまでの時間を設定する

Surfaceは一定時間無操作状態が経過すると自動的に「画面消灯」「スリープ」が実行されます。この「画面消灯」「スリープ」までの時間は任意に変更できます。

1 「設定」から「システム」→「電源とスリープ」を選択します❶。画面消灯になるまでの時間を「画面」欄で「バッテリー駆動時」と「電源に接続時」のそれぞれで設定します❷。

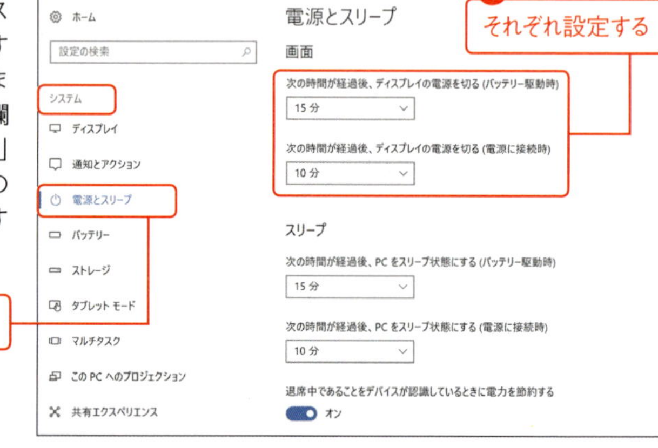

2 スリープ状態にするまでの時間は「スリープ」欄で、「バッテリー駆動時」と「電源に接続時」のそれぞれで設定します。

テク 088

スリープから復帰した際のパスワード入力を一定時間猶予したい

スリープから復帰した際にサインインを求めるまでの時間を設定する

一般的なPCではスリープからの復帰時においてサインインの際に必ずパスワード入力を行わなければなりませんが、Surfaceではスリープから復帰時のパスワード入力までの猶予時間を設定することが可能です。

→ 「設定」から「アカウント」→「サインインオプション」を選択します❶。「サインインを求める」欄内、「しばらく操作しなかった場合に～」で任意時間を指定します❷。

MEMO

この設定により、スリープ直後に指定分数内で復帰した際にパスワード入力なしで作業を開始できる。なお、セキュリティを求める場合にはなるべく短い時間に設定するか、「毎回」に設定するとよい。

MEMO

「顔認証（P.275参照）」を有効にした場合、任意の時間を指定することは不可能になる。

テク089 Surface本体の電源ボタンを押した際の動作を割り当てたい

電源ボタンを押した際の電源動作を割り当てる

Surfaceにおいて Windows 10駆動中における電源ボタンを押した際の電源動作を割り当てたい場合には、以下の手順に従います。

1 「設定」から「システム」→「電源とスリープ」を選択します❶。「関連設定」欄内、「電源の追加設定」をクリック／タップします❷。

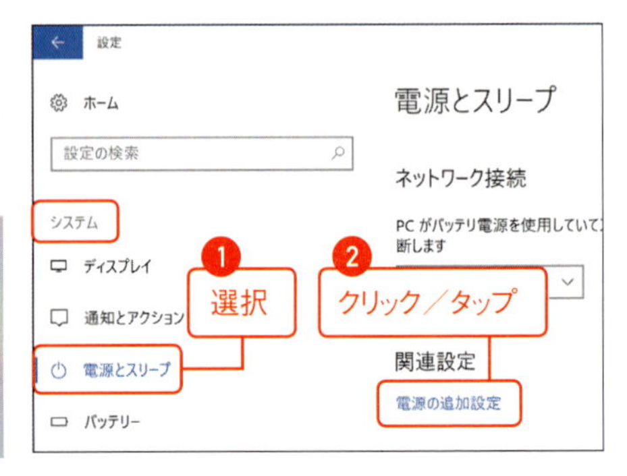

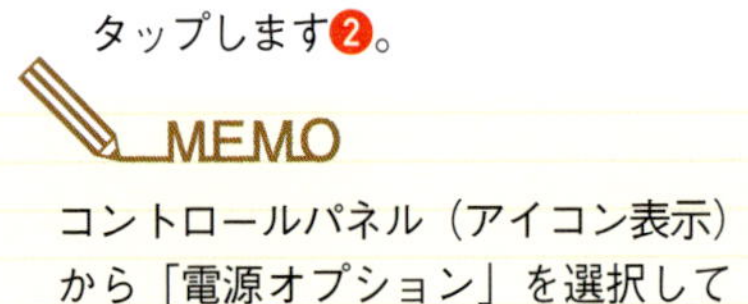

MEMO
コントロールパネル（アイコン表示）から「電源オプション」を選択しても同様の操作ができる。

2 タスクペインの「電源ボタンの動作の選択」をクリック／タップします。

3 「電源ボタンを押したときの動作」から任意の電源動作を選択します❶。「バッテリ駆動」「電源に接続」のそれぞれの電源動作を設定することができます。「変更の保存」ボタンをクリック／タップします❷。

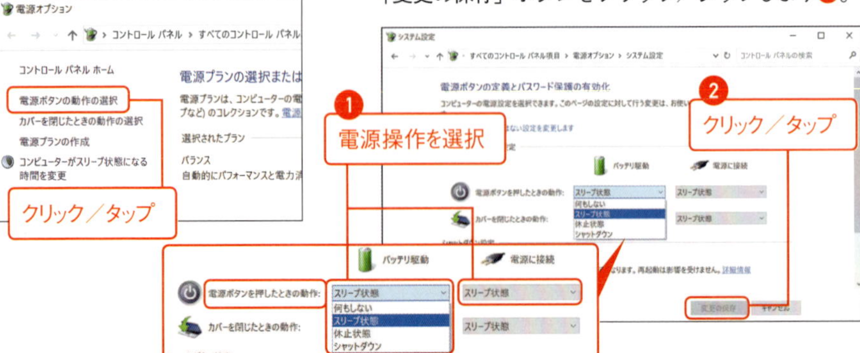

ここがポイント

●「何もしない」の活用

Surfaceを活用するうえで誤って電源ボタンを押してしまいかねないという環境の場合には（Surface本体を手渡しする際に電源ボタンを押してしまうなど）、「電源ボタンを押したときの動作」から「何もしない」を選択することで、不意なスリープを防ぐことができる。

テク 090 バッテリー節約機能を調整したい

バッテリー節約機能を調整する

Surfaceではバッテリー残量が少なくなると「バッテリー節約機能」が自動的に有効になり、バックグラウンドのプログラム動作やプッシュ通知が制限されます。このバッテリー節約機能を自動的に有効にするバッテリー残量の閾値を変更したい場合には、以下の手順に従います。

→「設定」から「システム」→「バッテリー」を選択します❶。「バッテリー残量が次の数を下回った〜」をチェックしたうえで❷、スライダーで任意のパーセンテージを指定します❸。

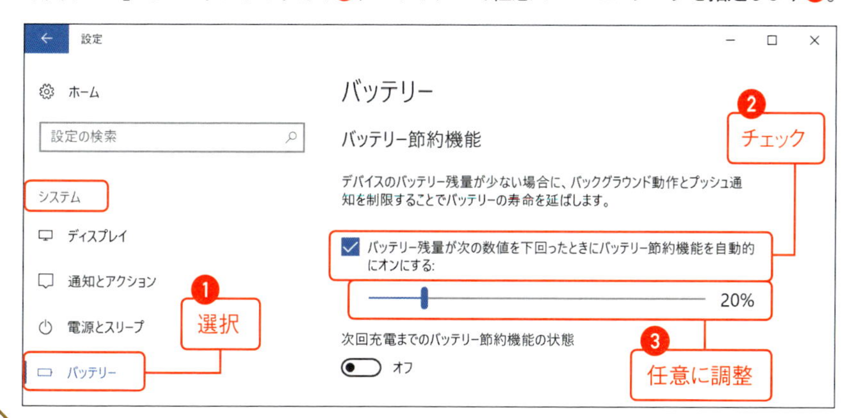

MEMO

すぐにバッテリー節約機能を有効にしたい場合には、「次回充電までのバッテリー節約機能の状態」をオンにする。また、アクションセンターの「バッテリー節約機能」タイルでも、バッテリー節約機能をオン／オフできる。

ここがポイント

●電源モードを調整してパフォーマンスとバッテリー調整を確認する

通知領域にあるバッテリーアイコンをクリック／タップして❶、電源モードのスライダーで電源モード（パフォーマンスとバッテリー消費の関係）を調整することができる❷。

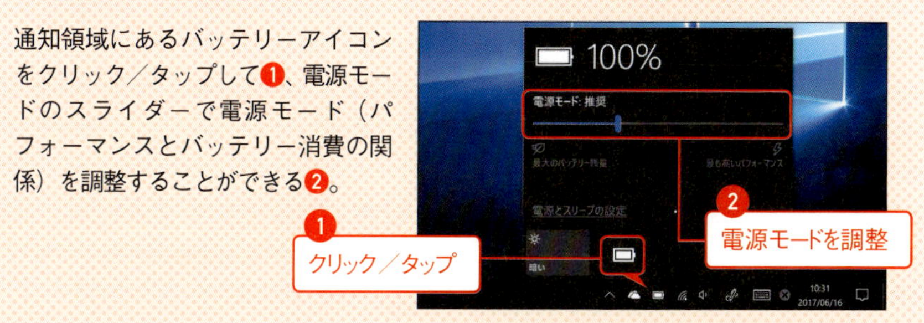

テク 091 Bluetoothによるスリープからの復帰を制限したい

Bluetoothデバイスの反応によるスリープからの復帰を制限する

Surfaceではスリープ中でもBluetoothデバイスを認識しますが、Bluetoothデバイスが反応することにより（たとえばBluetoothマウスを少し動かすだけで）、スリープから復帰してしまいます。かばんなど密閉された空間でSurfaceがスリープから復帰してしまうと、バッテリー容量の消費や熱暴走などの問題が起こりえます。このようなBluetoothデバイスの反応によるスリープの抑止は、以下のようなバリエーションが存在します。

●Bluetoothデバイスの電源を切る

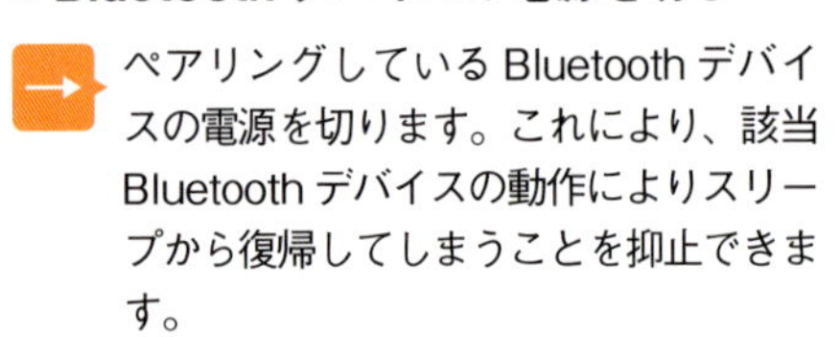

→ ペアリングしているBluetoothデバイスの電源を切ります。これにより、該当Bluetoothデバイスの動作によりスリープから復帰してしまうことを抑止できます。

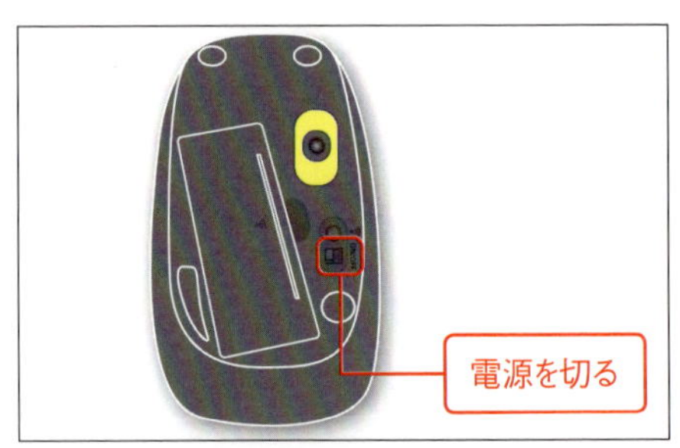

●Bluetooth機能を停止する

→ アクションセンターを開いて（P.030参照）、「Bluetooth」タイルをクリック／タップしてオフにします。

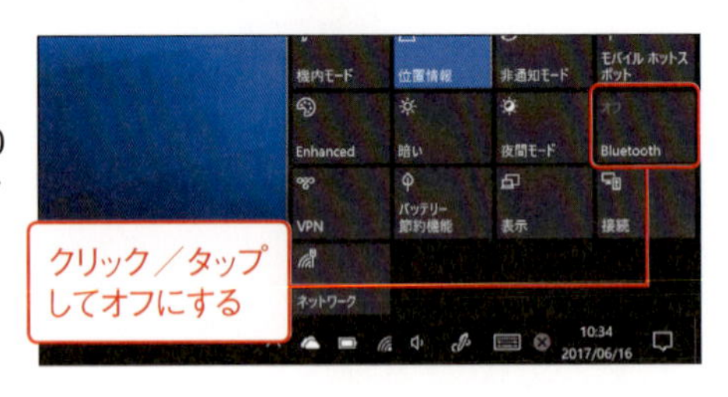

MEMO

「設定」から「デバイス」→「Bluetoothとその他のデバイス」と選択して、「Bluetooth」を「オフ」にしても同様の操作が可能。

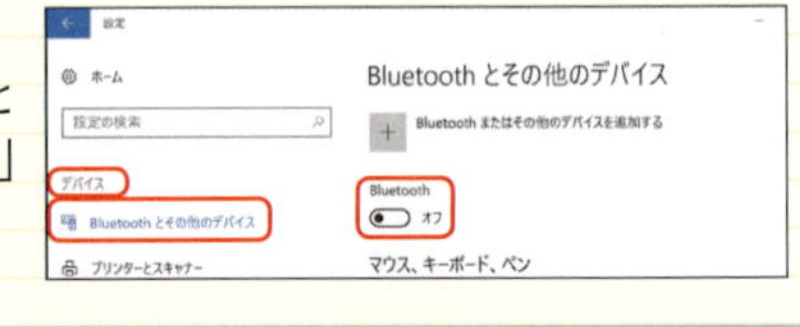

●シャットダウンする

→ Surfaceを「シャットダウン」します（P.044参照）。本体の電源が完全に切れるため（Surfaceのあらゆる機能が停止するため）、Bluetoothデバイスに反応しなくなります。

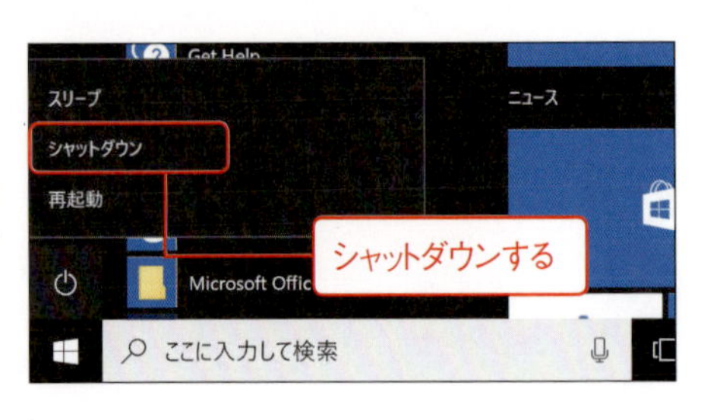

テク 092 タイプカバーの着脱／本体裏側に折りたたんだ際のモード切り替えを設定したい

タイプカバーの状態によるモード指定を行う

Windows 10には「タブレットモード」と呼ばれるタブレット状態での操作に最適化された機能（表示＆操作モード）が備わっていますが（タブレットモードについてはP.196参照）、Surfaceにおいてタイプカバーの着脱、本体裏側に折りたたんだ際の通常モード／タブレットモードへの自動切り替え／任意切り替えを任意に設定したい場合には、以下の手順に従います。

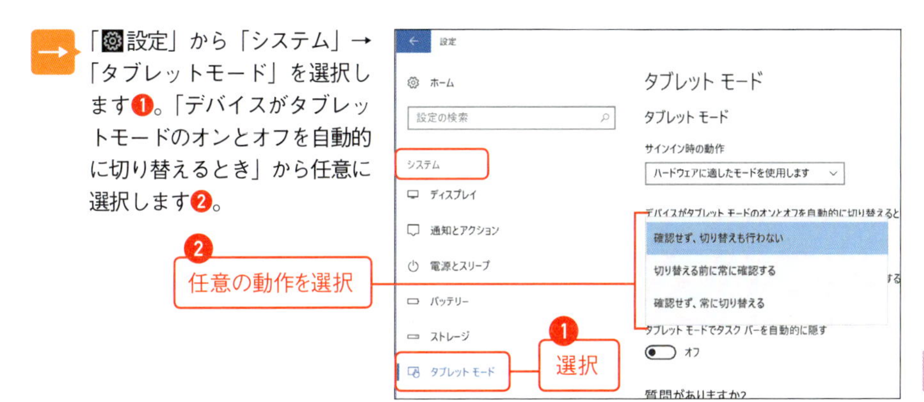

●「確認せず、常に切り替える」を選択した場合

タイプカバーを装着すると「通常モード」、タイプカバーを外す／裏側に折りたたむと「タブレットモード」に自動的に切り替わります。

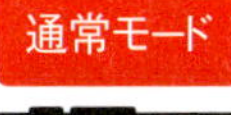

●「切り替える前に常に確認する」を選択した場合

→ タイプカバーを着脱／折りたたんだ際にトースト通知が表示され任意の表示モードに切り替えることができます。

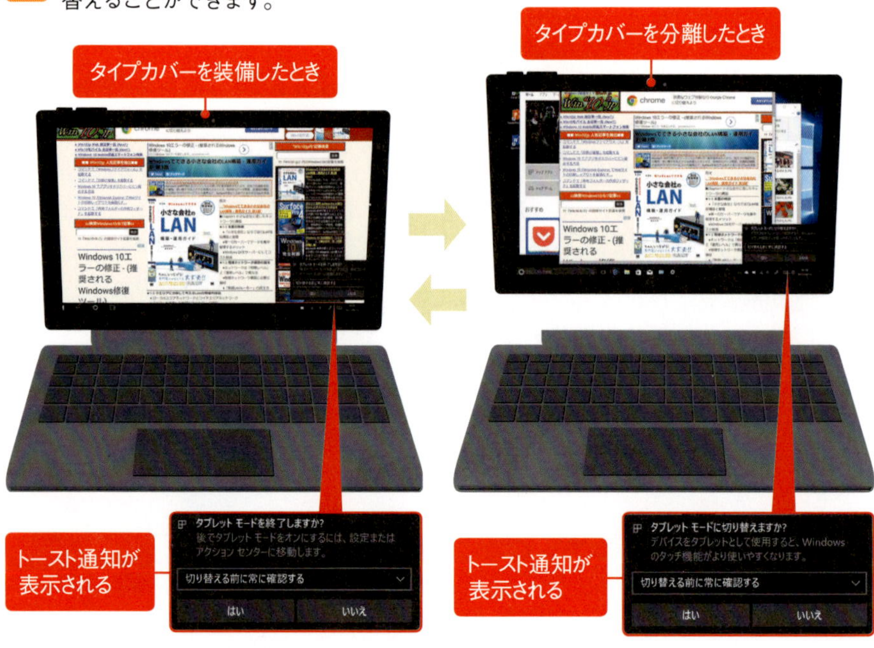

●「確認せず、切り替えも行わない」を選択した場合

→ タイプカバーの着脱／折りたたみにかかわらず、常に現在の表示モードを保持します。

テク 093 タイプカバーを閉じた際の電源動作を割り当てたい

タイプカバーを閉じた時の電源動作を割り当てる

Surface においてタイプカバーを閉じた時の電源動作を割り当てたい場合には、以下の手順に従います。

1 「設定」から「システム」→「電源とスリープ」を選択します❶。「関連設定」欄内、「電源の追加設定」をクリック／タップします❷。

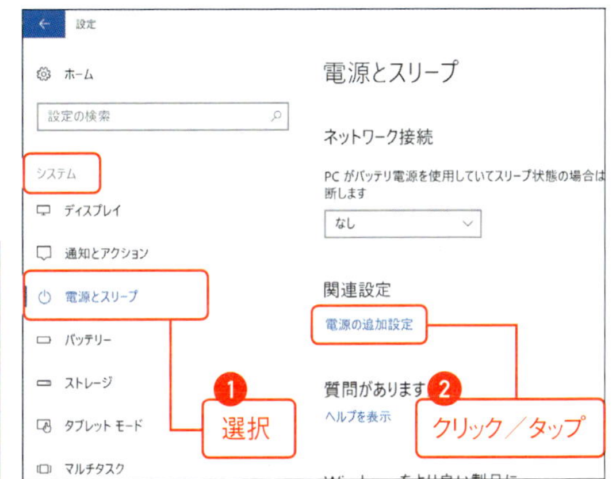

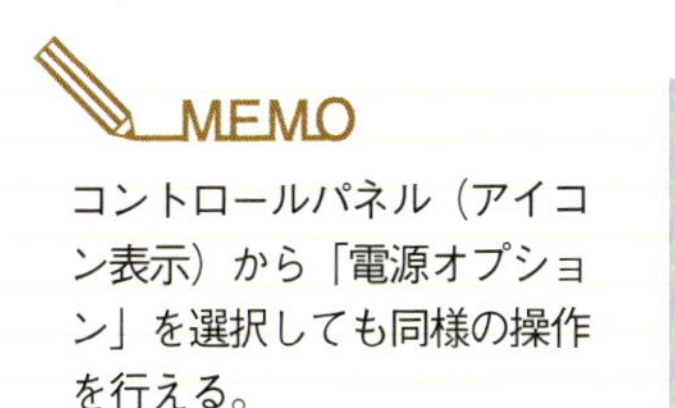

コントロールパネル（アイコン表示）から「電源オプション」を選択しても同様の操作を行える。

2 タスクペインの「カバーを閉じたときの動作の選択」をクリック／タップします。

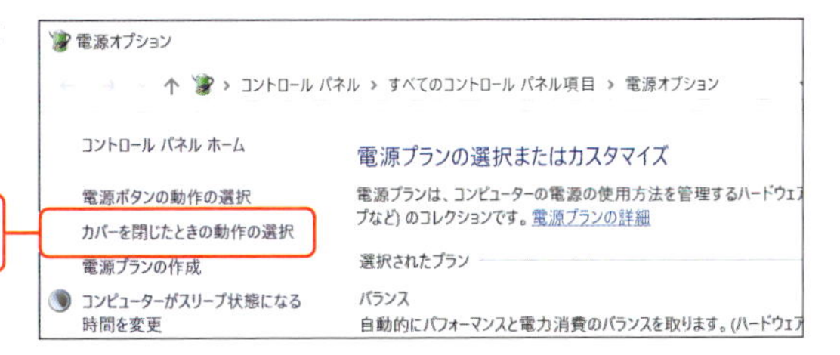

3 「カバーを閉じたときの動作」から任意の電源動作を選択します❶。「バッテリ駆動」「電源に接続」のそれぞれの電源動作を設定することができます。「変更の保存」ボタンをクリック／タップします❷。

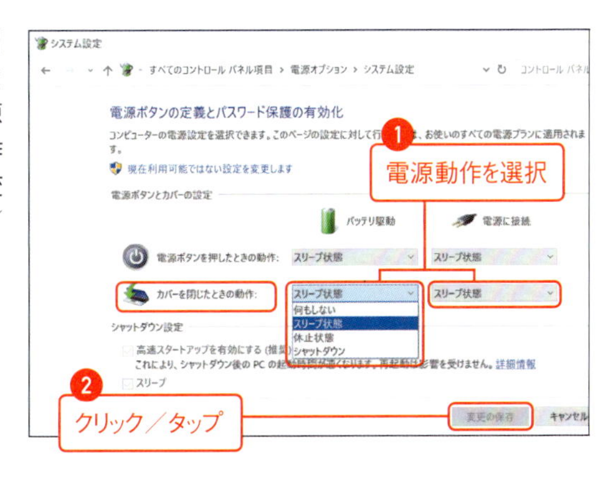

テク 094 タイプカバーのタッチパッドにおける2本指／3本指／4本指操作をカスタマイズしたい

2 本指ドラッグによるスクロール方向を指定する

タイプカバーのタッチパッドでは２本指ドラッグによるスクロール操作を行うことができますが（P.021 参照）、このスクロール方向を指定したい場合には以下の手順に従います。

1 「設定」から「デバイス」→「タッチパッド」を選択します❶。「スクロールとズーム」欄の「スクロール方向」のドロップダウンから「ダウンモーションで上にスクロール」あるいは「ダウンモーションで下にスクロール」を選択します❷。

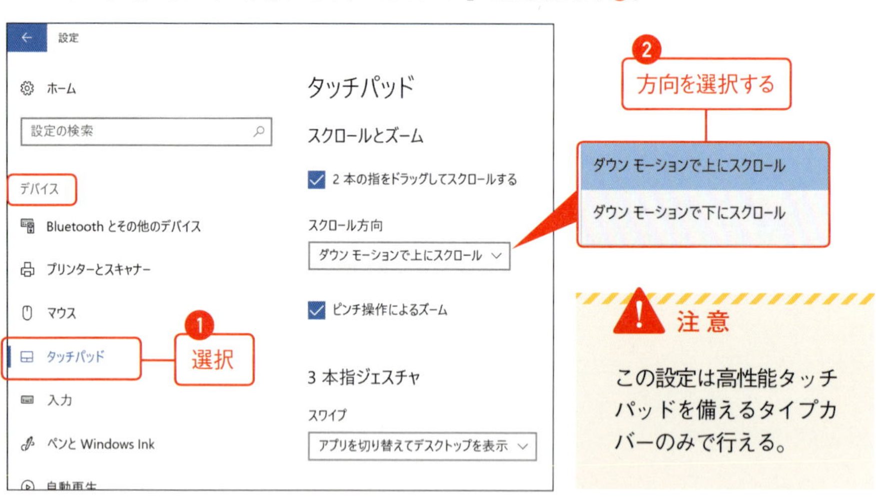

注意
この設定は高性能タッチパッドを備えるタイプカバーのみで行える。

2 タッチパッドを２本指ドラッグした際のスクロール方向が指定したものになります。

3本指スワイプによる動作を指定する

「設定」から「デバイス」→「タッチパッド」を選択します❶。「3本指ジェスチャ」欄の「スワイプ」から任意の動作を選択します❷。

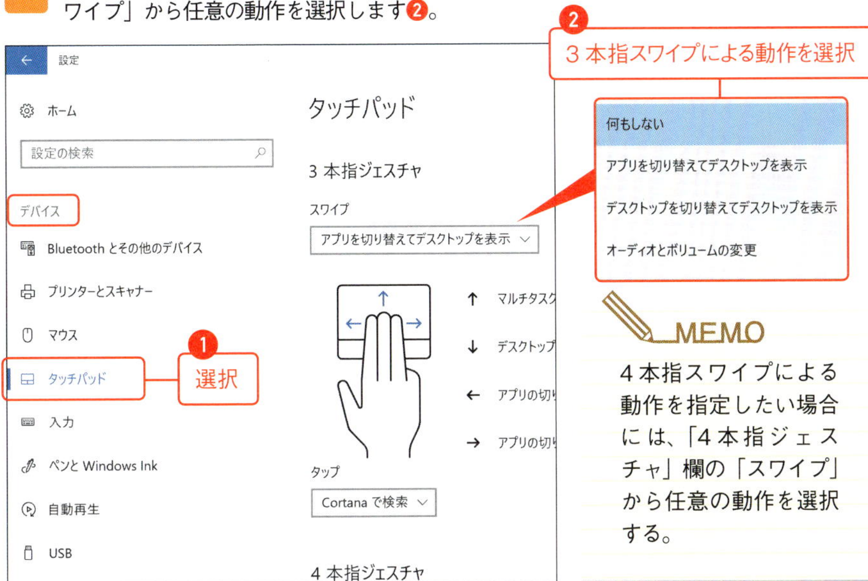

MEMO

4本指スワイプによる動作を指定したい場合には、「4本指ジェスチャ」欄の「スワイプ」から任意の動作を選択する。

何もしない	3本指スワイプしてもアクションしない
①アプリを切り替えてデスクトップを表示	3本指上方で「タスクビュー」、3本指左右で「Windows フリップ」、3本指下方で「すべてのアプリの最小化」を行う
②デスクトップを切り替えてデスクトップを表示	3本指上方で「タスクビュー」、左右で「仮想デスクトップの切り替え」、下方で「すべてのアプリの最小化」を行う
③オーディオとボリュームの変更	3本指上下でボリューム調整、左右でトラック移動を行う

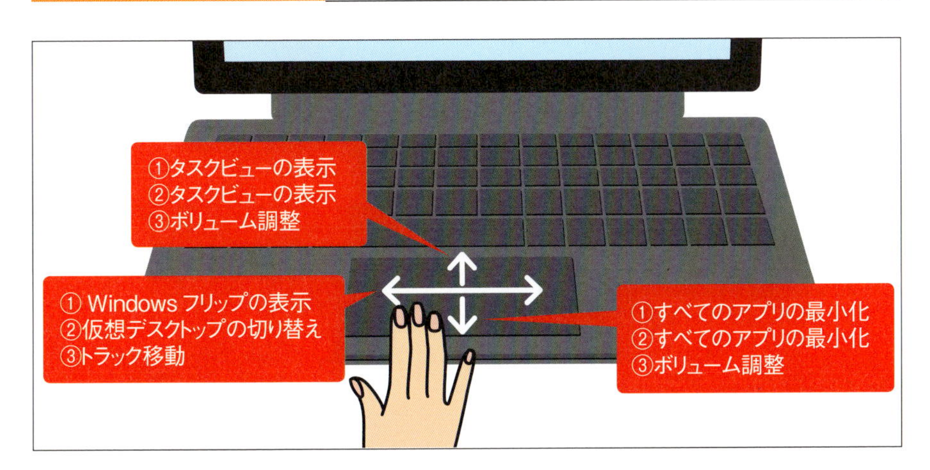

3本指タップによる動作を指定する

タッチパッド上での3本指タップによる動作を指定したい場合には、以下の手順に従います。

「設定」から「デバイス」→「タッチパッド」を選択します❶。「3本指ジェスチャ」欄の「タップ」から任意の動作を選択します❷。

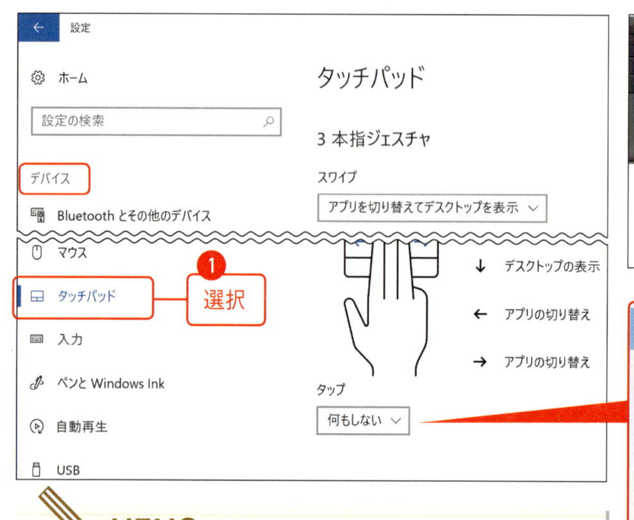

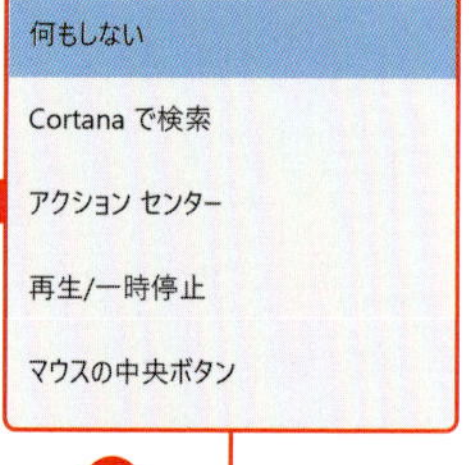

MEMO

4本指タップによる動作を指定したい場合には、「4本指ジェスチャ」欄の「タップ」から任意の動作を選択する。

何もしない	3本指タップしてもアクションしない
Cortana で検索	3本指タップで Cortana（タスクバーの検索ボックス）にフォーカスする
アクションセンター	3本指タップでアクションセンターを表示
再生／一時停止	3本指タップで再生／一時停止を行う
マウスの中央ボタン	3本指タップでマウスのホイールボタンを押した時と同様の操作を行う

ここがポイント

●3本指／4本指ジェスチャを既定の設定に戻す

3本指／4本指ジェスチャを既定の設定にリセットしたい場合には、「設定」から「デバイス」→「タッチパッド」を選択して、「タッチパッドをリセットする」欄の「リセット」ボタンをクリック／タップする。

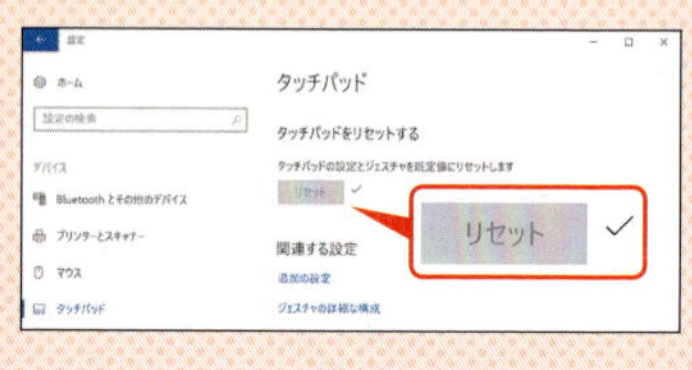

テク 095 物理マウス利用時のタイプカバーのタッチパッド動作を設定したい

タッチパッドを無効にする

タイプカバーのタッチパッドを一切利用しない（タッチパッド操作が苦手でタッチパッドが有効だとキー入力時に誤操作をしてしまう）という場合には、以下の手順でタッチパッドを無効にします。

→ 「設定」から「デバイス」→「タッチパッド」を選択します❶。「タッチパッド」欄の「タッチパッド」をオフにします❷。タイプカバーのタッチパッド操作が完全に無効になります。

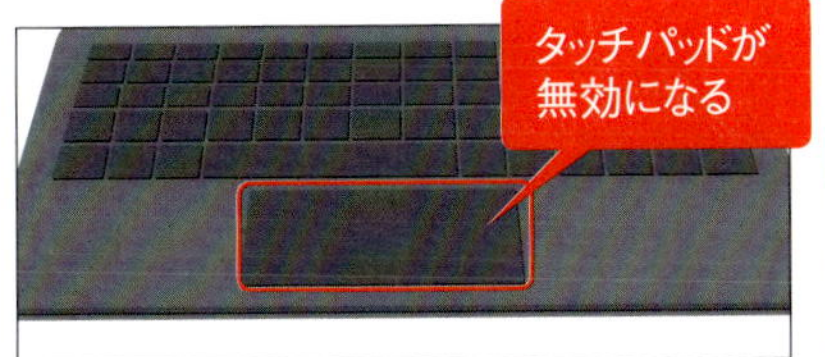

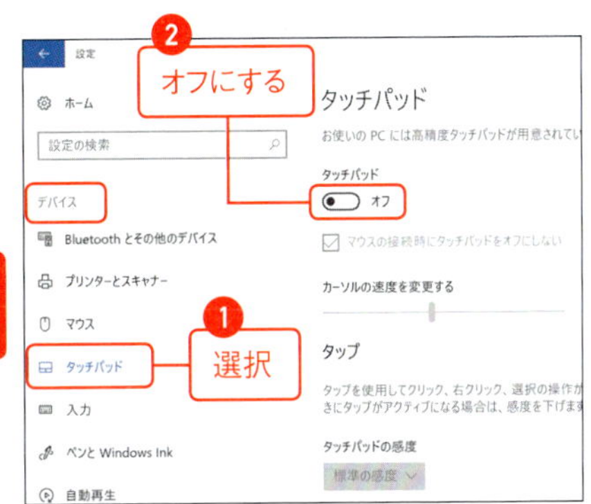

物理マウスを使用しているときはタッチパッドを無効にする

→ 「設定」から「デバイス」→「タッチパッド」を選択します❶。「タッチパッド」欄の「マウスの接続時にタッチパッドをオフにしない」のチェックを外します❷。物理マウスが有効な場合のタッチパッドが無効になります。

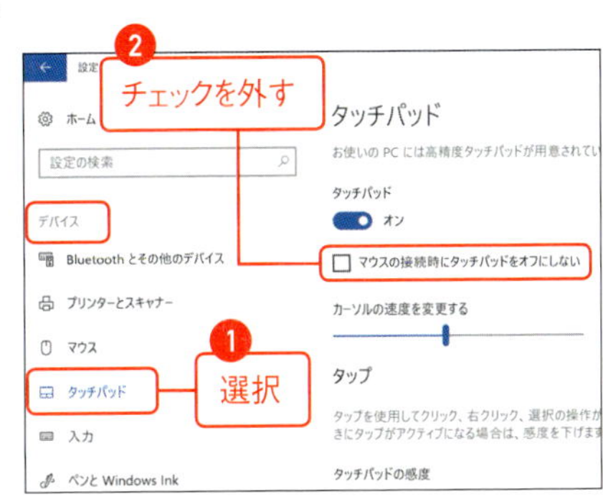

注意

タイプカバーのモデル（世代）やOSのアップデートによってサポートされる機能は異なる。

テク 096

デスクトップ上のアイコンに素早くアクセスしたい

デスクトップ上のアイコンに素早くアクセスする

デスクトップ上で複数のウィンドウを開いている状態で、デスクトップ上のアイコンに素早くアクセスしたい場合には、以下の手順に従います。

●エクスプローラーからデスクトップを表示する

→ エクスプローラーの「クイックアクセス」から「デスクトップ」を選択します。「デスクトップ」にアクセスすることができます。

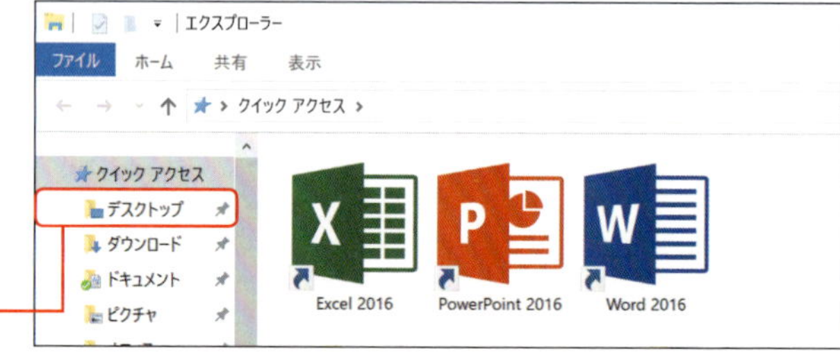

●デスクトップをエクスプローラーで表示する

1 デスクトップ（ウィンドウ／タスクバーではない部分）をクリック／タップします❶。ショートカットキー Ctrl ＋ N キーを入力します❷。

❶ クリック／タップ
❷ Ctrl ＋ N キーを入力

2 デスクトップをエクスプローラーで表示することができます。

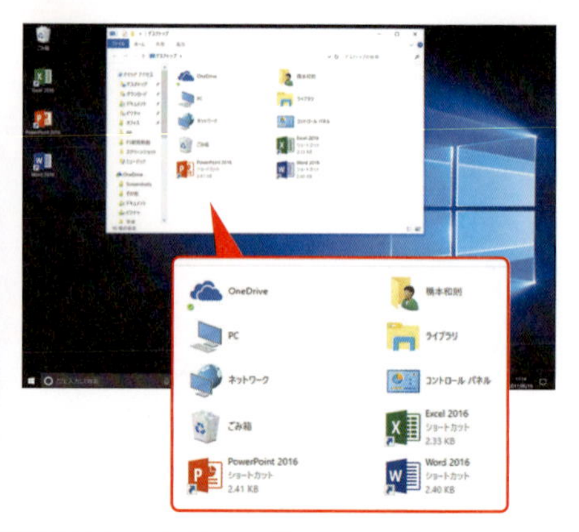

MEMO

デスクトップをエクスプローラーで表示すると、デスクトップ上のアイコンにアクセスできるだけでなく、内部的には存在するものの非表示になっている「コントロールパネル」「ライブラリ」「ユーザーのファイル」などの機能アイコンにアクセスできる点が便利だ。

テク 097

ウィンドウをショートカットキーで素早く操作したい

ウィンドウをキーボードで素早く操作する

ウィンドウの移動やサイズ変更をショートカットキーで実行したい場合には、以下の手順に従います。

MEMO

Surfaceでは、ウィンドウサイズ変更などの際にタッチ操作／タッチパッド操作だとフォーカスを合わせづらいため、ショートカットキーを使うとよい。

● ウィンドウを移動する

1 ショートカットキー Alt ＋ space → M キーを入力して❶、カーソルキーでウィンドウを移動します❷。

2 Enter キーでウィンドウ位置を確定できます。

● ウィンドウサイズを変更する

1 ショートカットキー Alt ＋ space → S キーを入力して❶、カーソルキーでウィンドウサイズを変更します❷。

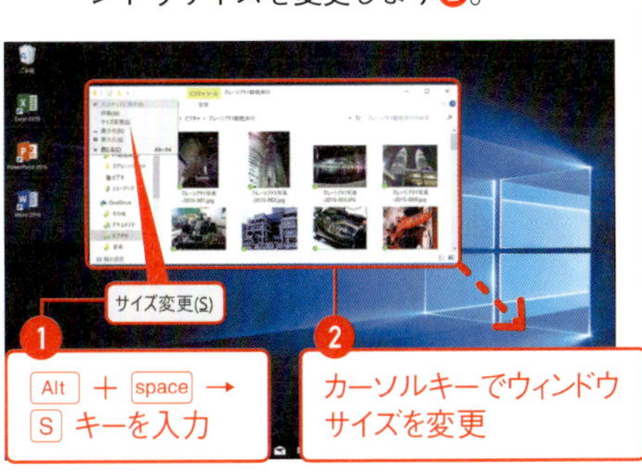

2 Enter キーでウィンドウサイズを確定できます。

テク098 デスクトップを見やすくしたい

デスクトップオブジェクトの拡大率の設定

Surfaceの高解像度ディスプレイを活かして、高精細表示にしてデスクトップをより広く利用したいなどの場合には、以下の手順に従います。

1 「設定」から「システム」→「ディスプレイ」を選択します❶。「テキスト、アプリ、その他の項目のサイズを変更する」のドロップダウンから任意の大きさを指定します❷。

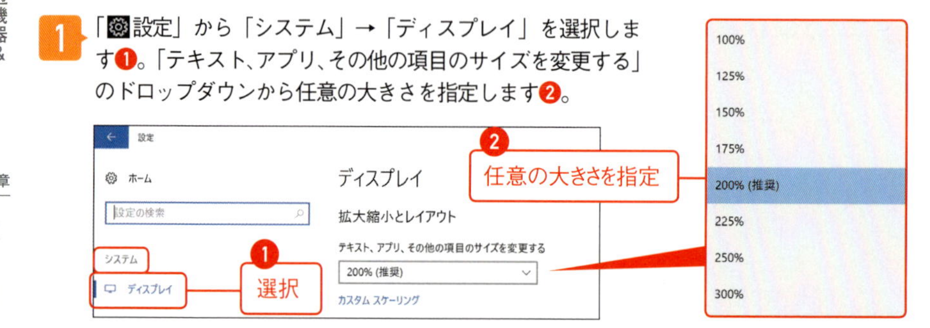

2 デスクトップオブジェクトのサイズを変更することができます。

MEMO

「カスタムスケーリング」をクリック／タップすれば、任意の拡大率を指定できる。なお、極端に大きめの拡大率を指定した場合には、デスクトップオブジェクトが正しく表示されなくなり操作不能になる場合があるので注意する。

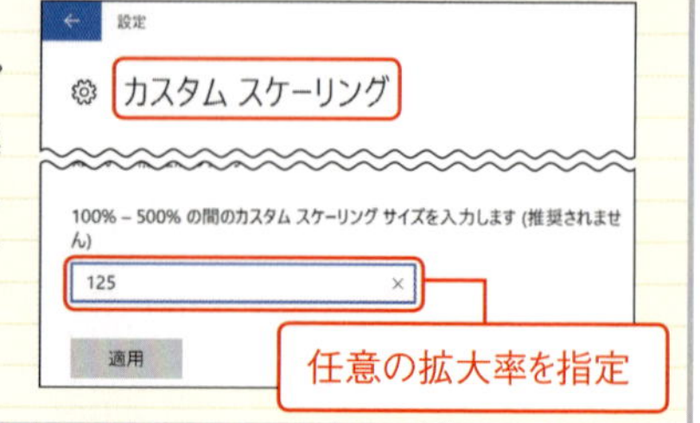

MEMO

ディスプレイになるべく多くの情報を表示したい場合にはパーセンテージを低く、全般的に拡大して見やすくしたい場合にはパーセンテージを高く設定するとよい。

テク 099 アクションセンターのクイックアクションの配置を任意に指定したい

クイックアクションの表示項目を設定する

アクションセンター下部に表示される「クイックアクション」のタイル配置を任意に指定したい場合には、以下の手順に従います。

1 「⚙設定」から「システム」→「通知とアクション」を選択します❶。「クイックアクション」欄で任意のタイルをドラッグ＆ドロップして表示順序を入れ替えます❷。

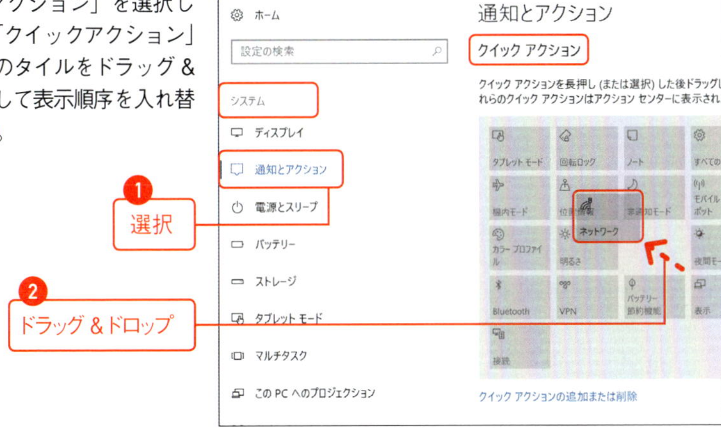

2 「クイックアクション」で指定した項目順序に従って、アクションセンターのタイルが表示されます。

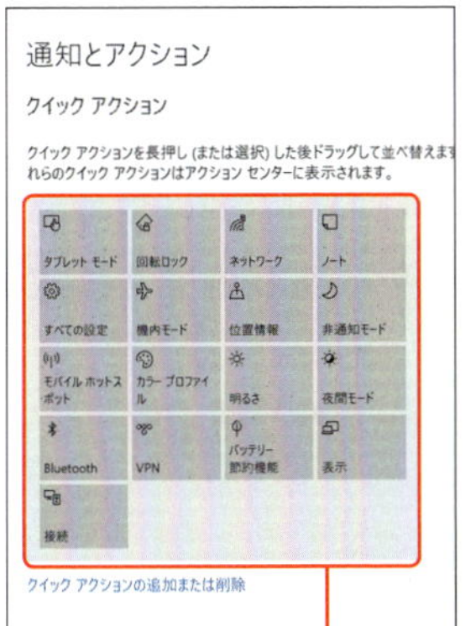

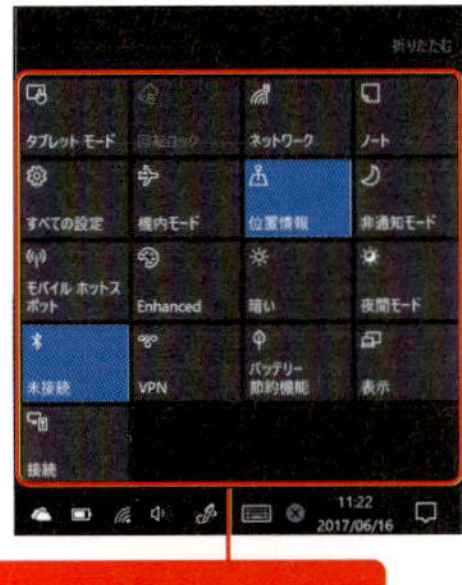

設定に従って表示されるタイルの順序が変更される

MEMO

クイックアクションの最上段に配置した項目が、折りたたんだ際に表示される項目になる。

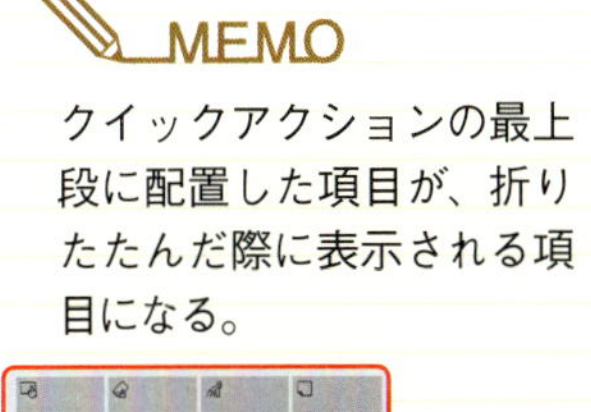

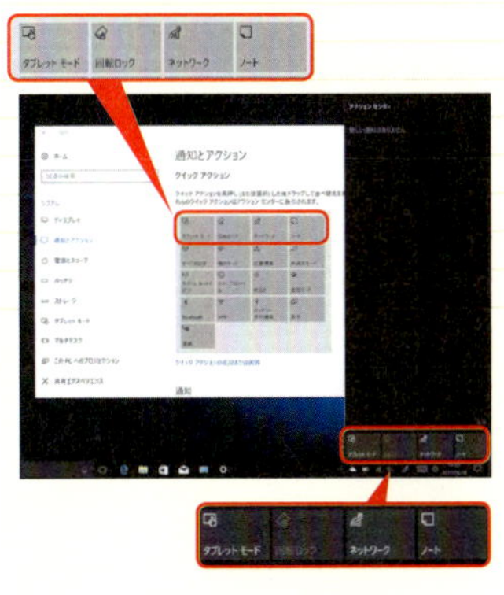

テク100 デスクトップに機能アイコンを表示したい

デスクトップに機能アイコンを表示する

デスクトップに「ごみ箱」以外の機能アイコン（「コントロールパネル」や「ユーザーのファイル」など）を表示したい場合には、以下の手順に従います。

1 「設定」から「個人用設定」→「テーマ」を選択します❶。「関連設定」欄内、「デスクトップアイコンの設定」をクリック／タップします❷。

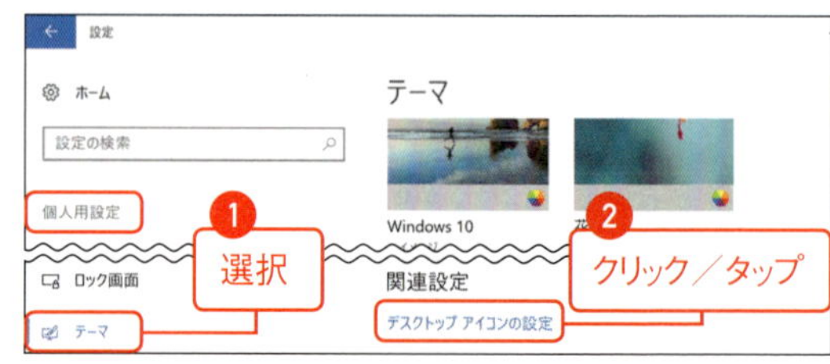

2 デスクトップに表示したい任意のアイコンをチェックして❶、「OK」ボタンをクリック／タップします❷。

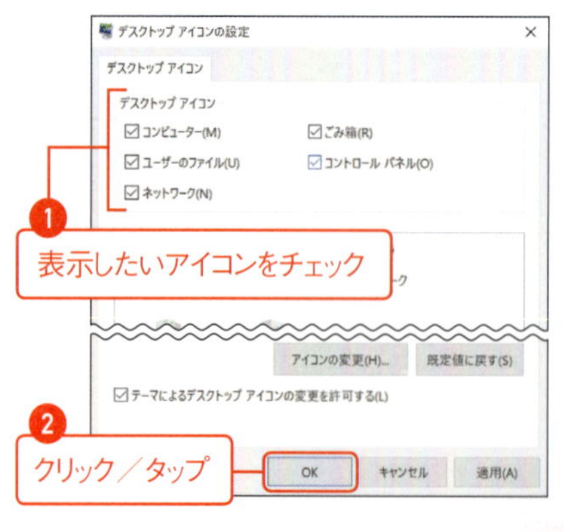

コンピューター	エクスプローラーをPC表示から起動できる
ユーザーのファイル	「ドキュメント」「ピクチャ」「デスクトップ」などユーザーが管理するフォルダーにアクセスできる
ネットワーク	エクスプローラーをネットワーク表示から起動できる
ごみ箱	削除したファイルを確認／復元できる
コントロールパネル	コントロールパネルを起動できる

3 デスクトップに指定した各アイコンが表示されます。

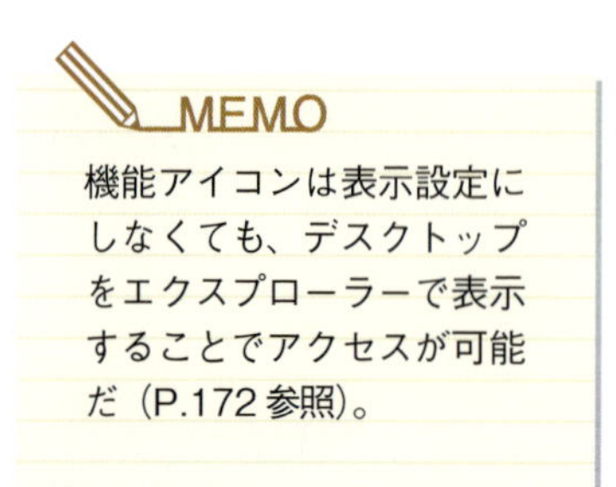

MEMO

機能アイコンは表示設定にしなくても、デスクトップをエクスプローラーで表示することでアクセスが可能だ（P.172参照）。

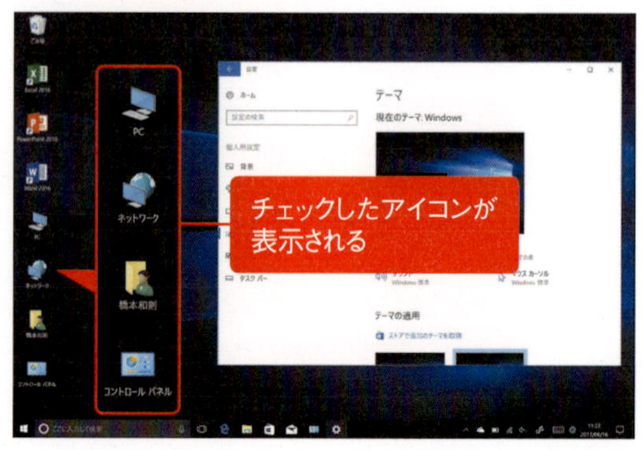

テク 101 デスクトップアイコンの表示サイズを変更したい

デスクトップ上のアイコンの表示サイズを変更する

デスクトップ上のアイコンを任意の表示サイズに変更するには、以下の手順で設定します。

1 デスクトップを右クリック／長押しタップして❶、ショートカットメニューから「表示」→「[任意サイズ] アイコン」を選択します❷。

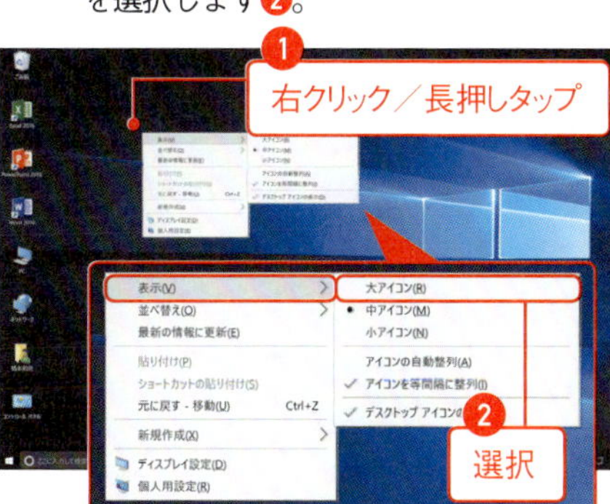

2 デスクトップ上のアイコンが任意サイズ表示になります。

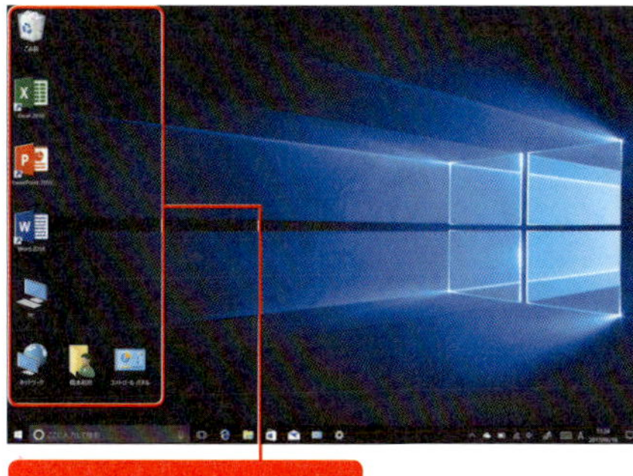

デスクトップ上のアイコンを拡大／縮小する

任意の表示サイズを細かく調整したい場合には、以下の手順で設定します。

→ デスクトップの余白をクリック／タップします。Ctrl ＋ホイールボタン回転を行います。任意の大きさにアイコンサイズを変更することができます。

MEMO

Windows 10に準拠したアイコンはベジェで構成されているため、表示サイズを大きくしても劣化しない。また、旧設計のアイコンはこの方法を用いても、アイコンの表示領域が拡大するだけでアイコンの外形は維持される。

テク102 デスクトップの背景やスライドショーを設定したい

デスクトップの背景を設定する

デスクトップの背景を任意に設定したい場合には、以下の手順に従います。デスクトップの背景には、あらかじめ用意された画像だけでなく、任意の画像を指定することも可能です。

1 「設定」から「個人用設定」→「背景」を選択します❶。「背景」のドロップダウンから「画像」を選択して❷、「画像を選んでください」から任意の画像をクリック／タップします。また、一覧以外の画像を背景に設定したい場合には「参照」ボタンをクリック／タップします❸。

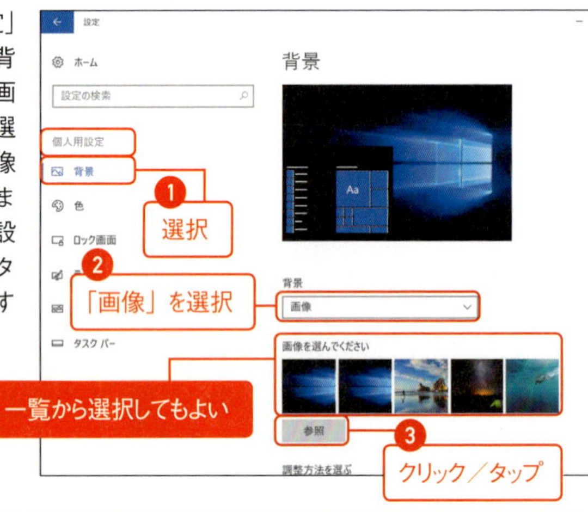

MEMO

シンプルな無地の背景にしたい場合には「背景」のドロップダウンから「単色」を選択したうえで、任意の色を選択する。

2 任意の画像を選択して❶、「画像を選ぶ」ボタンをクリック／タップします❷。

3 デスクトップの背景が指定の画像になります。

デスクトップスライドショーを設定する

「デスクトップスライドショー」とは、一定時間でデスクトップの背景を切り替える機能のことです。「デスクトップスライドショー」を設定するには、以下の手順に従います。

1 「⚙設定」から「個人用設定」→「背景」を選択します❶。「背景」のドロップダウンから「スライドショー」を選択します❷。任意の画像フォルダーをスライドショーに適用したい場合には「参照」ボタンをクリック／タップします❸。

2 任意の画像フォルダーを指定して❶、「このフォルダーを選択」ボタンをクリック／タップします❷。

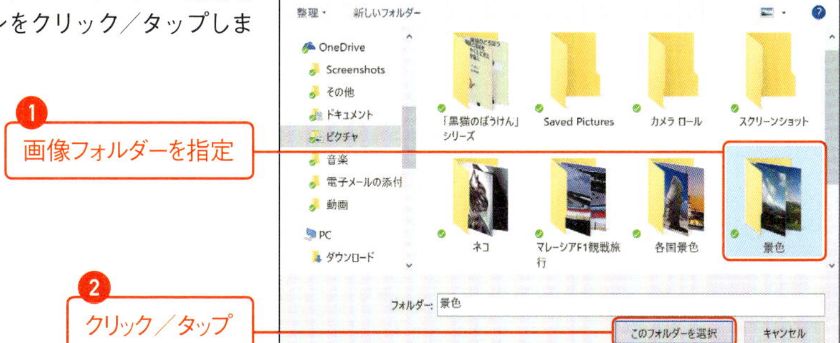

3 「画像の切り替え間隔」で任意の画像表示時間を指定します❶。「シャッフル」を任意でオン／オフ❷、「調整方法を選ぶ」で画像の表示方法を選択します❸。

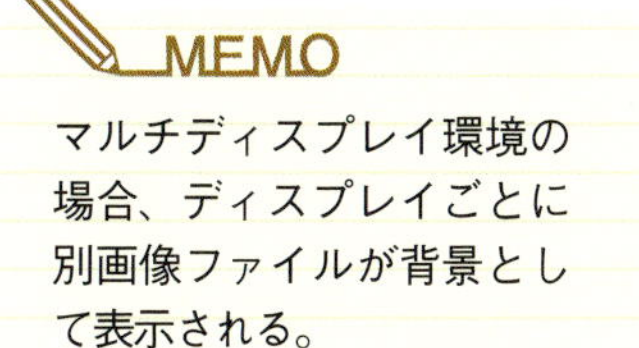

MEMO

マルチディスプレイ環境の場合、ディスプレイごとに別画像ファイルが背景として表示される。

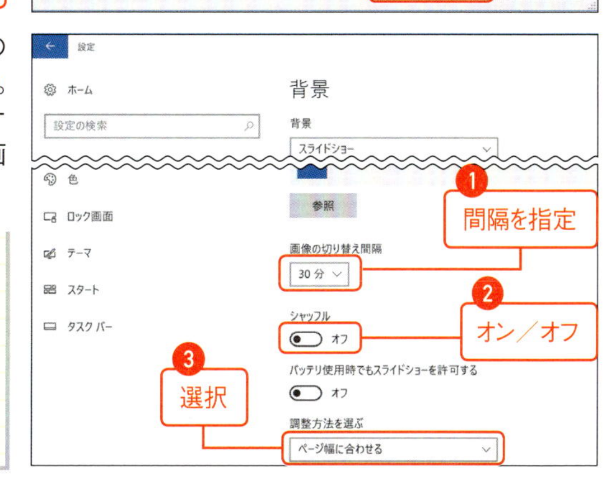

テク103 デスクトップテーマを指定したい

デスクトップテーマを指定する

Windows 10にはデスクトップの背景やウィンドウの色、サウンドなどをパッケージした「テーマ（デスクトップテーマ）」が用意されており、任意に設定できます。

1 「設定」から「個人用設定」→「テーマ」を選択します❶。「テーマの適用」欄の一覧から任意のテーマをクリック／タップします❷。

2 指定したテーマがデスクトップに適用されます。

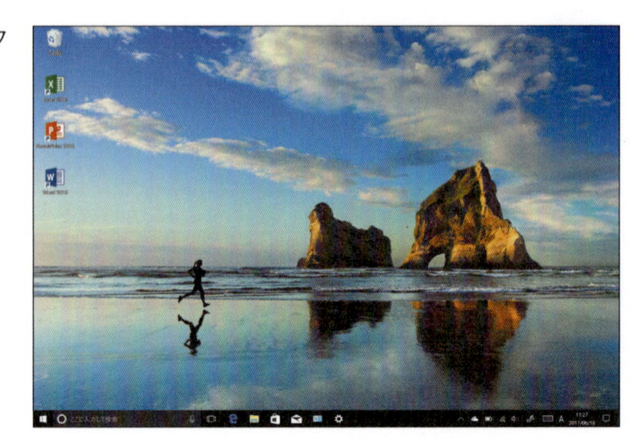

新しいテーマを入手して適用する

Windows 10では、あらかじめ用意されているデスクトップテーマだけでなく、オンラインで任意のデスクトップテーマをダウンロードして適用することが可能です。

1 「⚙設定」から「個人用設定」→「テーマ」を選択します❶。「テーマの適用」欄の「ストアで追加のテーマを取得」をクリック／タップします❷。

2 ストアでデスクトップテーマの一覧が表示されます。任意のテーマをクリック／タップします。

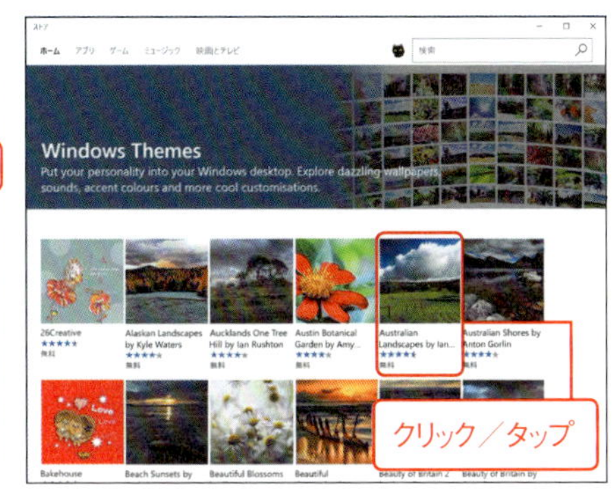

3 「購入」ボタンをクリック／タップします。

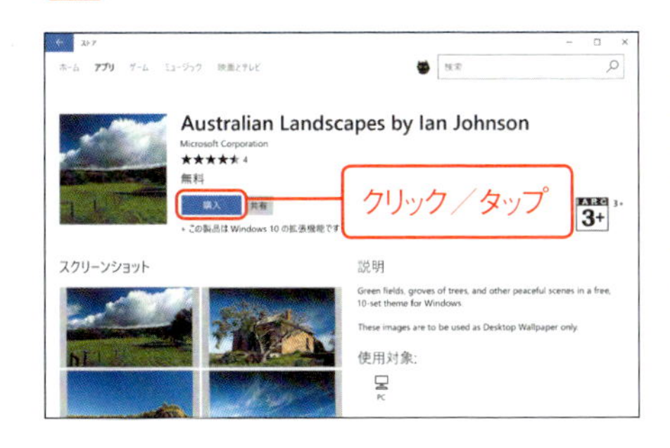

MEMO

「無料」と表記されているものは、「購入」ボタンをクリック／タップしても無料で入手できる。

4 「テーマの適用」欄の一覧からダウンロードしたテーマをクリック／タップします。

5 指定したテーマがデスクトップに適用されます。

テク104 ウィンドウスナップの動作を設定したい

ウィンドウの提案を停止する

Windows 10ではウィンドウスナップ機能を利用した際、空欄でその他のウィンドウを提案しますが、この提案を停止したい場合には、以下の手順に従います。

1 「設定」から「システム」→「マルチタスク」を選択します❶。「スナップ」欄の「ウィンドウをスナップしたときに横に配置できるものを表示する」をオフにします❷。

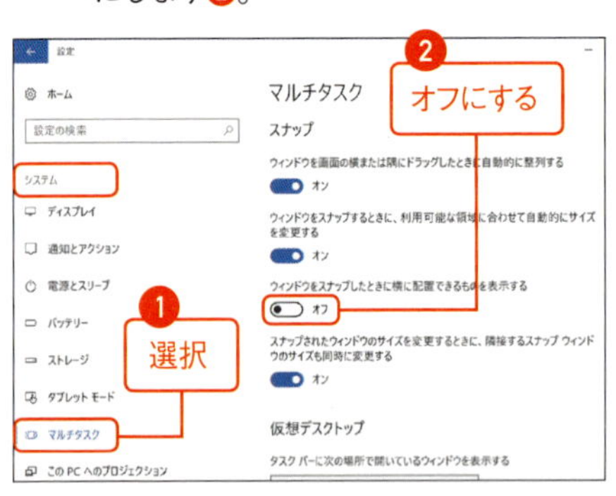

2 ウィンドウスナップを行った際、空欄におけるウィンドウの提案が無効になります。

ウィンドウスナップ/シェイク機能を停止する

通常モードのウィンドウ操作においては、ウィンドウをデスクトップの外に追い出すように操作することで各種ウィンドウスナップ表示が可能ですが、このようなウィンドウスナップ表示が誤操作の原因になる場合には、以下の手順に従ってウィンドウスナップの機能を停止します。

→ 「設定」から「システム」→「マルチタスク」を選択します❶。「スナップ」欄の「ウィンドウを画面の横または隅にドラッグしたときに自動的に整列する」をオフにします❷。スナップ機能が停止します。

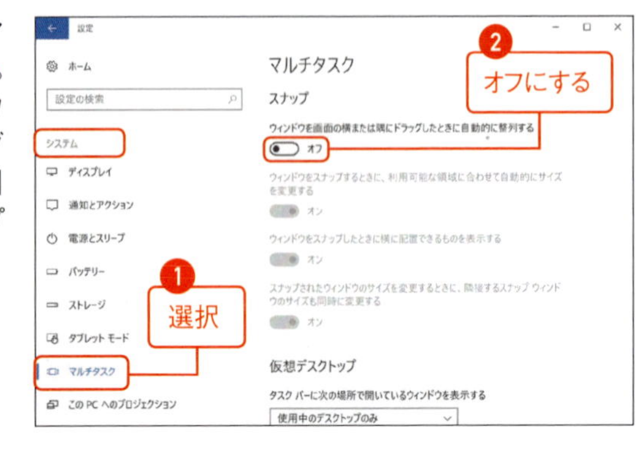

テク105 デスクトップに任意のショートカットアイコンを配置したい

デスクトップに任意のショートカットアイコンを作成する

任意のデータファイル／フォルダー／プログラムファイルのショートカットアイコンをデスクトップに作成したい場合には、以下のような操作バリエーションが存在します。

●「送る」を活用して作成する

→ 対象アイテムを右クリック／長押しタップして❶、ショートカットメニューから「送る」→「デスクトップ（ショートカットを作成）」を選択します❷。該当アイテムのショートカットアイコンを作成することができます。

● Alt キーを交えて作成する

→ 対象アイテムを選択して❶、デスクトップに Alt ＋ドロップします❷。該当アイテムのショートカットアイコンを作成することができます。

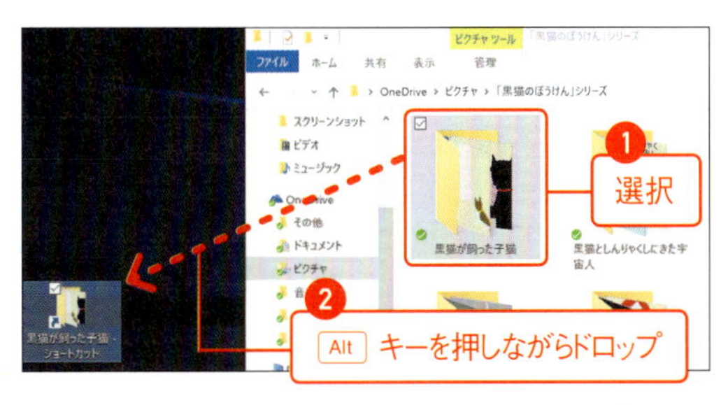

●右クリック／長押しタップから作成する

→ 対象アイテムを選択して❶、デスクトップに右クリック／長押しタップしたままドロップします❷。メニューが表示されるので、「ショートカットをここに作成」を選択すれば❸、該当アイテムのショートカットアイコンを作成することができます。

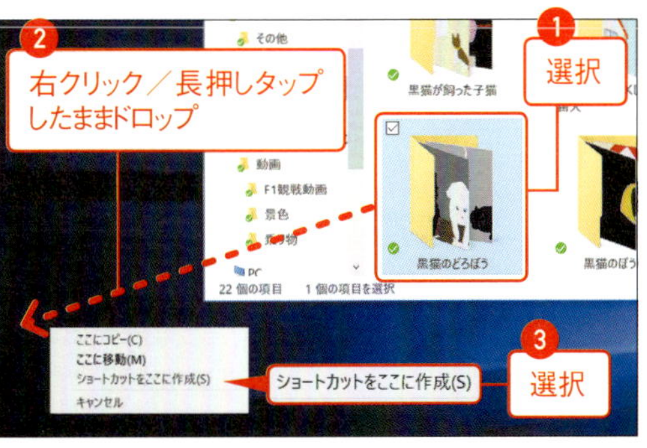

テク106 [スタート] メニュー内のアプリアイコンをデスクトップに配置したい

[スタート] メニュー内の項目をデスクトップのアイコンにする

[スタート] メニュー内にあるタイルやアプリアイコンをショートカットアイコンとしてデスクトップに配置したい場合には、以下の手順に従います。

1 [スタート] メニューのタイル、あるいは「すべてのアプリ」内のアプリアイコンをデスクトップ上にドラッグします❶。デスクトップ上で「リンク」と表示されたら、ドロップします❷。

2 デスクトップに該当アプリのショートカットアイコンを作成できます。

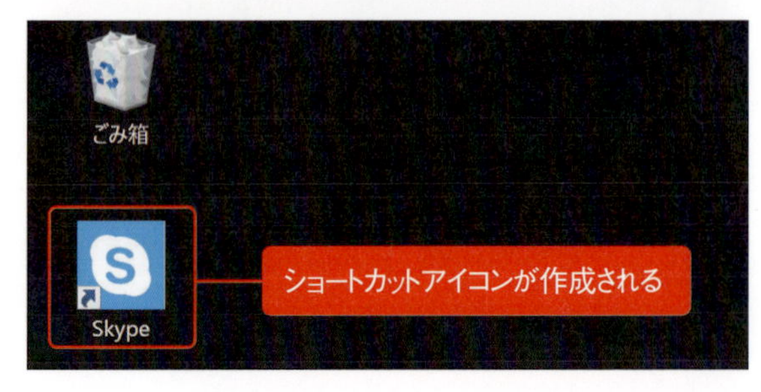

テク 107 タスクビューからアプリを切り替えたい

タスクビューからアプリを切り替える

Windows 10でアプリ（タスク）を切り替える方法はいくつか用意されていますが、中でも活用したい機能が「タスクビュー」です。タスクビューから任意のアプリを切り替えたい場合には、以下の手順に従います。

1 タスクバーにある「タスクビュー」ボタンをクリック／タップします。

MEMO

ショートカットキー⊞＋Tabキーで、素早く「タスクビュー」を表示できる。

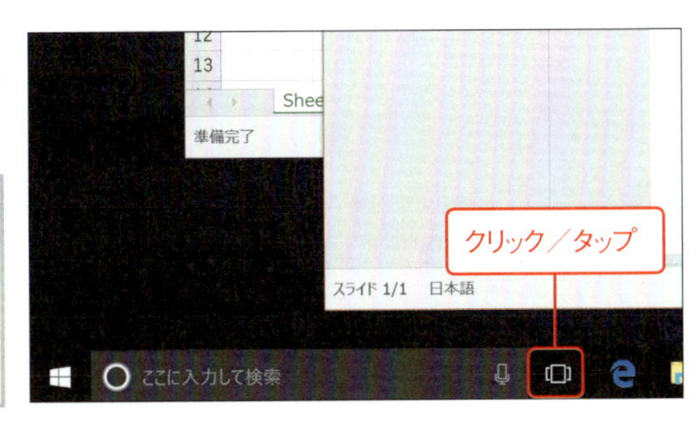

2 タスクビューが表示されます。アクティブにしたい任意のアプリをクリック／タップします。

MEMO

ショートカットキーであれば任意アプリへのフォーカスはカーソルキー、アプリの選択はEnterキーで行える。また、タスクビューでは仮想デスクトップ（P.192参照）の操作が可能。

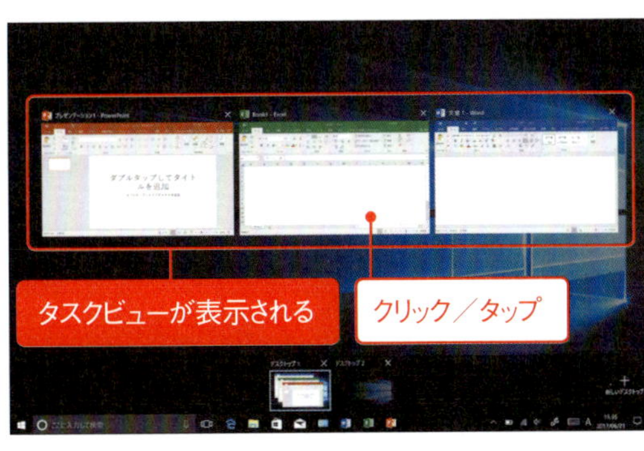

3 指定したアプリに切り替えることができます。

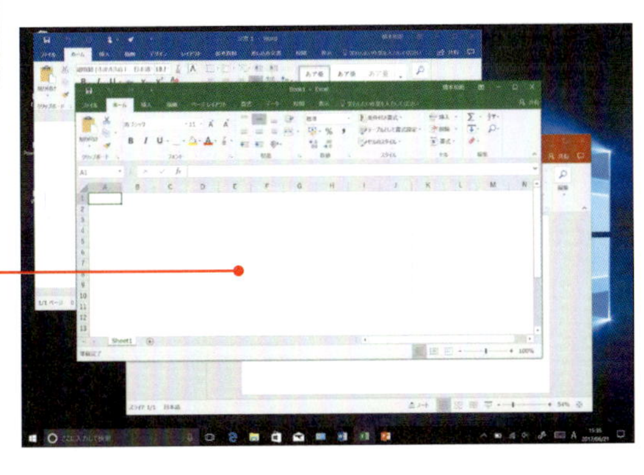

タッチ操作でタスクビューを表示する

1 画面左端から画面中央に向かってエッジスワイプします。

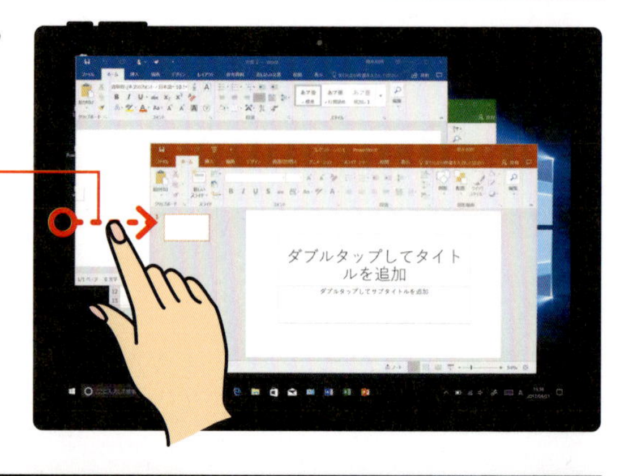

2 タスクビューが表示されます。アクティブにしたい任意のアプリをクリック／タップします。

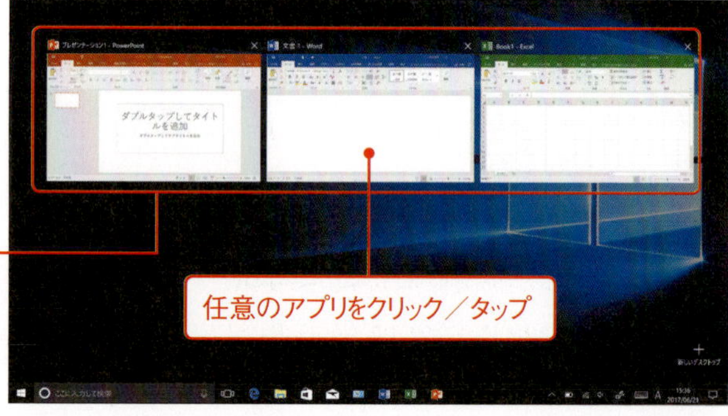

タスクビューからアプリを終了する

1 タスクビューを表示します。終了したい対象アプリの✕をクリック／タップします。

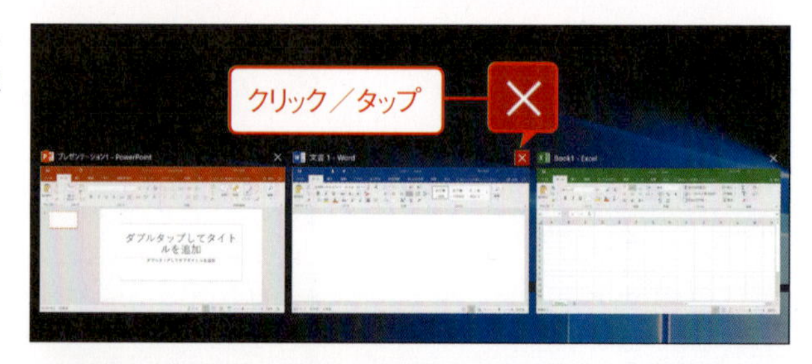

2 指定のアプリが終了します。

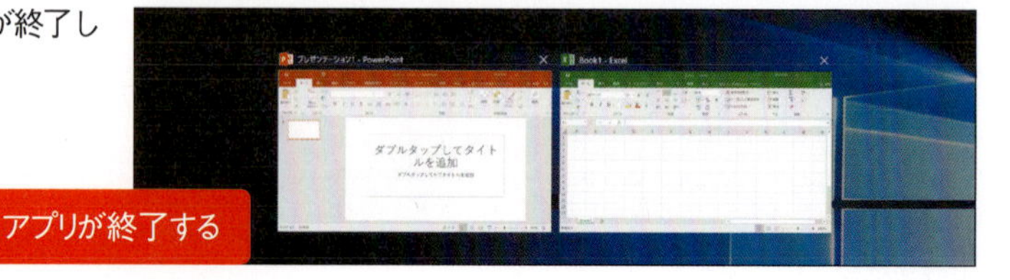

テク 108

タスクバーの「タスクビュー」ボタン表示を設定したい

「タスクビュー」ボタンの表示／非表示を設定する

タスクバー上の「タスクビュー」ボタンを任意に表示／非表示したい場合には、以下の手順に従います。

1 タスクバーの余白部分（あるいは「タスクビュー」ボタン）を右クリック／長押しタップして❶、ショートカットメニューから「タスクビューボタンを表示」のチェックをオン／オフします❷。

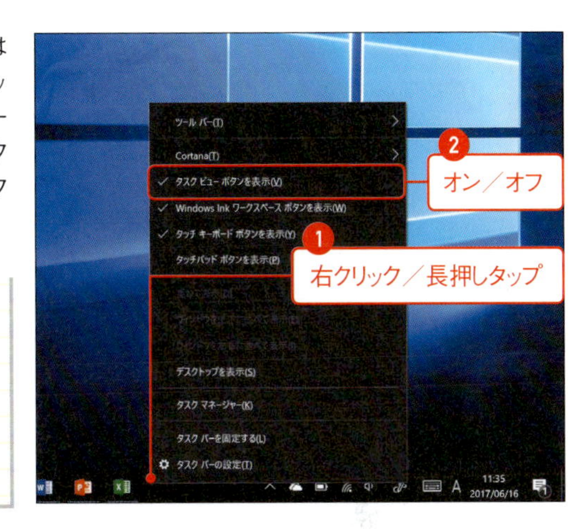

MEMO

この手順による「タスクビュー」ボタンの表示／非表示設定は「通常モード（非タブレットモード）」でのみ可能だ。

2 チェックした場合には「タスクビュー」ボタンが表示されます。またチェックを外した場合には「タスクビュー」ボタンが非表示になります。

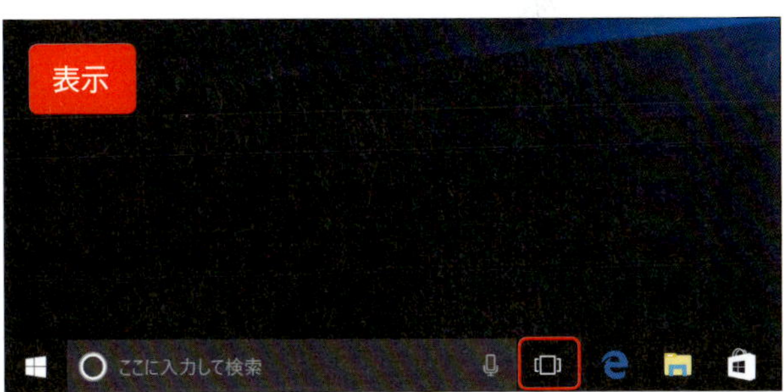

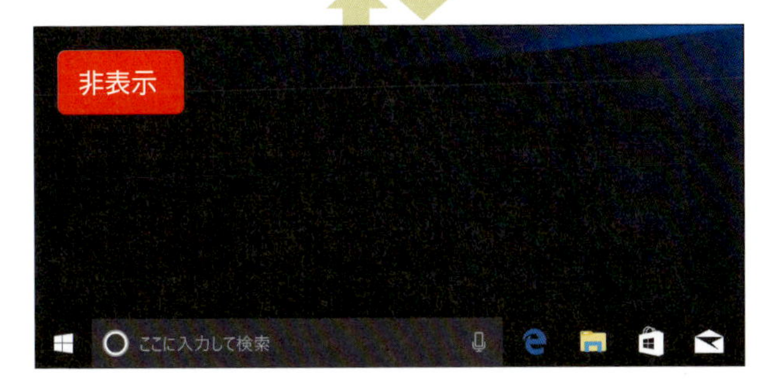

テク109 タスクバーからアプリを切り替えたい

タスクバーからアプリを切り替える（対象が単体起動）

1 タスクバー上のアクティブなタスクバーアイコン（アンダーラインのあるアイコン）をクリック／タップします。

2 指定したアプリに切り替えることができます。

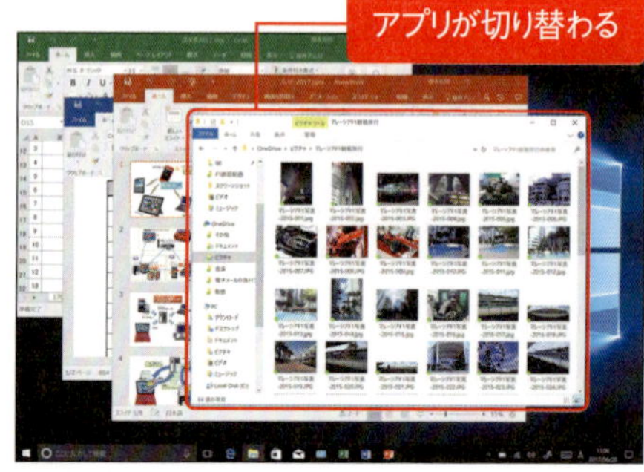

タスクバーからアプリを切り替える（対象が複数起動）

タスクバーからアプリを切り替えたい場合には、以下の手順に従います。なお、以下は対象アプリが複数起動している場合の操作になります。

1 タスクバー上のアクティブなタスクバーアイコン（アンダーラインのあるアイコン）をクリック／タップします。

2 対象アプリが複数起動している場合には「縮小版プレビュー」が表示されるので、任意の対象をクリック／タップします。指定したアプリ（ウィンドウ／タブ）に切り替えることができます。

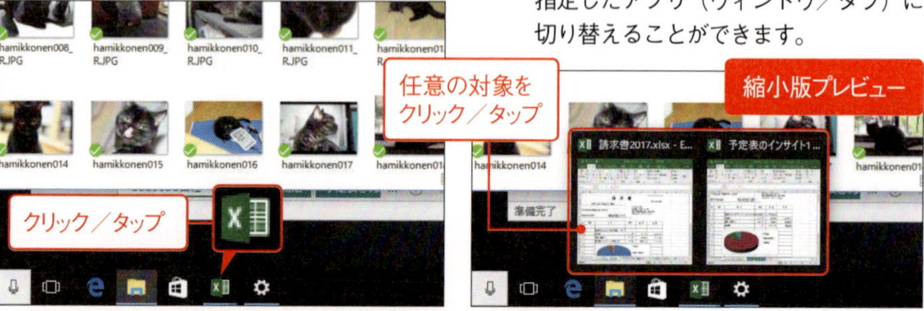

タスクバーアイコンへのフォーカス	⊞＋T キー
タスクバーアイコン／縮小版プレビューへのフォーカス（任意移動）	カーソルキー（⊞＋T キー入力後）
選択アプリへの切り替え	Enter キー

テク 110

「Windows フリップ」でアプリを切り替えたい

「Windows フリップ」でアプリを切り替える

アプリを素早く切り替える方法の1つに「Windows フリップ」があります。「Windows フリップ」によるアプリの切り替えは、以下の手順に従います。

1 Alt キーを押したまま、Tab キーを入力します。「Windows フリップ」を表示することができます。

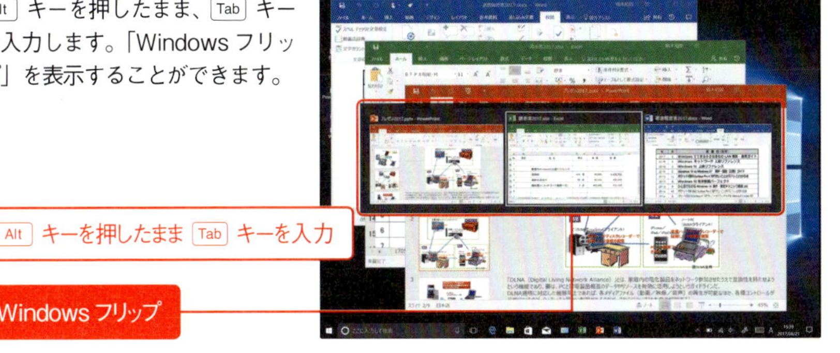

2 Alt キーを押したままで Tab キーを入力するたびにアプリの選択を行うことができます。切り替えたい対象を選択した状態で Alt キーを離せば、対象のアプリに切り替えることができます。

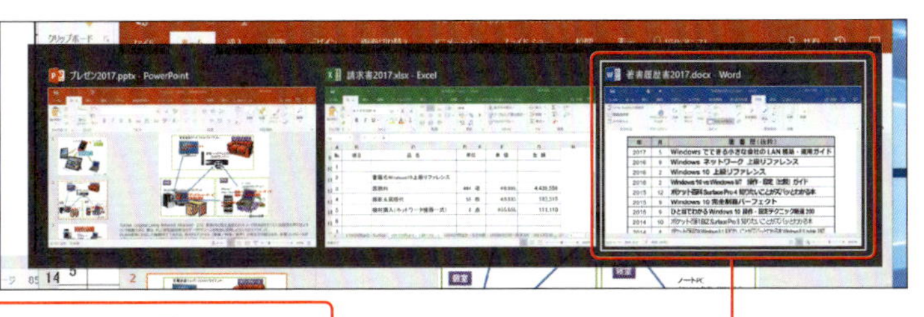

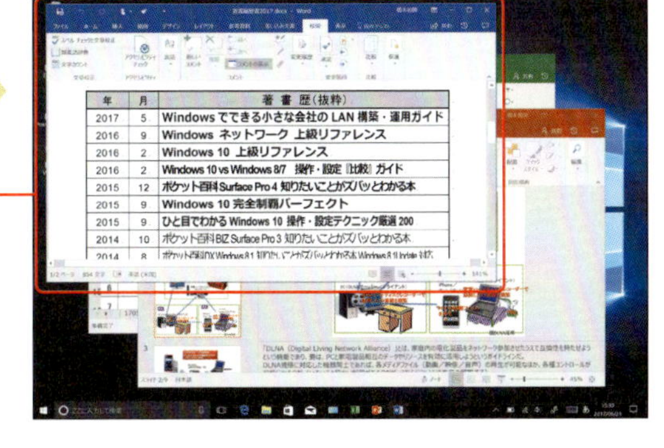

●カーソルキーでアプリを選択する

ショートカットキー Ctrl ＋ Alt ＋ Tab キーを入力します❶。「Windows フリップ」表示後、カーソルキーでアプリを選択して、Enter キーで切り替えを実行できます❷。

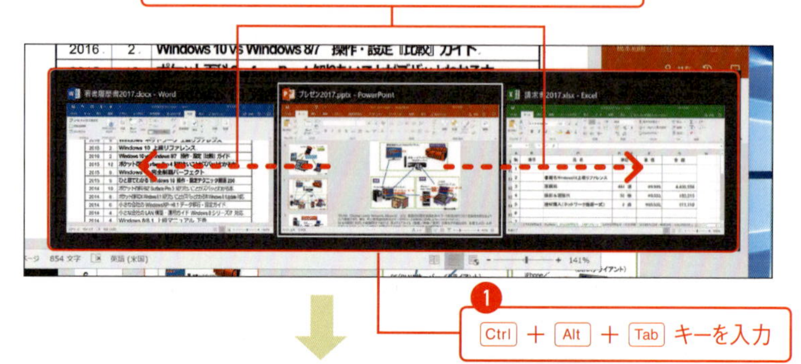

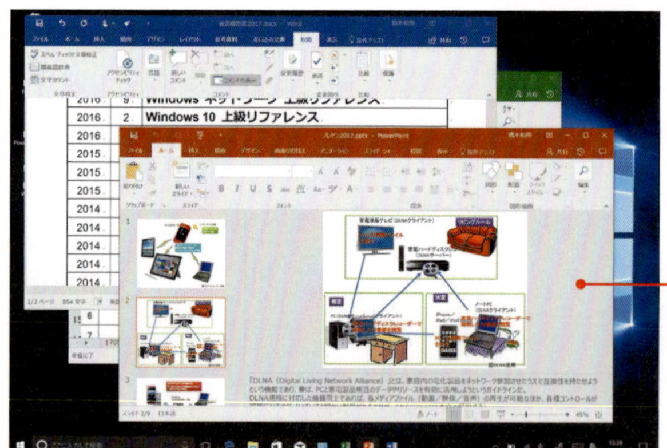

MEMO

このショートカットキーは Alt キーを押したままにしなくても「Windows フリップ」の表示を継続できるのがポイントだ。

MEMO

ショートカットキーを活用すれば、Windows フリップを素早く操作できる。

Windows フリップ	Alt ＋ Tab キー
Windows フリップ（逆回転）	Alt ＋ Shift ＋ Tab キー
静止 Windows フリップ	Ctrl ＋ Alt ＋ Tab キー
静止 Windows フリップからのタスクの選択	カーソルキー→ Enter キー

4-01 仮想デスクトップによる作業領域の確保

「仮想デスクトップ」とは仮想的にデスクトップを増設する機能で、現在のデスクトップと同じ大きさのデスクトップを任意に追加することができます。追加したデスクトップを切り替えて作業領域を増やせるのが特徴で、主にウィンドウを複数開いてさまざまな作業を並列に行う環境で活用します。
なお、仮想デスクトップは通常モード（非タブレットモード）でのみで活用することができます。

仮想デスクトップの管理

仮想デスクトップでは、現在のデスクトップとは別の「新しいデスクトップ」を任意数作成することができます。

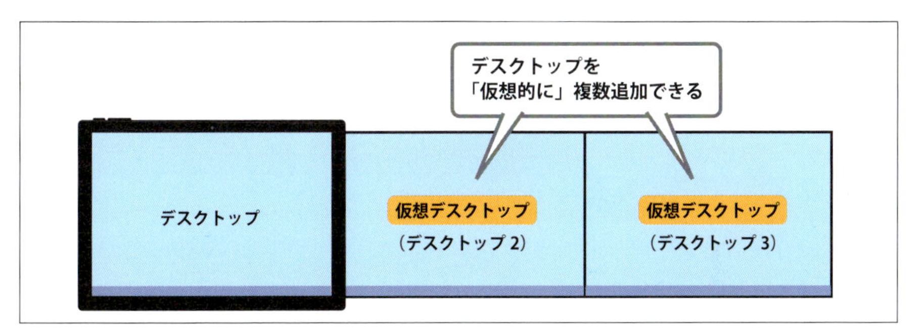

仮想デスクトップの活用

仮想デスクトップで作成したデスクトップには、任意のウィンドウを配置することができます。ホビーやビジネスの作業を切り分けて行いたい場合などに便利です。

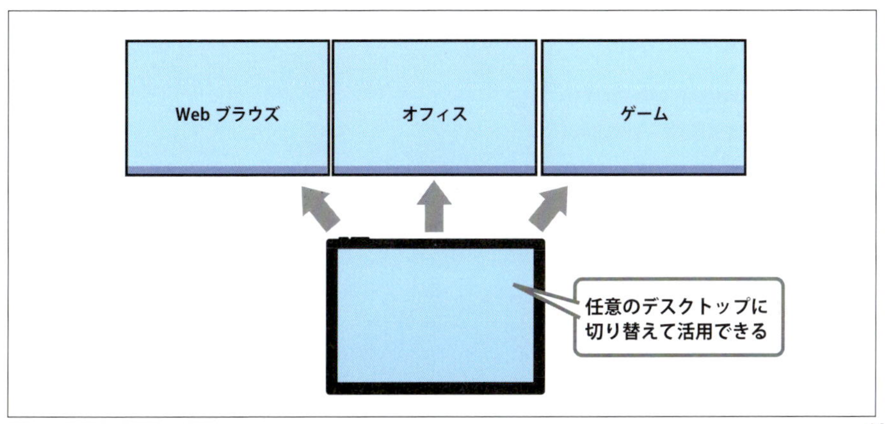

テク111 仮想デスクトップを活用したい

仮想デスクトップの各種操作

●新しいデスクトップを作成する

1 「タスクビュー」を表示します。画面右下の「+新しいデスクトップ」をクリック/タップします。

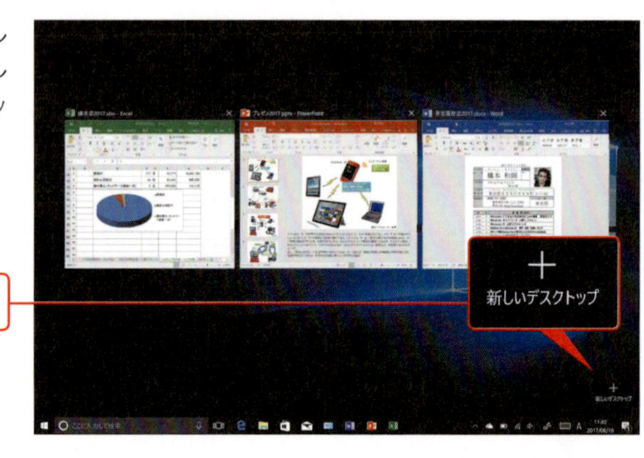

MEMO

タスクビューの表示は、タスクバーにある「タスクビュー」ボタンをクリック/タップ、あるいは画面左端から画面中央に向かってエッジスワイプする。

2 新しいデスクトップ(デスクトップ2)を作成できます。

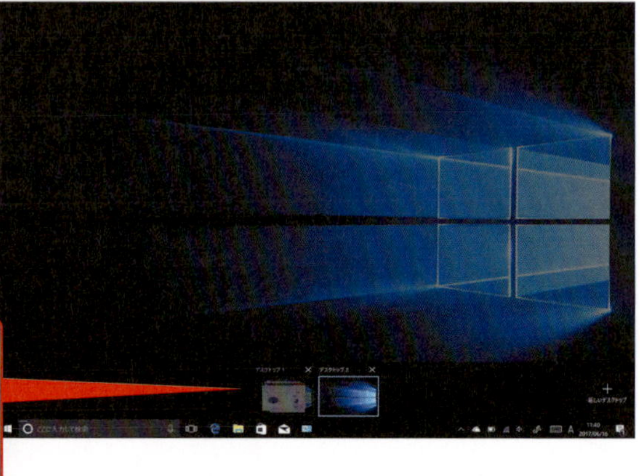
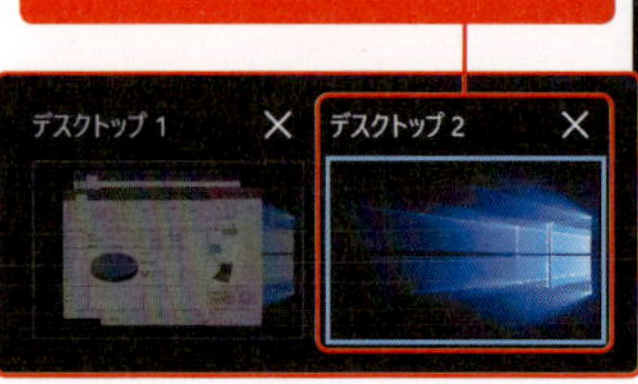

● アプリを任意のデスクトップに移動する

→ タスクビューで任意のアプリをドラッグして、移動先にしたいデスクトップにドロップします。現在起動中のアプリを任意のデスクトップに配置することができます。

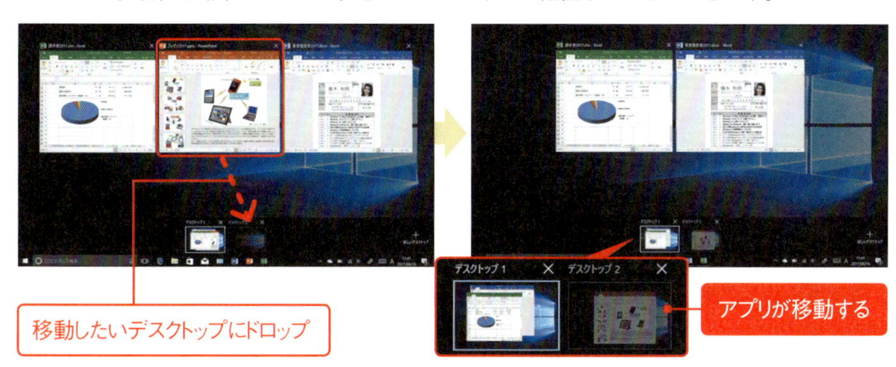

● アプリの移動とともに新しいデスクトップを作成する

→ タスクビューで任意のアプリを「＋新しいデスクトップ」にドロップします。新しいデスクトップが作成されたうえで、ドロップしたアプリが新しいデスクトップに配置されます。

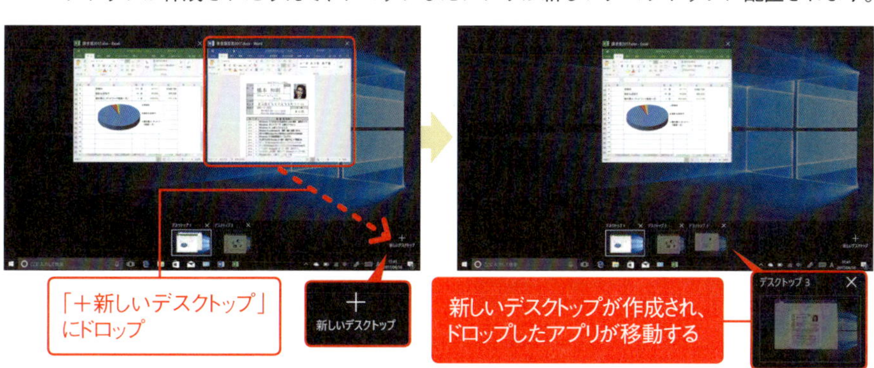

● デスクトップの切り替えを行う

1 タスクビューから任意のデスクトップをクリック／タップします。

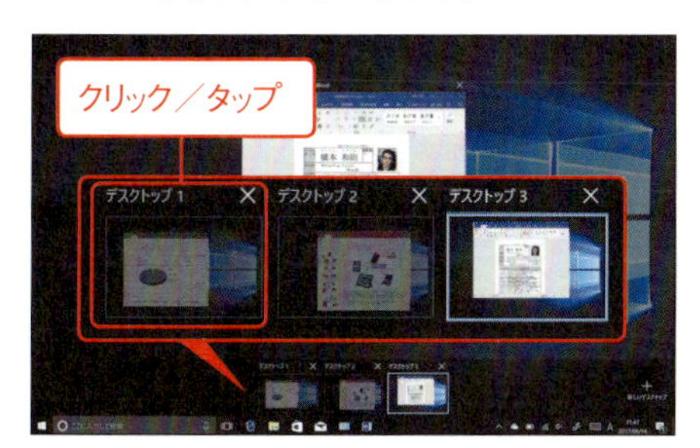

2 対象のデスクトップに表示を切り替えることができます。

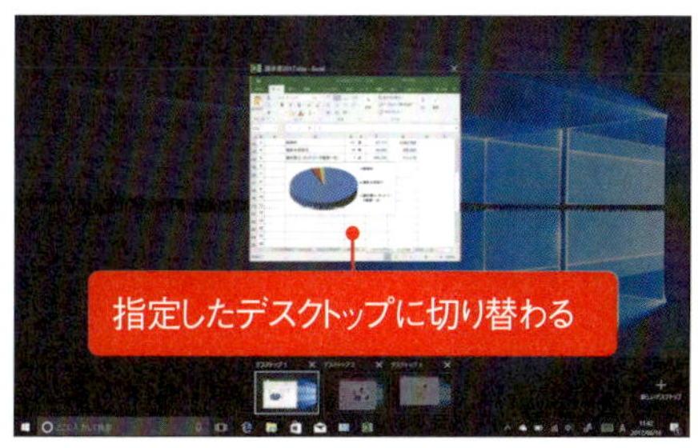

● デスクトップを閉じる

1 「タスクビュー」から、対象デスクトップの右上にある×をクリック／タップします。

2 対象のデスクトップを閉じることができます。

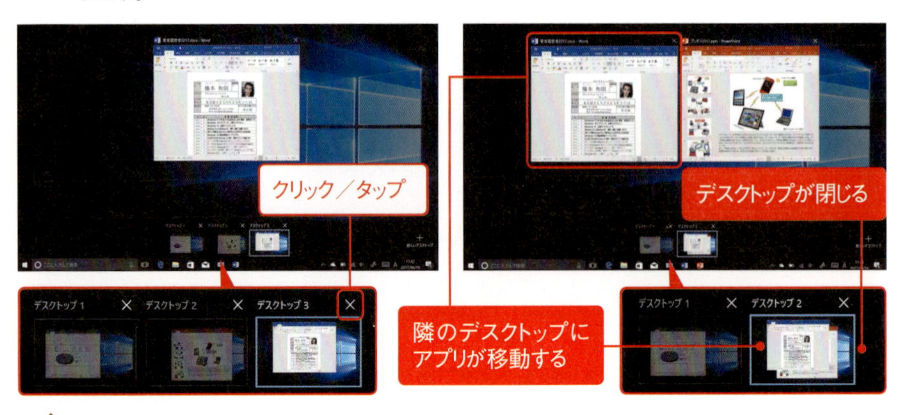

MEMO

閉じたデスクトップにあったアプリは、対象のデスクトップを閉じても終了せずに隣のデスクトップに移動する。

ここがポイント

● ショートカットキーで仮想デスクトップを操作する

ショートカットキーを活用すれば、タスクビューを表示せずに素早くデスクトップの作成や切り替え、閉じる操作を行える。

新しいデスクトップを作成する	Windows ＋ Ctrl ＋ D キー
デスクトップの表示切り替え	Windows ＋ Ctrl ＋左右カーソルキー
現在表示中のデスクトップを閉じる	Windows ＋ Ctrl ＋ F4 キー

ここがポイント

● タッチパッドによる仮想デスクトップの操作

タイプカバーのタッチパッドで仮想デスクトップ操作が可能だ。標準設定であれば４本指上方スワイプで「タスクビュー」を表示、４本指左右スワイプでデスクトップの切り替えを行える。

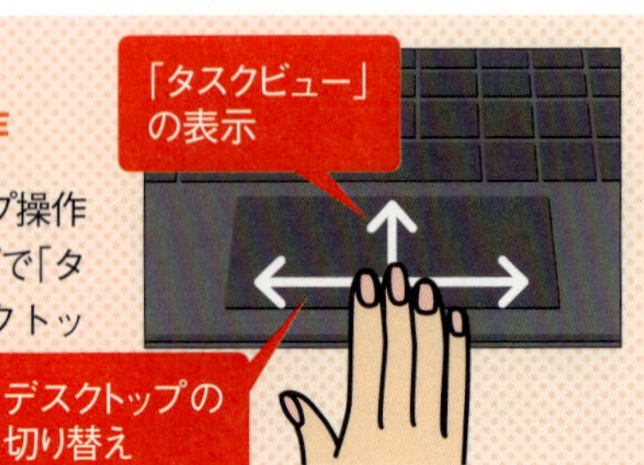

chapter

05

タブレットとしてのSurface Pro活用／Surfaceペン

SurfaceはタブレットPCの一種であり、タイプカバー（物理キーボード）に依存せずに各種Windows操作を滞りなく画面のタッチ操作だけで実行することができます。
本章では、タッチ操作に最適化された「タブレットモード」の活用のほか、タブレットモードでアプリを並べて活用できるスナップ表示、各種タッチキーボード操作やマウス操作をディスプレイ上に表示したタッチパッドで実現できるバーチャルタッチパッドについて解説します。
また、Surfaceペン（オプション）の各種操作や活用についても解説します。

5-01 Surface のタブレットモード活用

POINT

Windows 10 の「タブレットモード」はタッチ操作に最適化された表示&操作モードであり、Surface においては主にタイプカバーを外している状態やタイプカバーが本体裏側に折りたたまれている状態（物理キーボードを利用しない状態）で活用します。
ちなみにタブレットモードは、通常モード（非タブレットモード）とは表示特性や操作が異なる点があります。

Surface をタブレットとして使うための「タブレットモード」

● タブレットモードの表示

タブレットモードでは［スタート］メニューやアプリが全画面表示になります。また、タッチでWindows 全般を操作しやすい環境を提供するためにタスクバーアイコンや通知領域内のアイテムの一部が非表示になります（各アイテムの表示は表示設定次第になります、P.203 参照）。

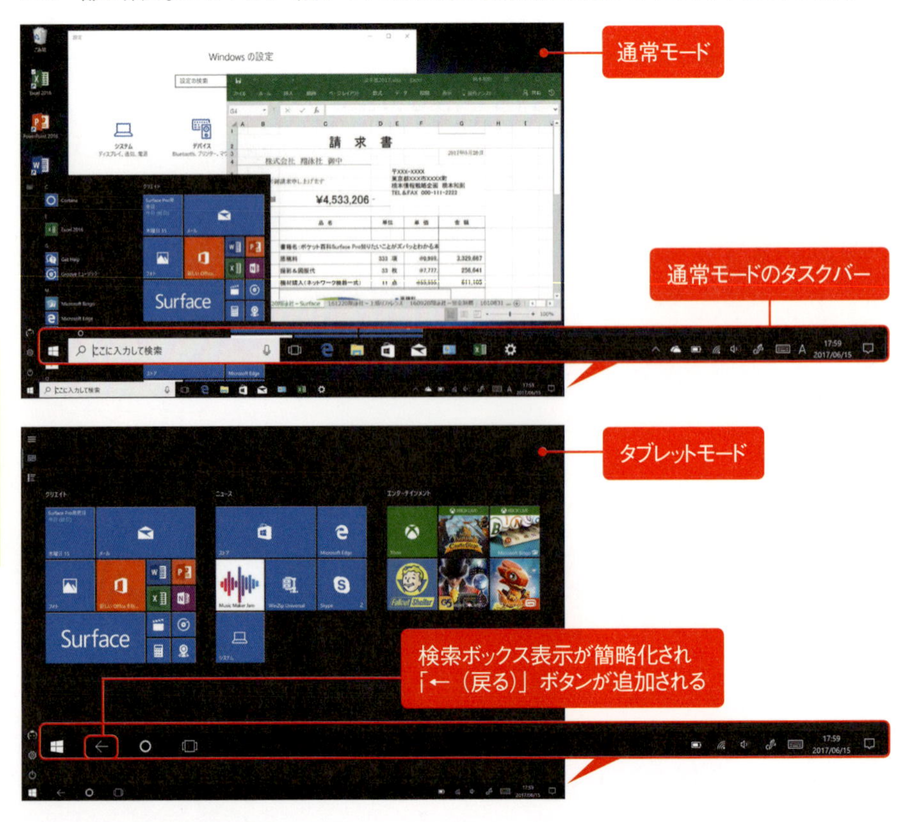

● タブレットモードでの文字入力

タブレットモードでは物理キーボード無効状態で画面上の文字入力欄をタップすると、自動的にタッチキーボードが表示されます。タイプカバーや物理キーボードが存在しない状態でも滞りなくキーボード操作が行えるのが特徴です。

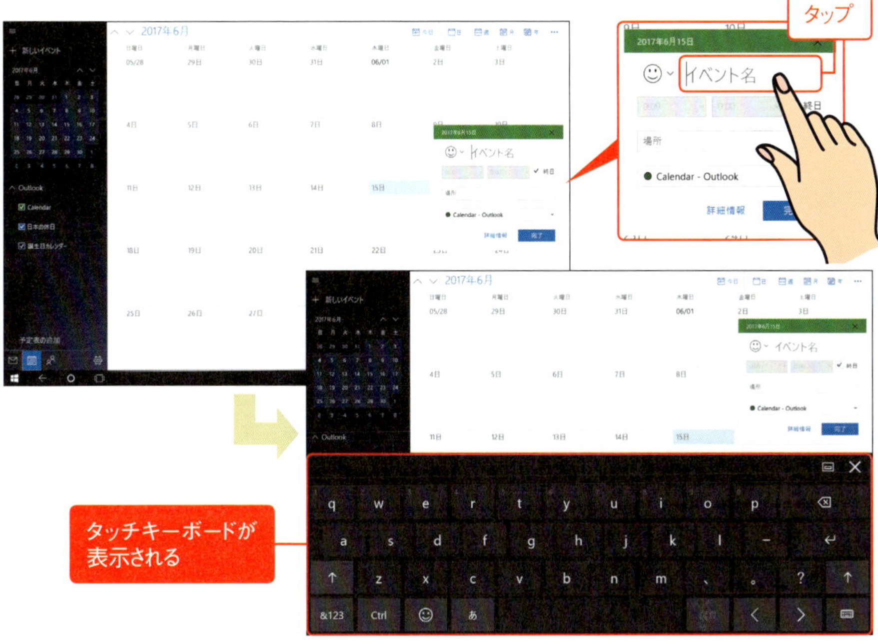

● タブレットモードで可能なスナップ表示

タブレットモードでは基本的にアプリが全画面表示で展開しますが、「スナップ表示（P.200参照）」を利用すればアプリを並べて表示することができます。

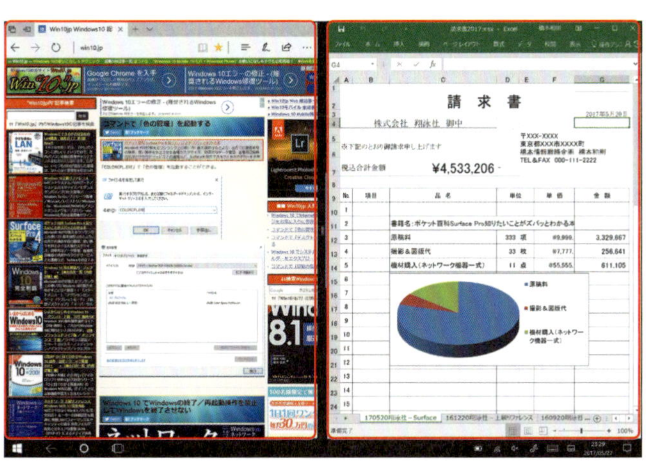

テク112 Surfaceのデスクトップをタブレットモードにしたい

タブレットモードを有効／無効にする

1 アクションセンターを開いて（P.030参照）、「タブレットモード」タイルをクリック／タップします。

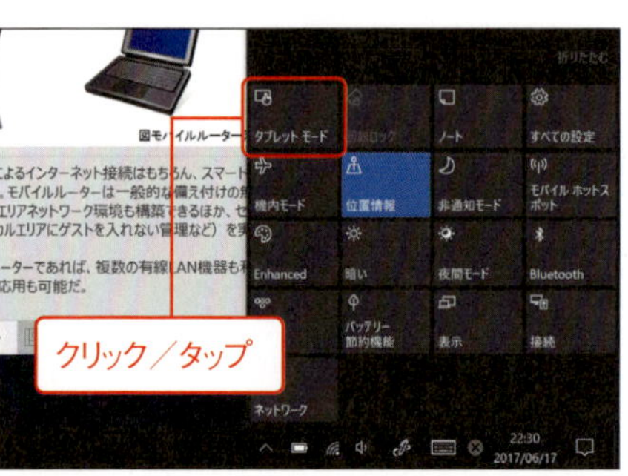

2 「タブレットモード」が有効になります。以後、タイルをクリック／タップするごとに、タブレットモードを有効／無効（通常モード）に切り替えることができます。

MEMO

アクションセンターは通知領域の「アクションセンター」アイコンからアクセスできるほか、タッチ操作であれば画面右端のエッジスワイプでも表示できる。

MEMO

タイプカバーの着脱／折りたたみによる表示モードを指定したい場合はP.165を参照。

サインイン時のモードを設定する

「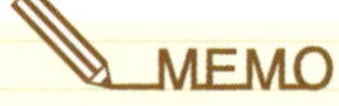設定」から「システム」→「タブレットモード」を選択します❶。「サインイン時の動作」のドロップダウンから任意のサインイン時のモードを指定します❷。

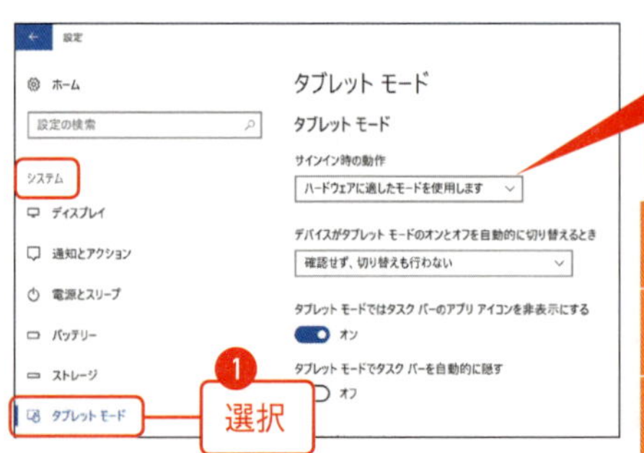

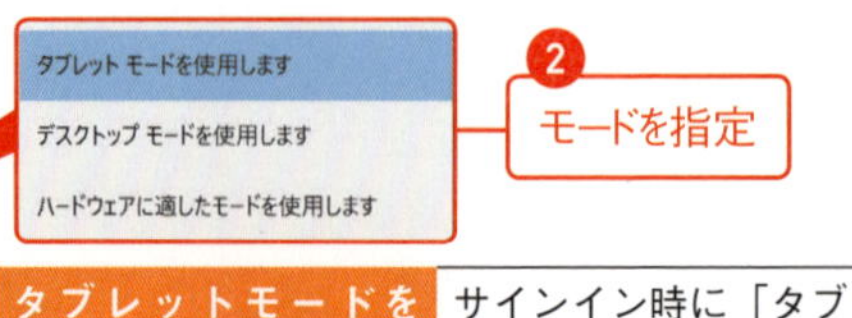

タブレットモードを使用します	サインイン時に「タブレットモード」になる
デスクトップモードを使用します	サインイン時に「通常モード」になる
ハードウェアに適したモードを使用します	以前のモードを保持する

テク 113

画面回転と自動画面回転を調整したい

画面の自動回転

Surface は、本体の傾きに合わせて画面が自動回転します。

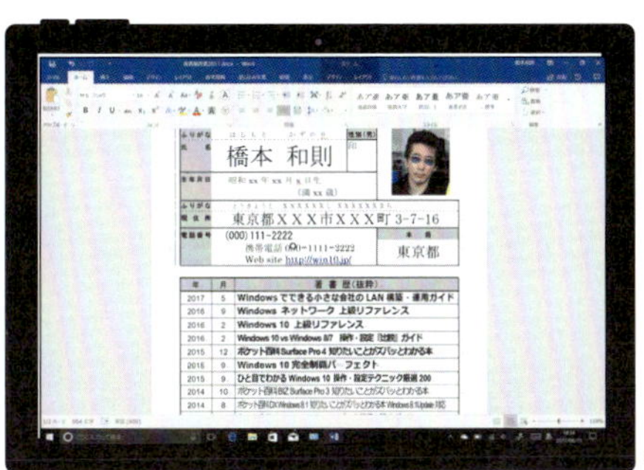

横置き

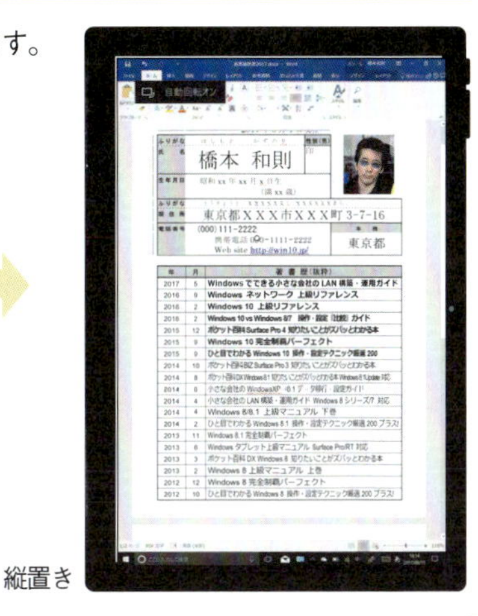

縦置き

注意

一部のアプリでは本体を傾けても、画面が回転しないものがある。

MEMO

画面の自動回転はタブレットモード／通常モード（非タブレットモード）の双方で活用できる。

画面の自動回転機能を「ロック」する

本体の傾きに関わらず現在の画面の縦置き／横置き表示を維持したい（自動回転させたくない）場合には、以下の手順に従います。

●アクションセンターからロックする

アクションセンターを開いて（P.030参照）、「回転ロック」タイルをクリック／タップします。画面の自動回転機能を有効／無効にすることができます。

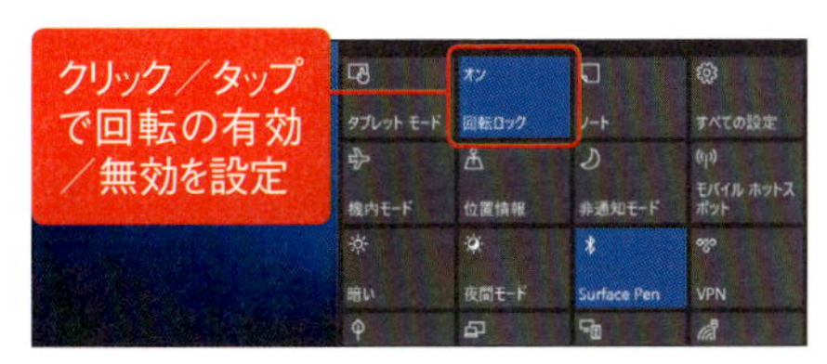

●設定からロックする

「設定」から「システム」→「ディスプレイ」を選択します❶。「回転ロック」でオン（ロック）／オフ（画面自動回転）を設定します❷。

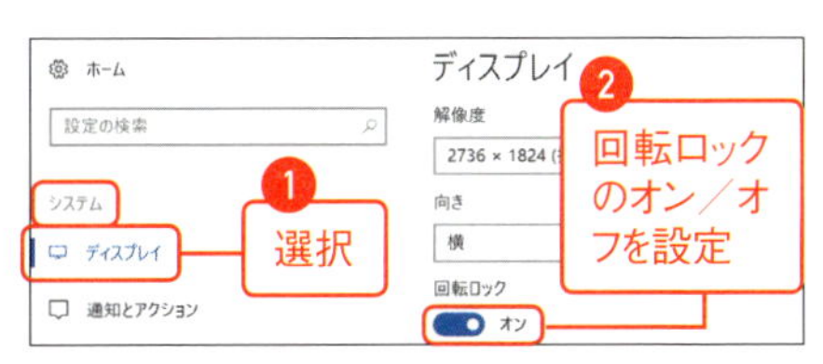

テク 114 タブレットモードでアプリを並べて操作したい

スナップ表示を活用する

タブレットモードは 1 画面 1 アプリ表示が基本になりますが、スナップ表示機能を活用すれば、アプリを並べて表示することが可能です。

1 アプリを画面上端から画面中央にドラッグします。

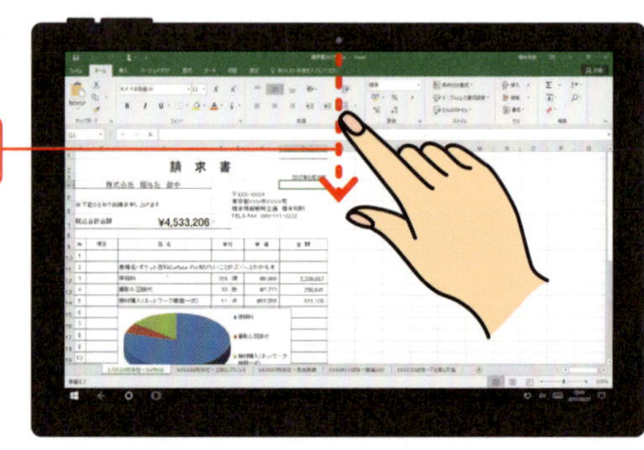

2 アプリが画面中央で縮小表示になったら画面右側／左側にドラッグします。スナップの外枠が表示されたら指を離します。

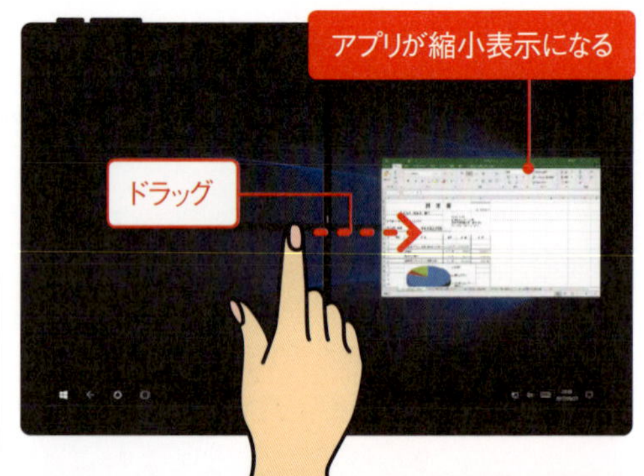

MEMO
画面上端から直接画面右側／左側方向にドラッグしてもよい。

3 該当アプリがスナップ表示になります。別のアプリ候補がある場合には空欄側に縮小表示されるので、任意のアプリをタップします。

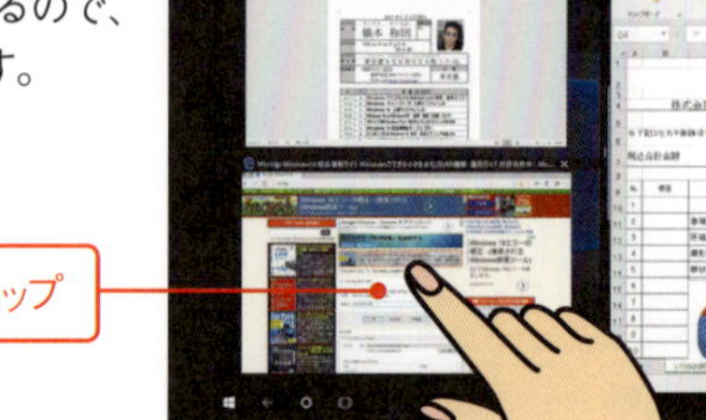

4 スナップ表示でアプリを並べて表示できます。

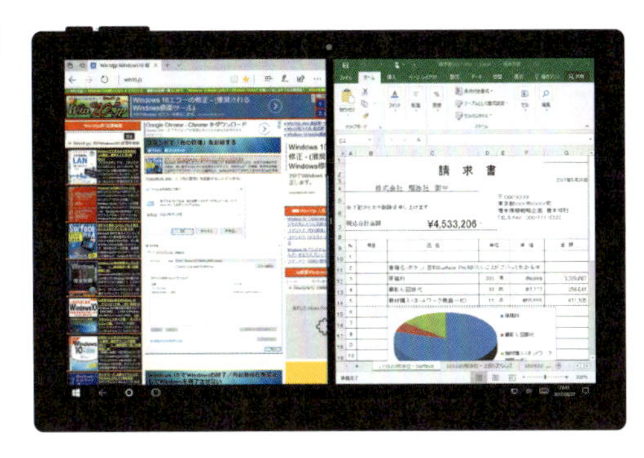

スナップ表示サイズの変更

1 スナップ表示でアプリの表示サイズを調整したい場合には、境界線を任意の方向にドラッグします。

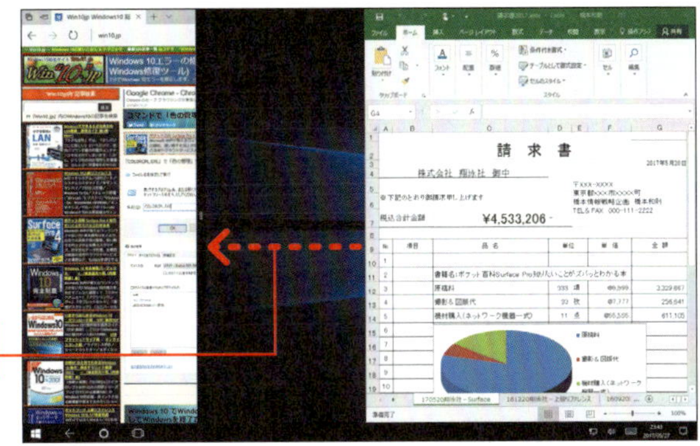

2 アプリのスナップ表示サイズを変更することができます。

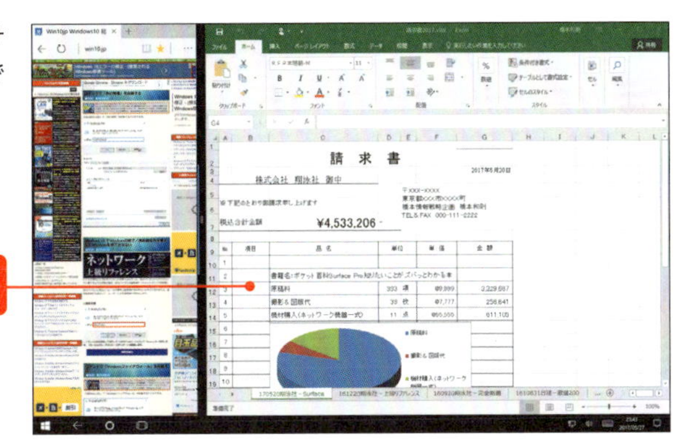

MEMO

スナップ表示の位置を入れ替えたい場合には、アプリ上端を下方にドラッグしたうえで反対側にドロップすればよい。

テク115 タブレットモードでアプリを終了したい

アプリを終了する

タブレットモードでは素早くアプリを終了できるように、通常モードにはない「アプリの終了操作」をサポートしています。

1 アプリを画面上端から画面中央にドラッグします。

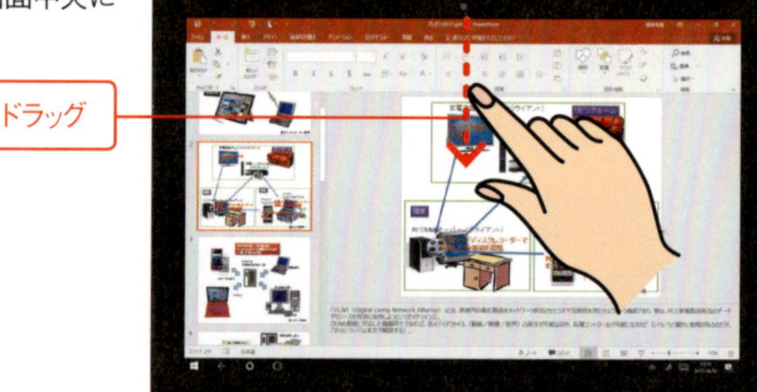

2 画面中央で縮小表示になったらそのまま画面下端にドラッグします。

3 アプリの縮小表示が画面下端からはみ出る形になったら指を離します。アプリが終了します。

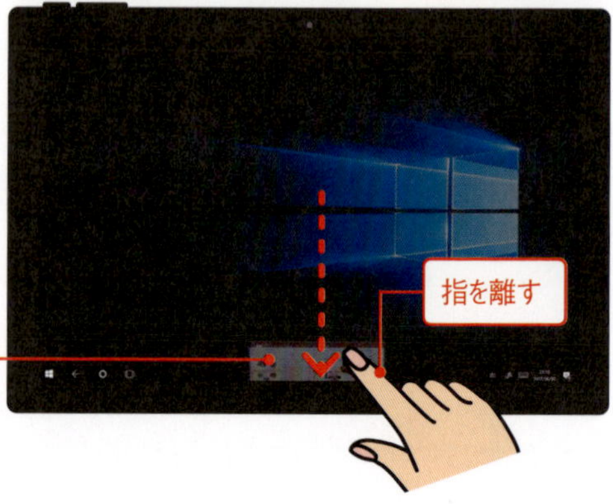

テク
116

タブレットモードのタスクバーで各アイコンを表示したい

タスクバーアイコンの表示設定

タブレットモードでは、タブレット状態で操作を行う際の煩雑さや誤操作を避けるためにタスクバーアイコン（タスクバー上のアプリのアイコン）表示が無効になります。任意に表示／非表示に設定したい場合には、以下の手順に従います。

→「⚙設定」から「システム」→「タブレットモード」を選択します❶。「タブレットモードではタスクバーのアプリアイコンを非表示にする」でオン（非表示）／オフ（表示）を設定します❷。

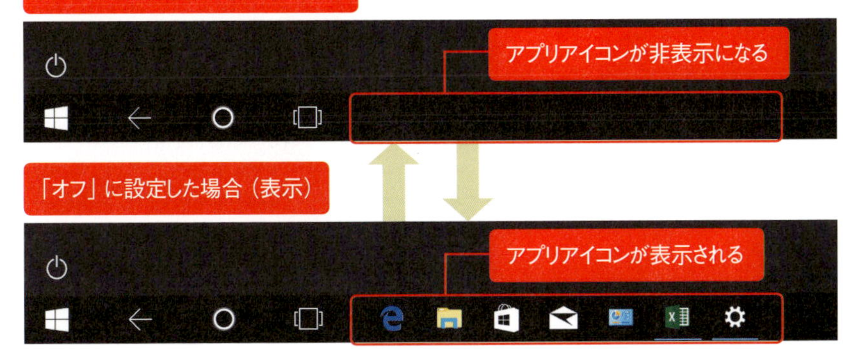

タスクバーでの各種項目の表示設定

タブレットモードでは通常モードと異なり「タスクバーアイコン」「通知アイコンの一部」「言語の切り替え」などの表示が行われなくなります。これらをタスクバー上に表示しておきたい場合には、以下の手順に従います。

1 タスクバーを右クリック／長押しタップして❶、ショートカットメニューから任意に表示したい項目にチェックします❷。

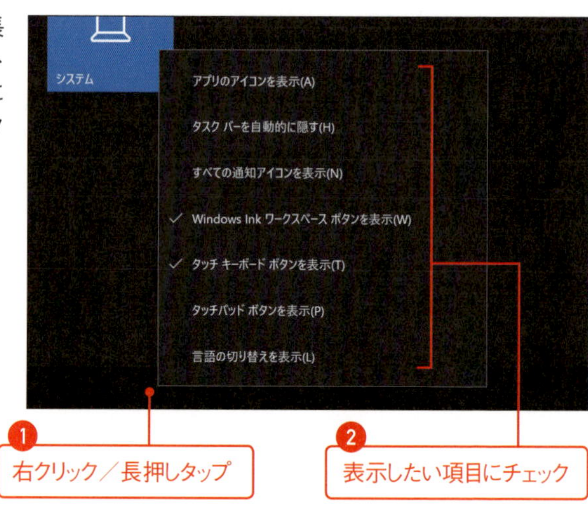

アプリのアイコンを表示	タスクバーアイコンを表示する
タスクバーを自動的に隠す	タスクバーをアプリ展開時に非表示にする
すべての通知アイコンを表示	すべての通知領域アイコンにアクセスできるようになる
Windows Ink ワークスペースボタンを表示	通知領域に「Windows Ink ワークスペース」ボタンを表示する
タッチキーボードボタンを表示	通知領域に「タッチキーボード」ボタンを表示する
タッチパッドボタンを表示	通知領域に「タッチパッド」ボタンを表示する
言語の切り替えを表示	通知領域に「入力インジケーター」アイコンを表示する

2 チェックした項目がタスクバーに表示されます。

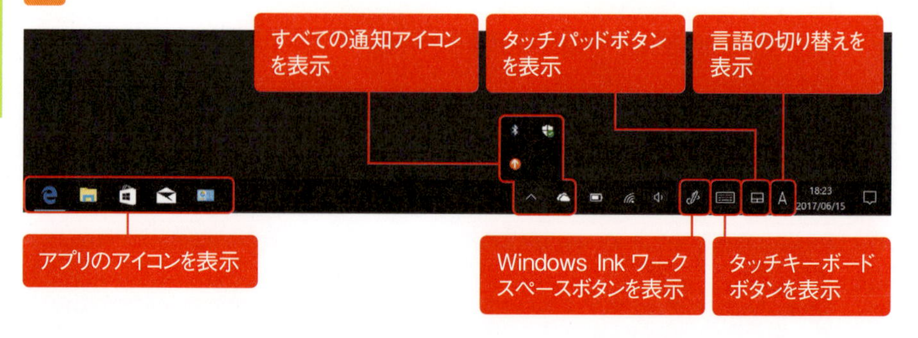

5-02 Surfaceでのタッチキーボード操作

Surfaceではタイプカバーによるキーボード入力だけではなく、画面上に表示されるタッチキーボードでも文字列を入力することができます。ここでは、Surfaceにおけるタッチキーボードの基本的な操作や活用法を解説します。

タブレットモード（タイプカバー無効）でのタッチキーボード表示

「タブレットモード」でかつ「タイプカバーが無効（タイプカバーを外している／タイプカバーが本体裏側に折りたたまれている）」の状態では、以下の手順でタッチキーボード表示が行えます。

→ アプリ内の文字入力欄をタップします❶。タッチキーボードが表示されます❷。

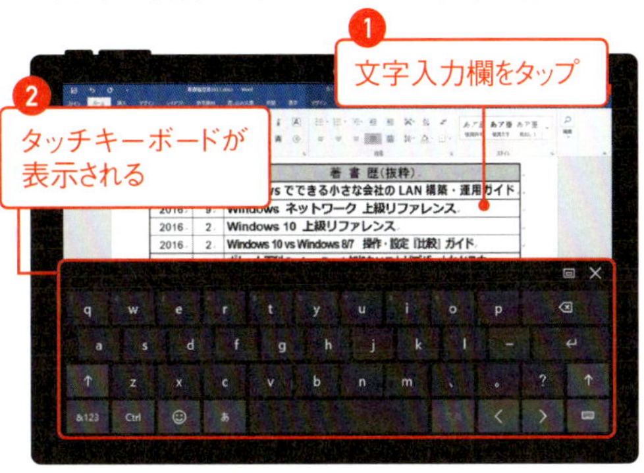

注意

一部のアプリではタッチキーボードの自動表示特性が異なる場合がある。

MEMO

通常モードでもタイプカバー無効状態において、文字入力欄をタップするだけで自動的にタッチキーボードを表示したい場合にはP.206を参照。

通常モードでのタッチキーボード表示

通常モードでは一部のアプリを除いてタッチキーボードの自動表示は行われません。「通常モード」あるいは「タブレットモード（タイプカバー有効）」においてタッチキーボード表示を行いたい場合には、以下の手順に従います。

→ 通知領域にある「タッチキーボード」ボタンをクリック／タップします。タッチキーボードが表示されます。

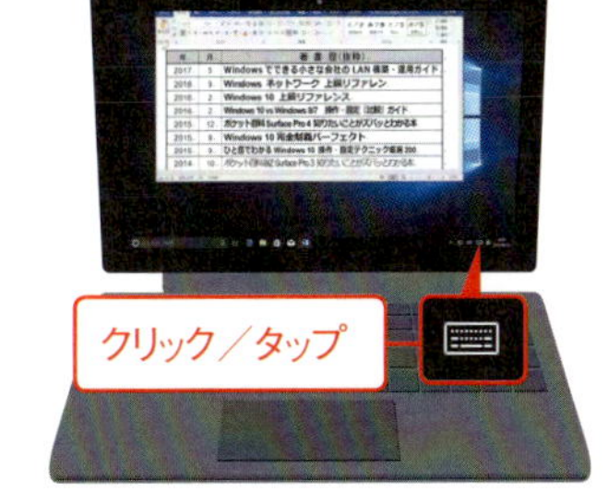

MEMO

「通常モード」において通知領域に「タッチキーボード」ボタンがない場合には、P.206を参照。

テク 117

タイプカバー無効状態で自動的にタッチキーボードを表示させたい

通常モードでも自動的にタッチキーボードを表示する

通常モード（非タブレットモード）でもタイプカバー無効状態において、文字入力欄をタップした際にタッチキーボードを自動的に表示したい場合には、以下の手順に従います。

1 「設定」から「デバイス」→「入力」を選択します❶。「タッチキーボード」欄にある「タブレットモードでなく、キーボードが接続されていない場合に、タッチキーボードを表示する」をオンにします❷。

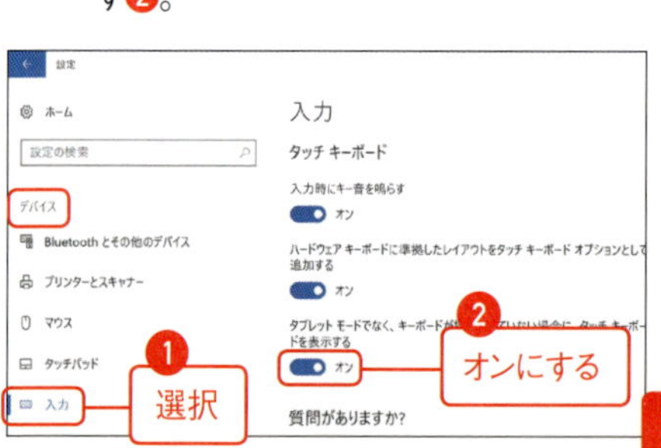

2 以後通常モードでも、タイプカバー無効状態において文字入力欄をタップすると自動的にタッチキーボードが表示されるようになります。

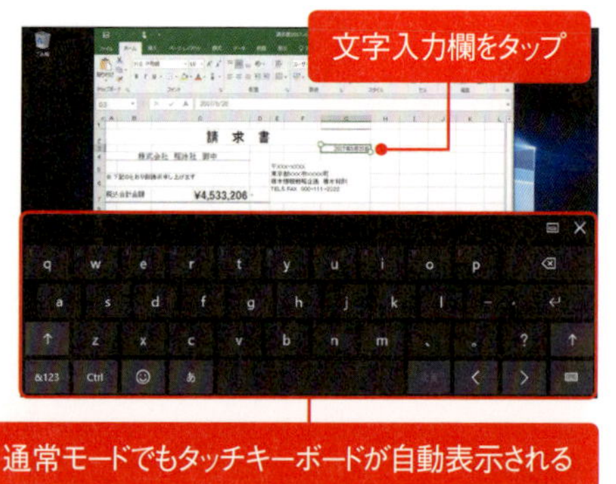

通常モードで「タッチキーボードボタン」を表示する

通常モード（非タブレットモード）で、通知領域のタッチキーボードボタンの表示／非表示を設定したい場合には、以下の手順に従います。なお、タブレットモードでのタッチキーボードボタンの表示／非表示設定についてはP.204を参照してください。

1 タスクバーの余白部分（あるいは「タスクビュー」ボタン）を右クリック／長押しタップして❶、ショートカットメニューから「タッチキーボードのボタンを表示」をチェック／チェックを外します❷。

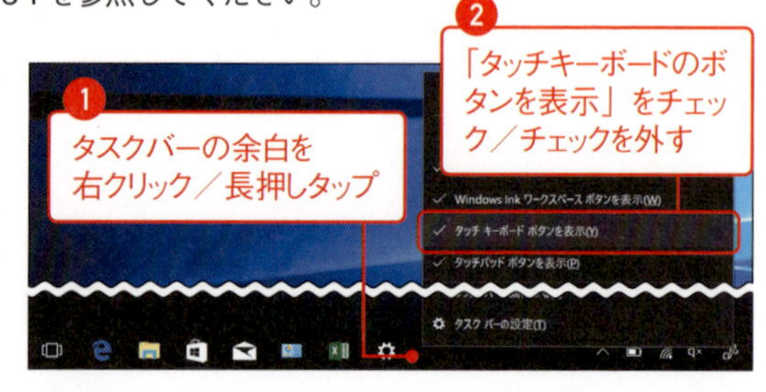

2 「タッチキーボード」ボタンが表示／非表示になります。

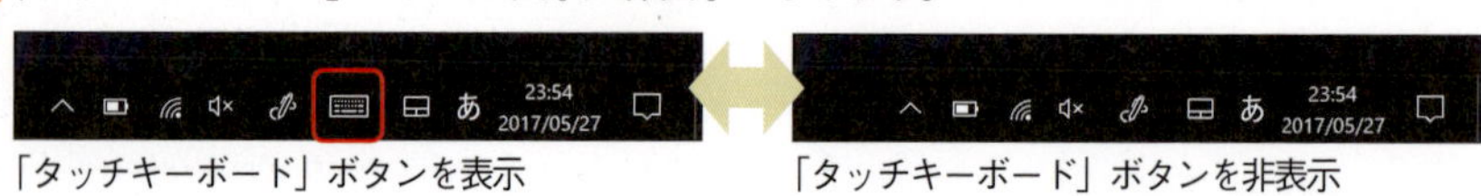

「タッチキーボード」ボタンを表示　「タッチキーボード」ボタンを非表示

テク 118

標準タッチキーボードでの入力を知りたい

標準タッチキーボードにおけるキー配列

「標準タッチキーボード（タッチキーボードは任意に配列を変更することができます、P.214参照）」におけるキー配列は以下のようになります。

Ctrl キーや Shift キーを交えた入力

Ctrl キーや Shift キーを交えた入力は、Ctrl キーや Shift キーをクリック／タップして❶、任意のキーをクリック／タップします❷。

Ctrl キーを交えた入力　　Shift キーを交えた入力

注意

Ctrl キーや Shift キーを交えた入力は、物理キーボードのように「同時押し」ではない。

「Shift」ロックする

「Shift」ロック（英文字入力における大文字入力状態保持）を行いたい場合には、Shift キーをダブルクリック／ダブルタップします。

テク119 タッチキーボードで日本語入力をしたい

タッチキーボードで日本語入力と変換を行う

タッチキーボードで日本語入力を行いたい場合には、以下の手順に従います。

1 タッチキーボードの入力モードが「あ」になっていることを確認します。「あ」になっていない場合には「A」をクリック／タップします。

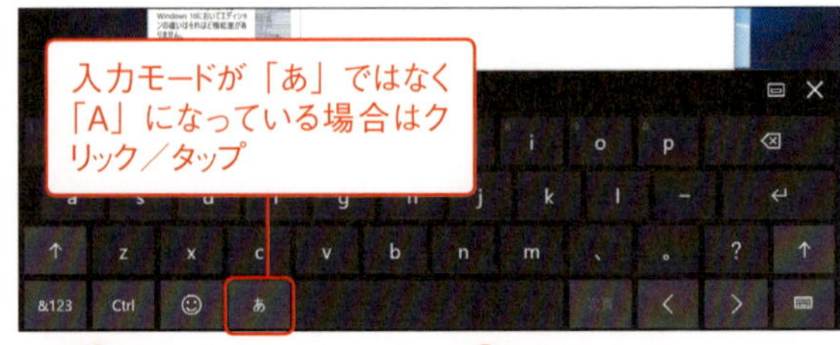

2 任意のひらがなをローマ字入力します❶。タッチキーボード上に変換候補が表示されます❷。変換をスライドすることで次候補／前候補を表示することも可能です❸。

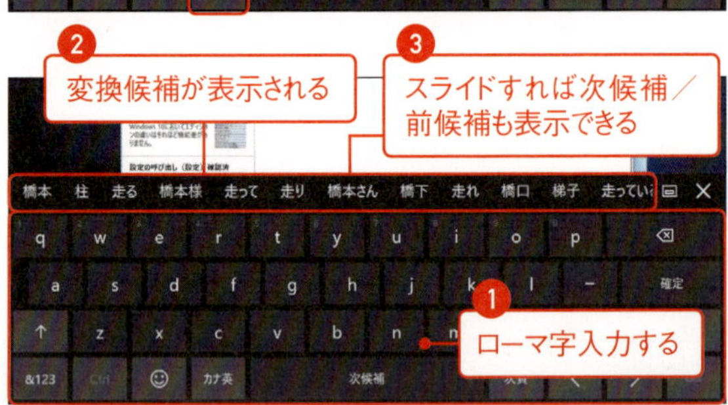

3 変換候補をクリック／タップ、あるいは候補選択状態で「確定／全確定」キーをクリック／タップします❶。任意の日本語入力を行えます❷。続けて予測入力候補が表示された場合、必要であれば変換候補を選択します❸。また任意の文字入力を続けるのであればそのままタッチキーボードの任意のキーをクリック／タップします❹。

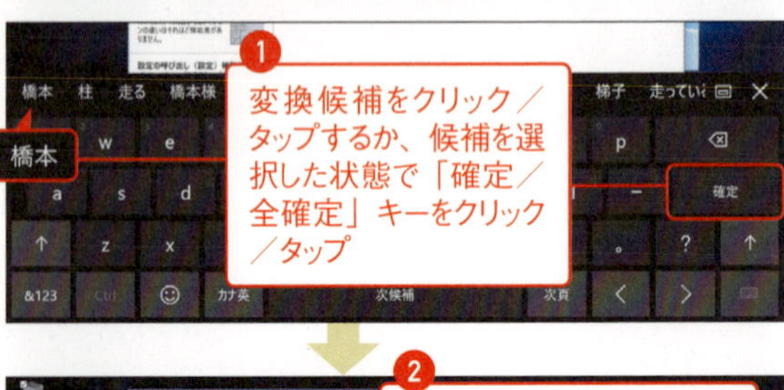

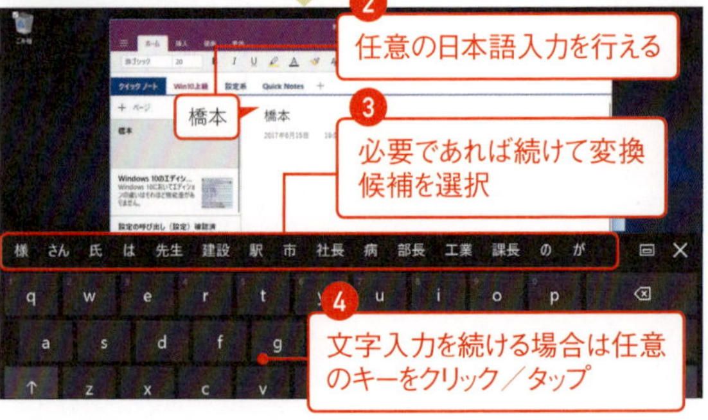

テク 120

タッチキーボードで記号や絵文字を入力したい

タッチキーボードにおける記号入力／絵文字入力

1 記号入力を行いたい場合には &123 キー、絵文字入力を行いたい場合には ☺ キーをクリック／タップします。

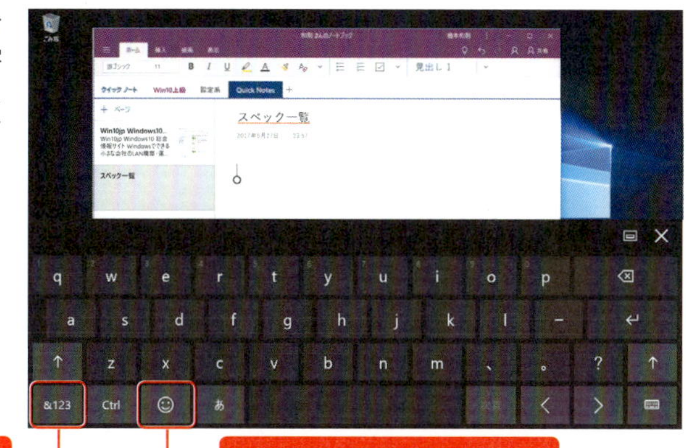

記号入力を行いたい場合にクリック／タップ

絵文字入力を行いたい場合にクリック／タップ

2 一覧から記号や数字／絵文字を入力することができます。

記号＆数字の一覧画面

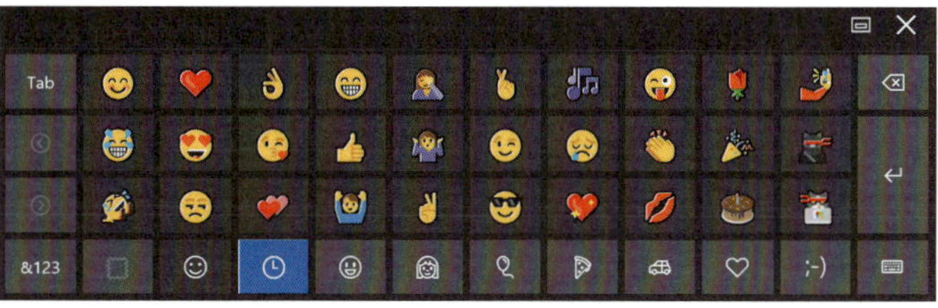

絵文字の一覧画面

MEMO

表示（候補）を変更したい場合には、◁ あるいは ▷ をクリック／タップする。

標準タッチキーボードでのフリック入力

標準タッチキーボードの上段のキーを上方にフリック（キーを長押しして、表示される文字候補にドラッグ）すると任意の数字を入力することができます。

標準タッチキーボードでのフリックによる記号入力

標準タッチキーボードの「?」「。」「、」「ー」をフリックします。任意の記号を入力することができます。

●「!」「#」「@」の入力

「?」をフリックすることにより、「!」「#」「@」を入力できます。

●「」」「:」の入力

「。」をフリックすることにより、「」」「：(コロン)」を入力できます。

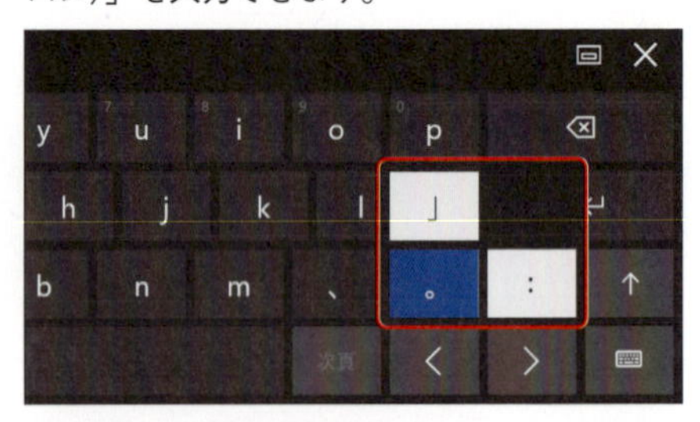

●「「」「；」の入力

「、」をフリックすることにより、「「」「；(セミコロン)」を入力できます。

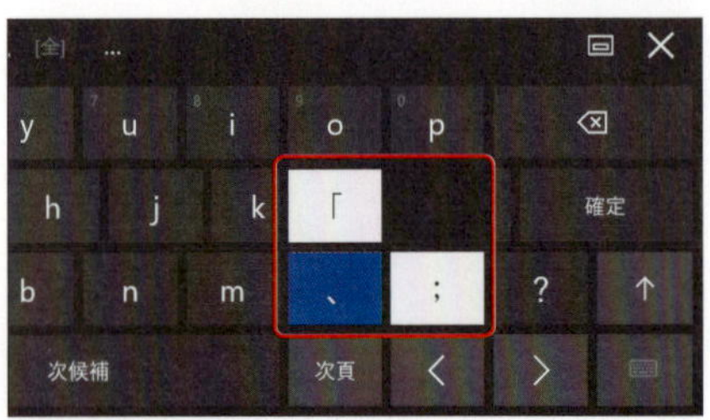

●「・」「_」「~」の入力

「-」をフリックすることにより、「・」「_」「~」を入力できます。

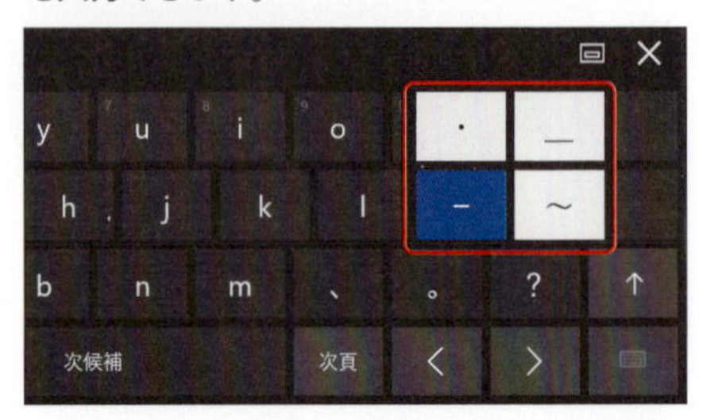

テク 121 タッチキーボードを閉じたい／移動したい

タッチキーボードを閉じる

現在表示されているタッチキーボードを任意に閉じたい場合には、以下の手順に従います。

1 タッチキーボードの右上にある「×」をクリック／タップします。

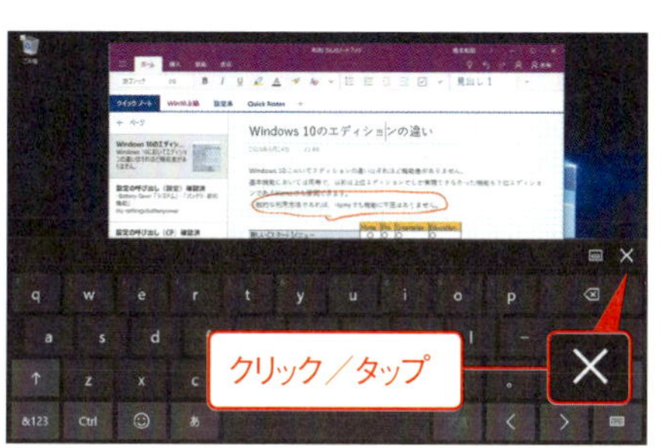

2 タッチキーボードを閉じることができます。

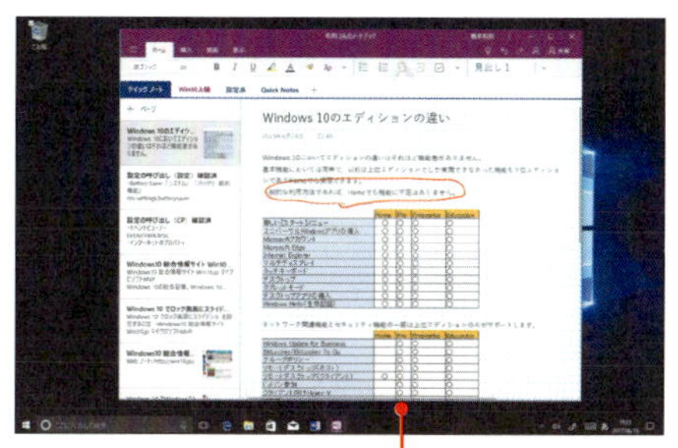

タッチキーボードを画面下部に固定／固定解除する

タッチキーボードは任意に位置移動を行うことができるほか、下部固定表示など使いやすい配置にすることが可能です。

1 タッチキーボード右上にある ▭ をクリック／タップします。

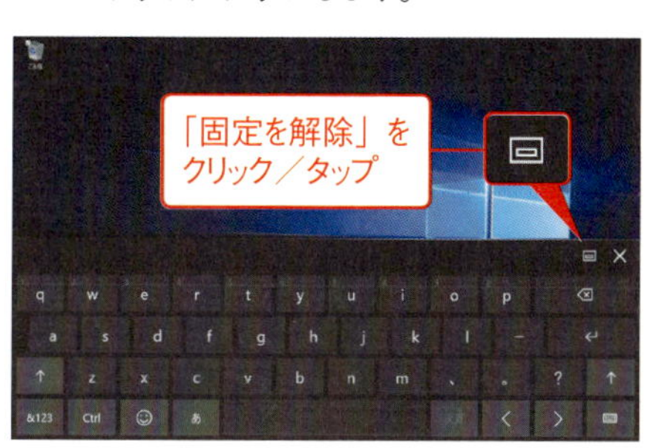

2 タッチキーボードを画面下部に固定／固定解除を行うことができます。タッチキーボード固定解除状態では、タッチキーボード上部をドラッグすることで自由な位置に移動できます。

テク122 分割タッチキーボードで入力を行いたい

タッチキーボードの種類を分割タッチキーボードにする

分割タッチキーボードではフリック入力やマルチタップ（同じキーを数回クリック／タップする方式）などスマートフォンのような入力を行うことが可能です。タッチキーボードの種類を分割タッチキーボードにするには、以下の手順に従います。

1 タッチキーボード右下の「キーボード切り替えボタン」をクリック／タップして❶、「分割タッチキーボード」をクリック／タップします❷。

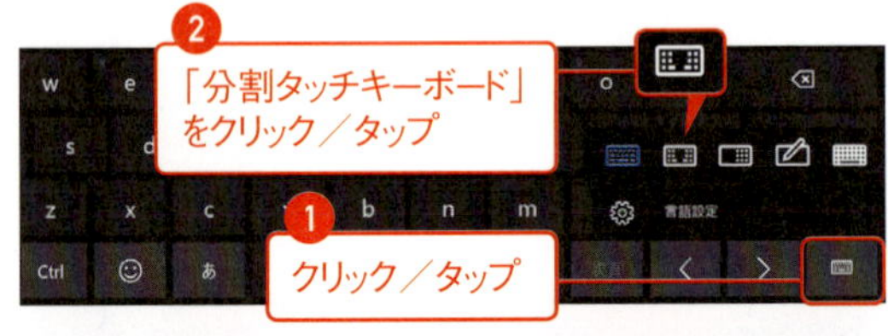

2 タッチキーボードの種類が「分割タッチキーボード」になります。右側にひらがなキー、左側に英数字キーが配置され、マルチタップ入力（P.213参照）やフリック入力が可能です。

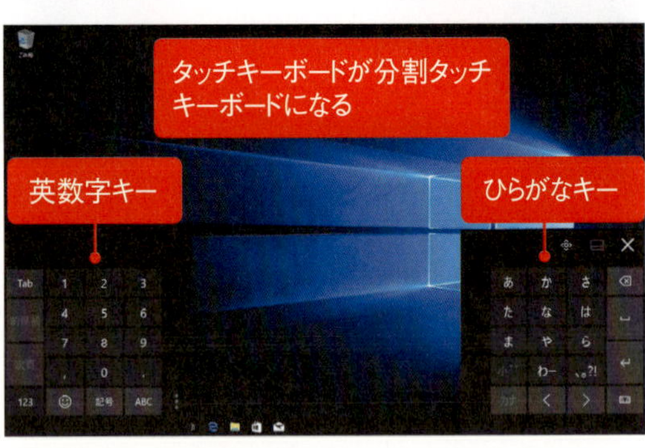

MEMO

「分割タッチキーボード」は通常のキーボードのような「QWERTY」配列にすることも可能。「QWERTY」配列にしたい場合には、P.214参照。

分割タッチキーボードによるフリック入力

分割タッチキーボードでは、フリック入力を行うことができます。

→ 任意のキーを長押しします❶。五十音図に従って母音の段にあるひらがなが表示されるので、目的の文字の方向にフリックして入力します❷。

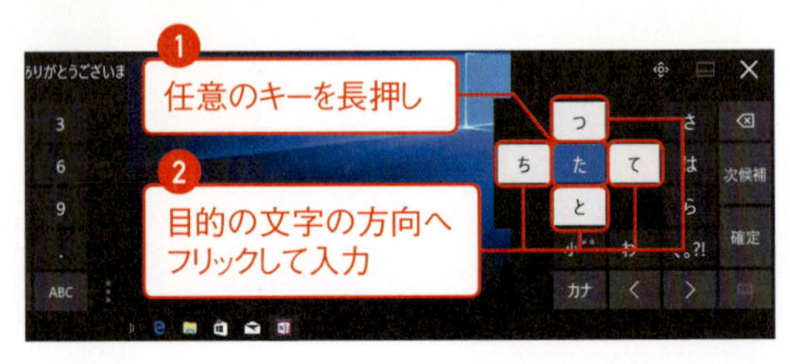

分割タッチキーボードによるマルチタップ入力

分割タッチキーボードでは、マルチタップ（同じキーを数回クリック／タップする方式）で日本語入力を行うことができます。「あ」を連続クリック／タップすれば「い→う→え→お」、「か」を連続クリック／タップすれば「き→く→け→こ」という形で入力することができます。

1 同じキーを連続クリック／タップします。

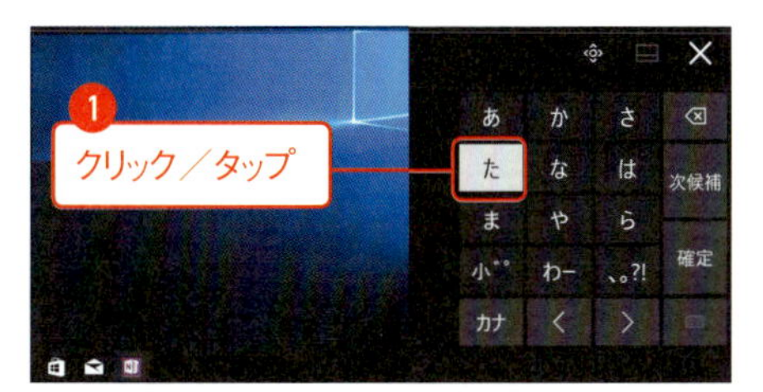

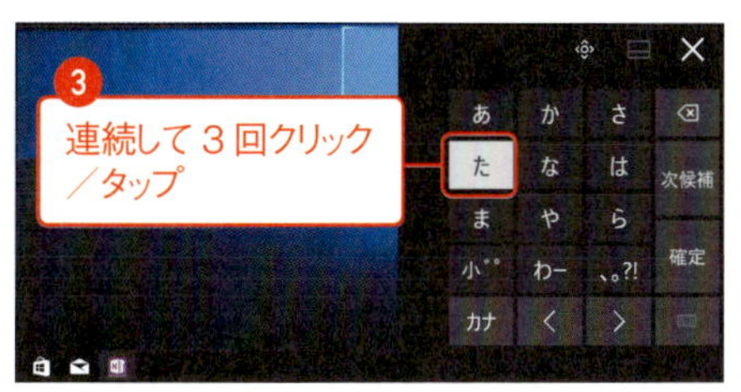

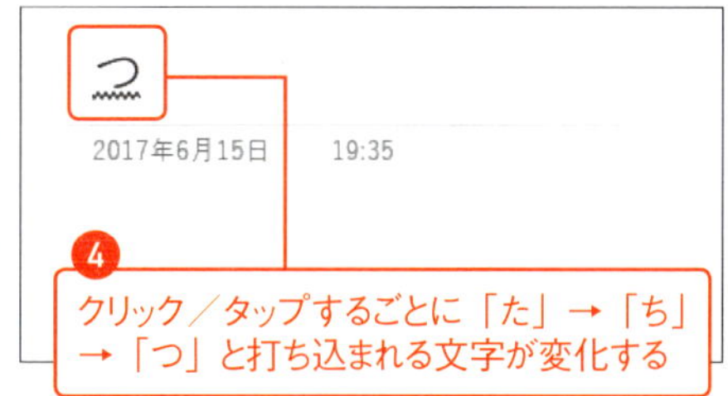

2 濁点や拗音などを入力したい場合には、任意の文字を入力して❶、「小゛゜」をクリック／タップします❷。クリック／タップするごとに濁点や拗音に変換されます❸。

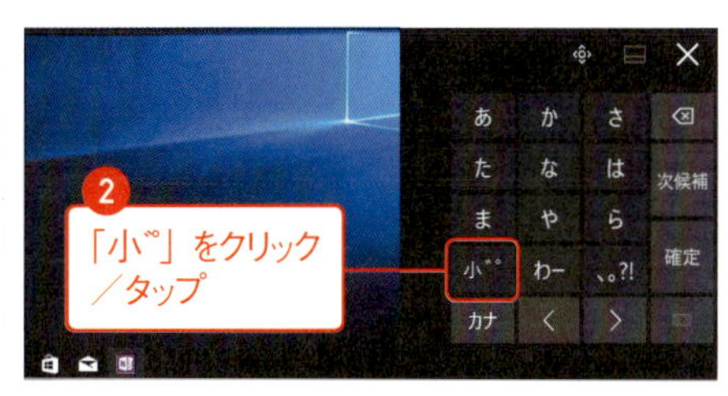

テク 123 分割タッチキーボードのレイアウトを変更したい

分割タッチキーボードのレイアウトと入力方式を変更する

分割タッチキーボードのレイアウトと入力方法を変更したい場合には、以下の手順に従います。

1 「⚙設定」から「時刻と言語」→「地域と言語」を選択します❶。「言語」欄の「日本語」をクリック／タップして❷、「オプション」ボタンをクリック／タップします❸。

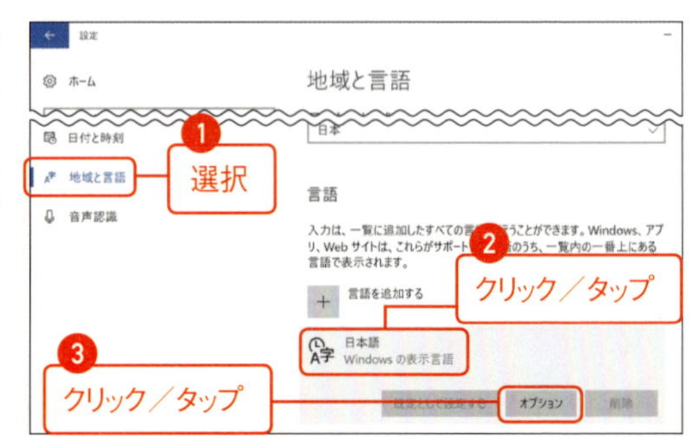

2 「キーボード」欄の「Microsoft IME」をクリック／タップして❶、「オプション」ボタンをクリック／タップします❷。

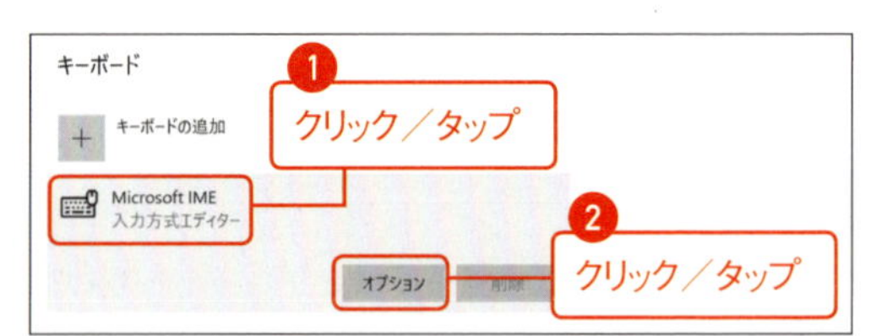

3 「タッチキーボード」欄の「親指レイアウト」から任意に設定できます。

QWERTY	英字キーが左右に分断され、日本語入力時にはローマ字入力になる
カナ 10 キー	右側にひらがなキー、左側に英数字キーが配置される

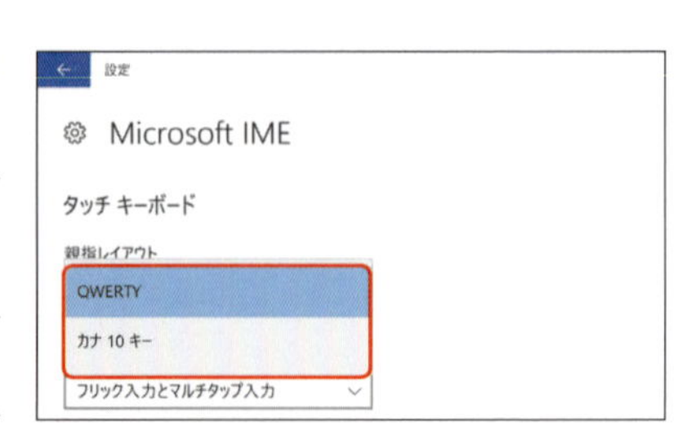

4 「かな 10 キー入力モード」の詳細設定も「タッチキーボード」欄から行えます。

フリック入力とマルチタップ入力	マルチタップ入力（P.213 参照）やフリック入力（P.212 参照）が可能
フリック入力	フリック入力（P.212 参照）が可能。マルチタップ入力は無効になる

「QWERTY」配列の分割タッチキーボード

→ 分割タッチキーボードのレイアウトを「QWERTY」配列に変更すると、英字キーが左右に配置されたレイアウトになります。

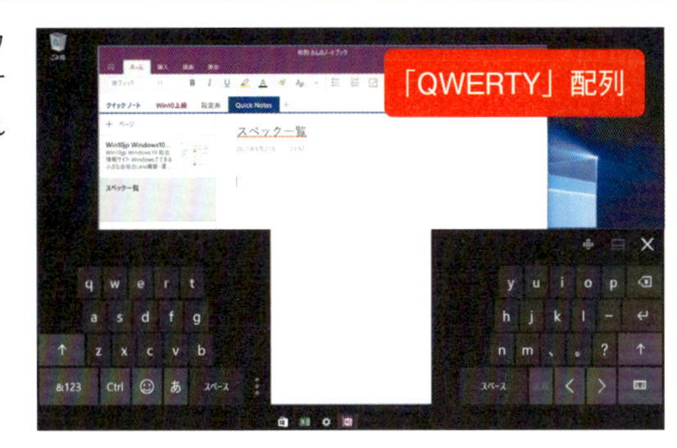

分割タッチキーボードのキーサイズを変更する

分割タッチキーボードのキーサイズを任意に変更したい場合には、以下の手順に従います。

1 ⁝を長押しします。

2 キーサイズ（「L」「M」「S」）が表示されるので、任意のサイズにフリックします。

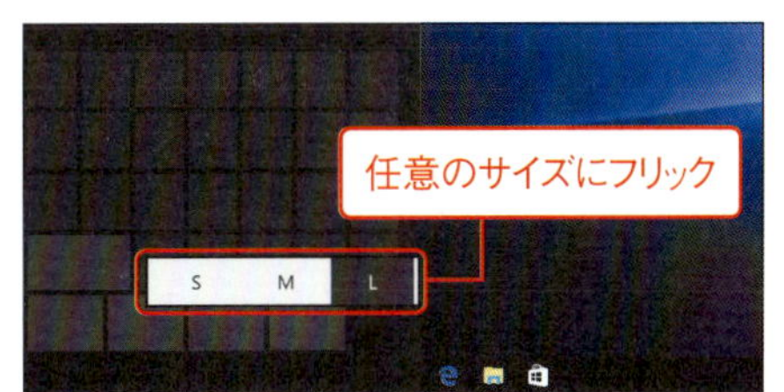

3 分割タッチキーボードのキーサイズを変更することができます（画像はLサイズ→Sサイズ）。

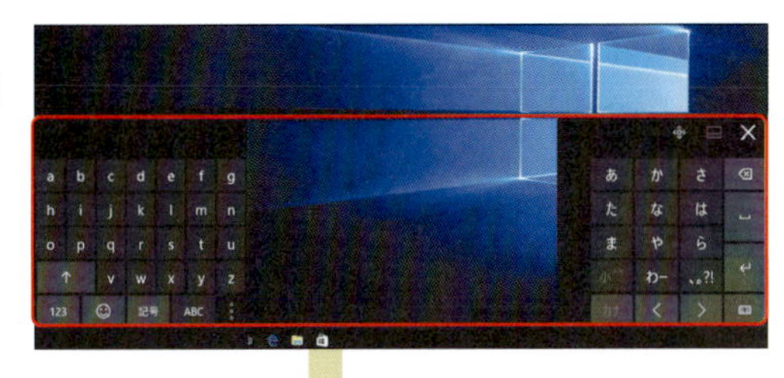

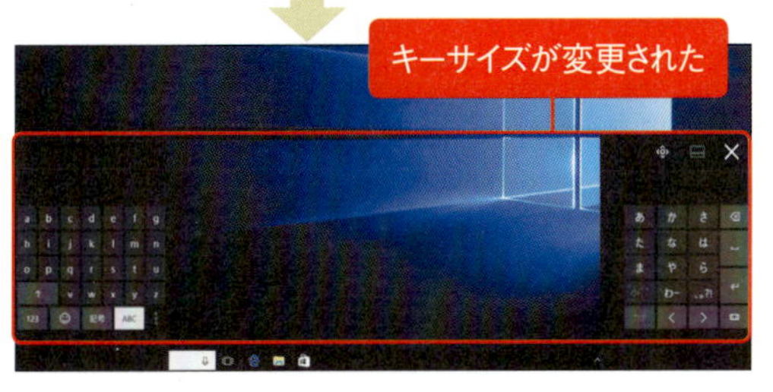

注意

ディスプレイ解像度設定など環境によってはキーサイズを変更できない場合がある。

テク124 手書きタッチキーボードで手書き入力をしたい

手書きタッチキーボードで手書き入力する

手書きタッチキーボードでは、漢字やひらがな、カタカナなどを画面上にタッチ／Surfaceペンで直接描画して入力することが可能です。タッチキーボードの種類を手書きタッチキーボードにするには、以下の手順に従います（手書きタッチキーボード以外へのタッチボード種類の切り替えはP.212参照）。

タッチやSurfaceペンで直接描画して入力できる

1 タッチキーボード右下の「キーボード切り替えボタン」をクリック／タップして❶、「手書きタッチキーボード」をクリック／タップします❷。

2 タッチキーボードの種類が「手書きタッチキーボード」になります。

3 手書きタッチキーボードでは、漢字やひらがな、カタカナなどを直接描画して入力することができます❶。手書きタッチキーボードではフリーハンドで描画したひらがなや漢字などが認識できるため、「漢字の形はわかるが読みはわからない」などの場面でも活用できます❷。

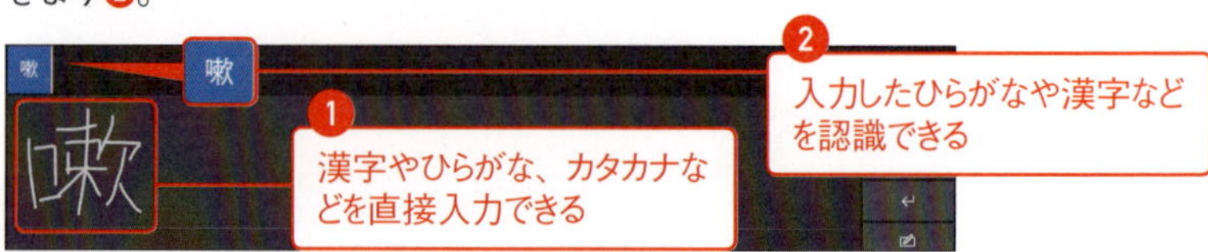

テク 125

物理キーボードに近いタッチキーボードを利用したい

「ハードウェア準拠タッチキーボード」を利用する

タッチキーボードの中でも、物理キーボードに近いレイアウトと特性を持つのが「ハードウェア準拠タッチキーボード」です。⊞キー／Ctrlキー／Altキー／Shiftキーなどを交えたショートカットキーを入力可能なだけでなく、物理キーボード同様にキーを押し続けるとキーリピートするのも特徴です。
「ハードウェア準拠タッチキーボード」を利用するには、あらかじめ以下のように設定を有効にする必要があります。

1 「⚙設定」から「デバイス」→「入力」を選択します❶。「タッチキーボード」欄の「ハードウェアキーボードに準拠したレイアウトをタッチキーボードオプションとして追加する」をオンにします❷。

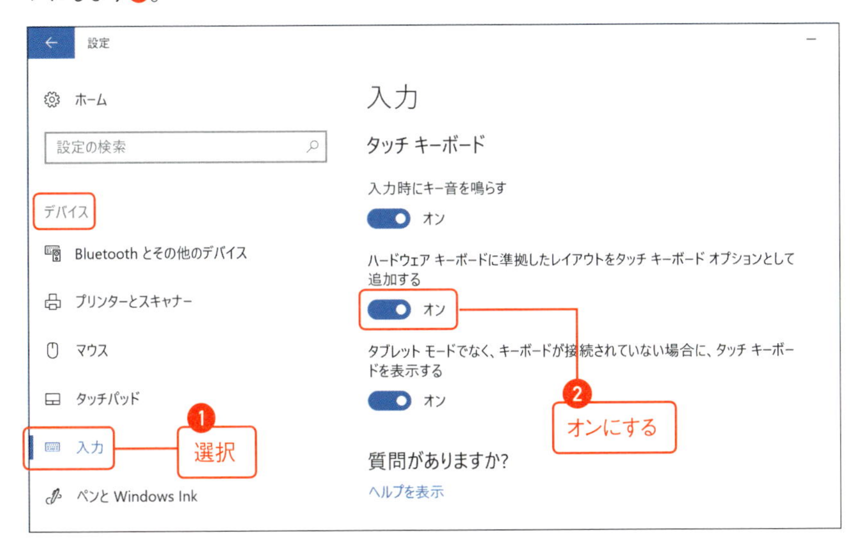

2 タッチキーボード右下の「キーボード切り替えボタン」をクリック／タップして❶、「ハードウェア準拠タッチキーボード」をクリック／タップします❷。

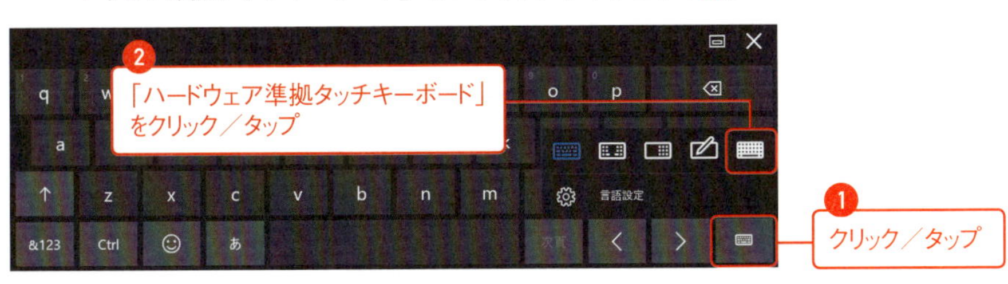

ハードウェア準拠タッチキーボードにおけるキー配列

ハードウェア準拠タッチキーボードのキー配列は以下のようになっています。

Tab キー
タブの挿入、または入力欄を移動する

Esc キー
操作を取り消す操作のときに使用できる。途中まで開いたメニューや入力途中の文字をキャンセルできる

半角/全角 キー
日本語入力のオン／オフを切り替える

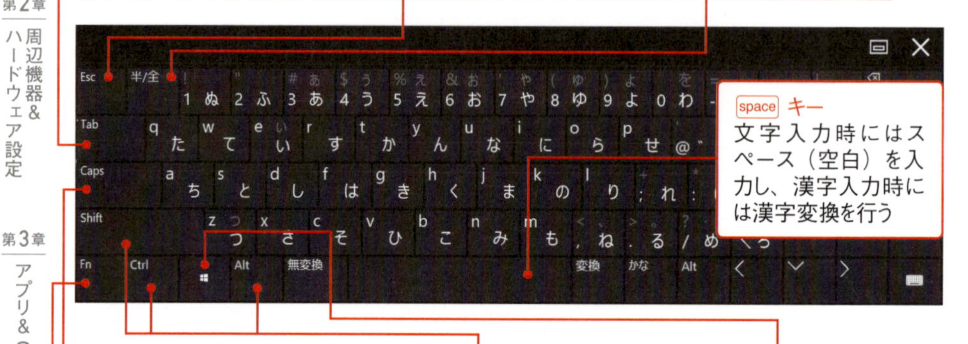

space キー
文字入力時にはスペース（空白）を入力し、漢字入力時には漢字変換を行う

Caps Lock キー
Shift キーを押しながら Caps Lock キーを入力することで、英文字の大文字／小文字の入力モードを変更できる

Alt Ctrl Shift キー
他のキーと併用して、アプリにおける特定の機能を実行する。一度クリック／タップするとロックされる

⊞ キー
他のキーと併用して、アプリにおける特定の機能を実行する。物理キーボード同様に各種ショートカットキーに活用できる

Fn キー
クリック／タップすると、最上部のキーをファンクションキー（F1 ～ F12）にすることができる

ここがポイント

●ショートカットキーを入力できるハードウェア準拠タッチキーボード

ハードウェア準拠タッチキーボードでは、物理キーボード同様のショートカットキーを入力することができる。たとえば⊞キーをクリック／タップしたのちに❶、Tab キーをクリック／タップすれば❷、「タスクビュー（P.185参照）」を表示することができる❸。なお、物理キーボードにおける⊞キーを押した時と同様の操作を実現したい場合には、ハードウェア準拠タッチキーボード上の⊞キーをダブルクリック／ダブルタップすればよい。

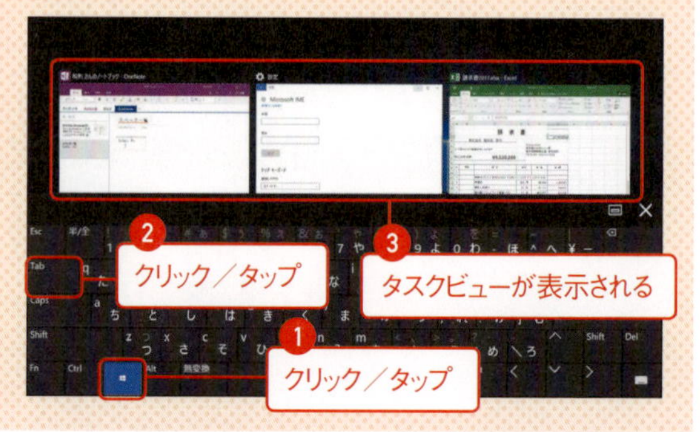

5-03 バーチャルタッチパッド（仮想タッチパッド）の活用

バーチャルタッチパッドは、Surface の画面上に仮想のタッチパッドを表示する機能です。この仮想のタッチパッドをタッチすることで、物理的なタッチパッド同様の操作が実現できます。高機能タッチパッドであるため、2 本指／ 3 本指／ 4 本指操作に対応していることも特徴です。

タスクバーの「タッチパッド」ボタンの表示／非表示設定

タスクバー上での「タッチパッド」ボタンの表示／非表示を設定したい場合には、以下の手順に従います。

1 タスクバーの余白部分（あるいは「タスクビュー」ボタン）を右クリック／長押しタップして❶、ショートカットメニューから「タッチパッドボタンを表示」のチェックをオン／オフします❷。

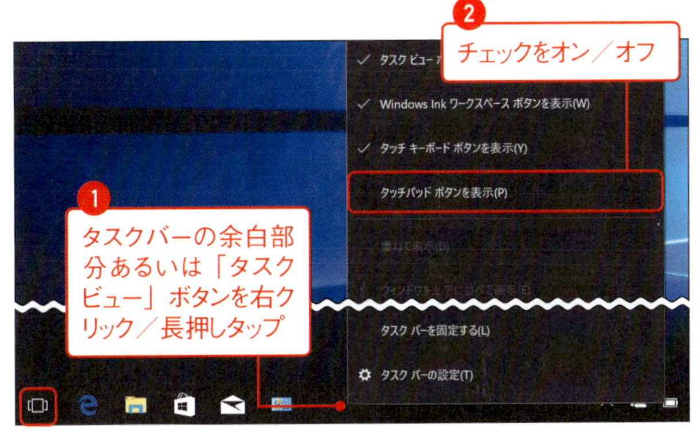

> **注意**
>
> この手順による「タッチパッド」ボタンを表示／非表示設定は「通常モード（非タブレットモード）」でのみ設定可能、タブレットモードでの表示設定は P.204 参照。

2 チェックした場合には「タッチパッド」ボタンが表示され、チェックを外した場合には「タッチパッド」ボタンが非表示になります。

チェックあり（「タッチパッド」ボタンを表示）

チェックなし（「タッチパッド」ボタンを非表示）

テク126 バーチャルタッチパッドを利用したい

バーチャルタッチパッドを利用する

バーチャルタッチパッドを利用したい場合には、以下の手順に従います。

1 通知領域にある「タッチパッド」ボタンをクリック／タップします。

2 画面上にバーチャルタッチパッドを表示させることができます。

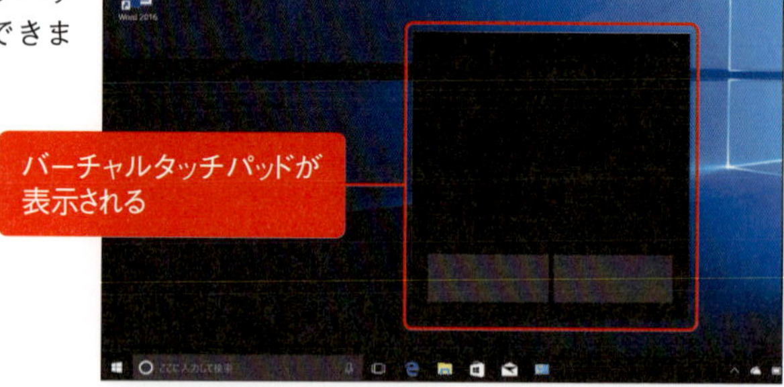

3 タイプカバーに搭載されているタッチパッド同様、2本指操作（スクロール／右クリック等）、3本指操作（Cortana／タスク操作など）、4本指操作（アクションセンター／仮想デスクトップ操作など）に対応します。

5-04 Surface ペンの活用とペアリング

Surface ペンを利用すれば、各アプリでフリーハンド描画などの活用ができることはもちろん、各種ボタンを利用することによりマウスにおける右クリック相当の操作や、Windows 10 の各種機能に素早くアクセスすることが可能です。

Surface ペンのボタン

Surface ペンのボタンの割り当ては以下のようになります。なお、以下は Surface Pro 用の Surface ペン（オプション）の解説です。

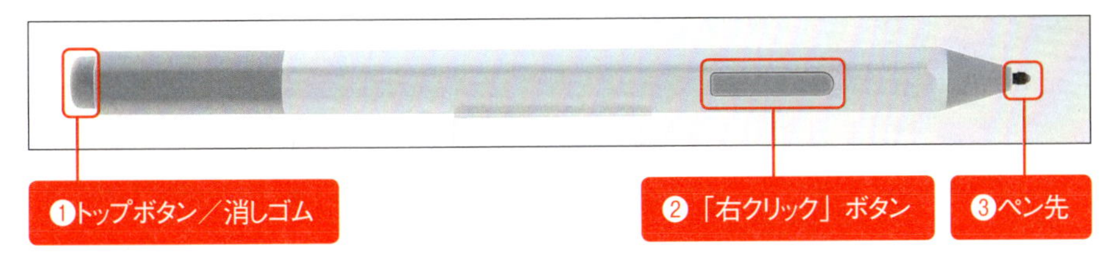

❶トップボタン／消しゴム
ノック、ダブルノック、長押しすることにより任意の Surface 操作（「Windows Ink ワークスペース」「アプリの起動」「スクリーンショット」など、設定によって異なります）を行うことができます。また、消しゴム（P.103参照）としても利用可能です

❷「右クリック」ボタン
マウスの右クリックと同等に動作します。オブジェクト選択などに活用できます

❸ペン先
筆圧感知機能があるため、強く押し込むことにより太い線を描写することができます

Surface ペンはオプション（別売り）になる。また、Surface ペンの機能の詳細は Surface ペンの世代（バージョン）によって異なる。

注意

Windows 10 の設定上ではトップボタンを押すことを「クリック／ダブルクリック」などと表現されるが、本書はマウス操作と差別化するために「ノック／ダブルノック」と表記する。

Surface ペンの機能や動作は、設定や使用するアプリによって詳細が異なる。

テク 127

Surface ペンを Surface とペアリングしたい

Surface ペンのペアリング

新規購入したSurface ペンを Surface Pro とペアリングしたい場合には、以下の手順に従います。

1 Surface ペンのトップボタンをLED が点滅するまで押し続けます。

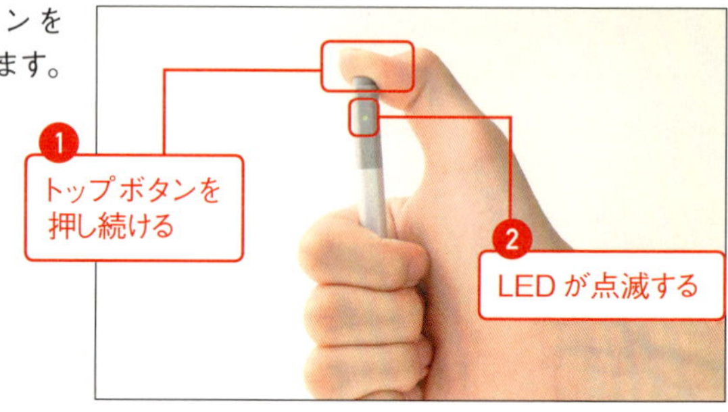

MEMO

Surface ペンの世代によって、トップボタンを押し続けなければならない秒数は異なる。

2 「設定」から「デバイス」→「Bluetooth とその他のデバイス」を選択します❶。「Bluetooth またはその他のデバイスを追加する」をクリック/タップします❷。

3 「Bluetooth」をクリック/タップします。

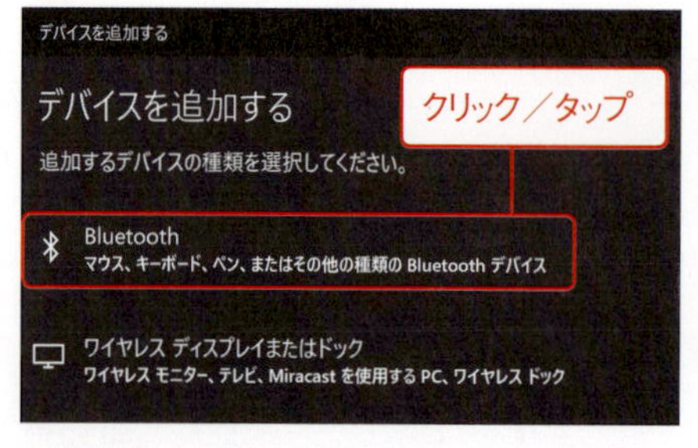

4 「Surface Pen」をクリック/タップします。

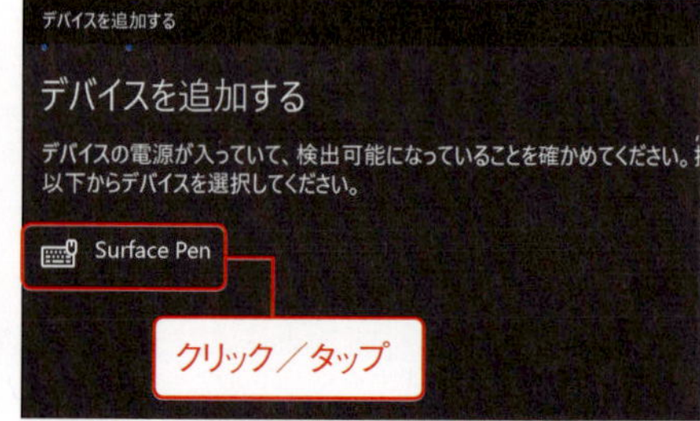

5 「接続済み」と表示されるのを確認して❶、「完了」ボタンをクリック／タップします❷。

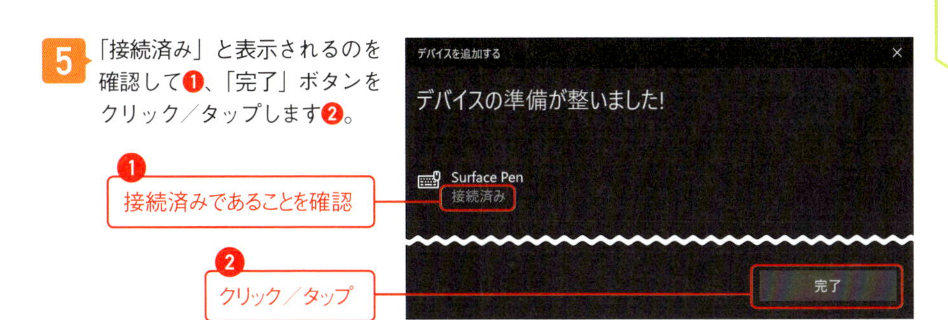

Surface ペンのペアリング解除

Surface ペンと Surface 本体のペアリング解除を行いたい場合には、以下の手順に従います。

1 「設定」から「デバイス」→「Bluetooth とその他のデバイス」を選択します❶。一覧から「Surface Pen」をクリック／タップして❷、「デバイスの削除」ボタンをクリック／タップします❸。

2 「はい」ボタンをクリック／タップして、現在のペアリングを解除します。

MEMO

Surface ペンのペアリング解除は、Surface ペンの動作がうまくいかないなどの場面で、再ペアリング設定を行いたい際などに役立つ。

MEMO

Surface ペンで正常にペン動作ができない場合には、電池の消耗も考えられる。電池消耗の場合には内蔵電池の交換を行う。

テク128 Surface ペンを活用した Windows 機能の呼び出し

Surface ペンのトップボタンによる Windows 機能の呼び出し

●Windows Ink ワークスペースの呼び出し

Surface ペンのトップボタンをノックすることにより❶、Windows Ink ワークスペースを表示することができます❷。

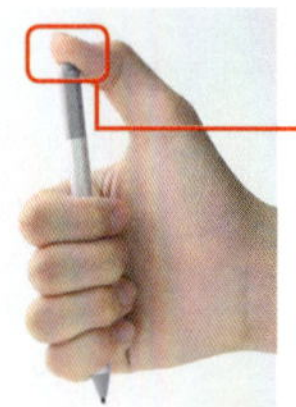

●画面キャプチャとスケッチ

Surface ペンのトップボタンをダブルノックすることにより❶、現在の Surface 上の画面をキャプチャしたうえで、画面スケッチ（P.083 参照）を行うことができます。

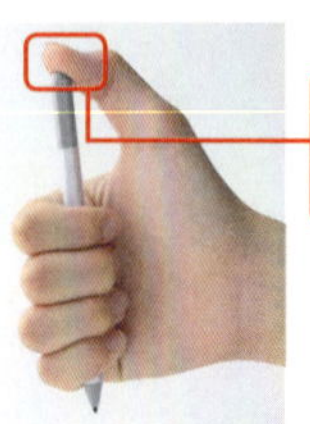

●付箋の追加

Surface ペンのトップボタンを長押しします❶。付箋を追加することができます❷。付箋には文字列を任意に記述できるほか、Surface ペンを利用してフリーハンド描画を行うこともできます。

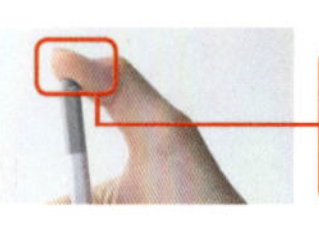

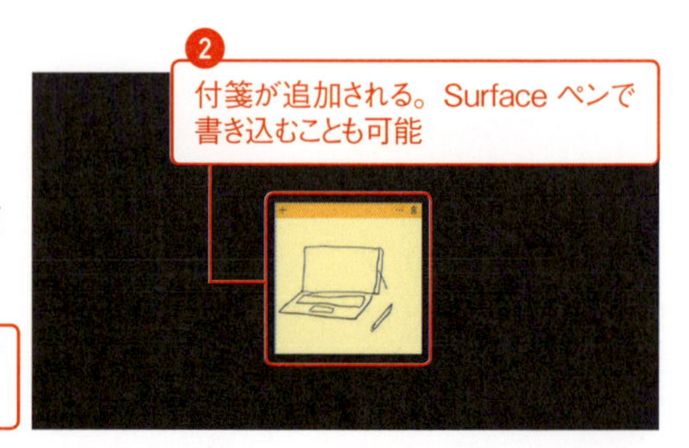

テク129 Surfaceペンのトップボタンに動作を設定したい

Surfaceペンのトップボタンに動作を設定する

Surfaceペンのトップボタンに任意の機能を割り当てたい場合には、以下の手順に従います。

→「設定」から「デバイス」→「ペンとWindows Ink」を選択します❶。「ペンのショートカット」欄で各操作に機能を割り当てることができます❷。

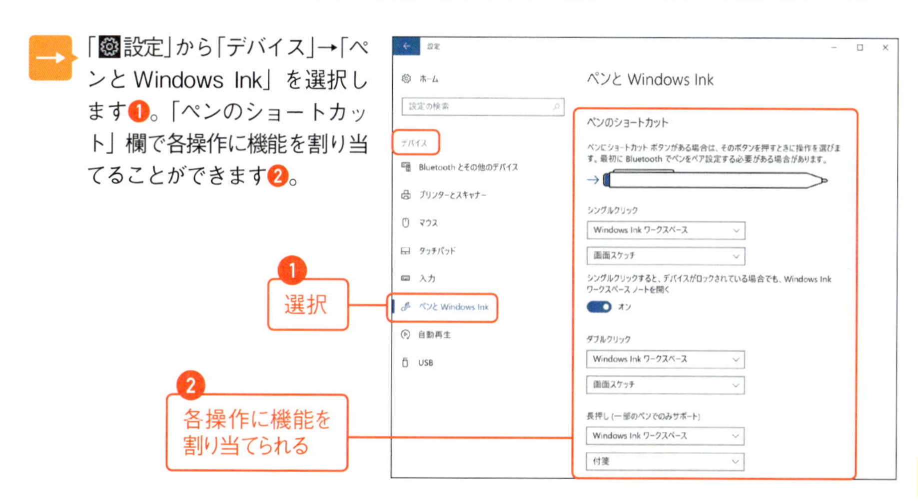

● トップボタンのノックに動作を割り当てる

→「シングルクリック」の欄ではSurfaceペンのトップボタンをノックした際の動作を任意に割り当てることができます。

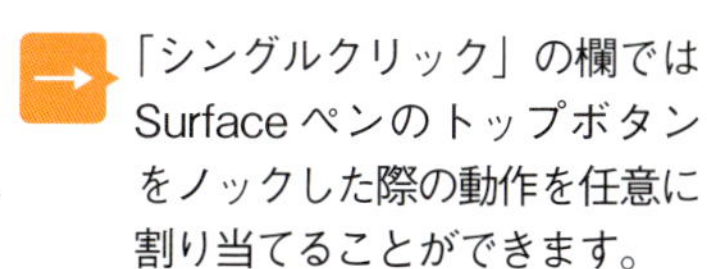

Windows Ink ワークスペース	Windows Inkワークスペースの任意の動作を割り当てることができ、下欄から「ホーム」「スケッチパッド」「付箋」「画面スケッチ」を選択できる
OneNote	OneNote（ユニバーサルアプリ）の起動を割り当てる
クラシックアプリを起動する	任意のデスクトップアプリの起動を割り当てることができ、下欄で任意の実行ファイル（*.EXE）を選択できる
ユニバーサルアプリを起動する	任意のユニバーサルアプリの起動を割り当てることができ、下欄で任意のユニバーサルアプリを選択できる
OneNote 2016	OneNote 2016（デスクトップアプリ）の起動を割り当てる（Microsoft Office 2016 導入環境のみ）

● トップボタンのダブルノックに動作を割り当てる

→「ダブルクリック」の欄ではSurfaceペンのトップボタンをダブルノックした際の動作を任意に割り当てることができます。

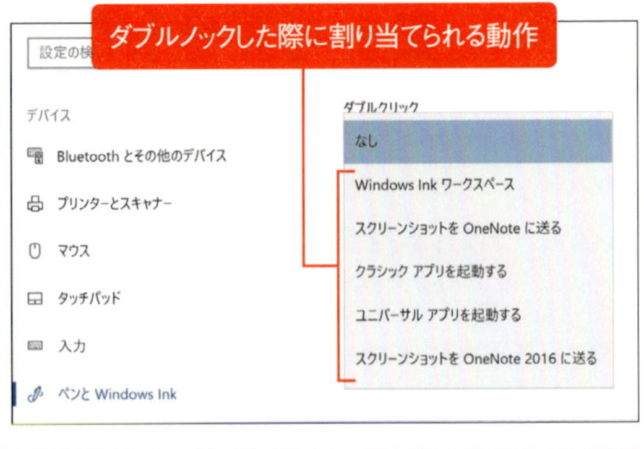

Windows Ink ワークスペース	Windows Ink ワークスペースの任意の動作を割り当てることができ、下欄から「ホーム」「スケッチパッド」「付箋」「画面スケッチ」を選択できる
スクリーンショットを OneNote に送る	画面キャプチャを OneNote（ユニバーサルアプリ）に送る
クラシックアプリを起動する	任意のデスクトップアプリの起動を割り当てることができ、下欄で任意の実行ファイル（*.EXE）を選択できる
ユニバーサルアプリを起動する	任意のユニバーサルアプリの起動を割り当てることができ、下欄で任意のユニバーサルアプリを選択できる
スクリーンショットを OneNote 2016 に送る	画面キャプチャを OneNote 2016（デスクトップアプリ）に送る（Microsoft Office 2016 導入環境のみ）

● トップボタンの長押しに動作を割り当てる

→「長押し」の欄ではSurfaceペンのトップボタンを長押しした際の動作を任意に割り当てることができます。

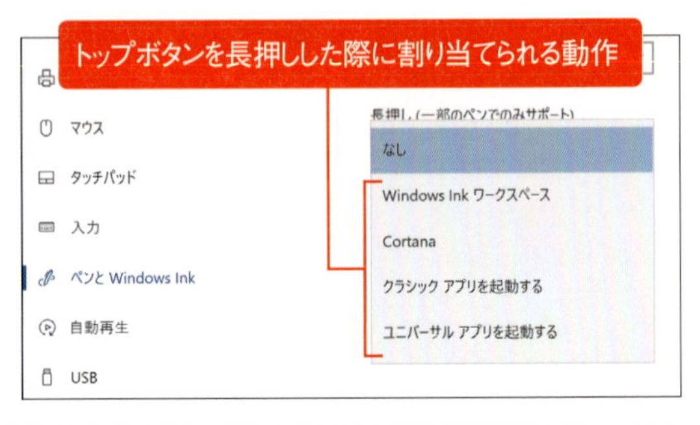

Windows Ink ワークスペース	Windows Ink ワークスペースの任意の動作を割り当てることができ、下欄から「ホーム」「スケッチパッド」「付箋」「画面スケッチ」を選択できる
Cortana	Cortana を起動して、聞き取りモードにする
クラシックアプリを起動する	任意のデスクトップアプリの起動を割り当てることができ、下欄で任意の実行ファイル（*.EXE）を選択できる
ユニバーサルアプリを起動する	任意のユニバーサルアプリの起動を割り当てることができ、下欄で任意のユニバーサルアプリを選択できる

テク130 Surfaceの画面をタッチした際の視覚効果を設定したい

タッチした際の視覚効果を表示／非表示にする

Surfaceで画面をタップした際、タップした場所が薄い円の効果で表示されますが、このタッチした際の視覚効果を表示／非表示にしたい場合には、以下の手順に従います。

→ 「設定」から「簡単操作」→「その他のオプション」を選択します❶。「タッチフィードバック」欄にある「スクリーンをタッチしたときに視覚的フィードバックを表示する」をオン／オフでタッチした際の視覚効果の有効／無効を設定します❷。

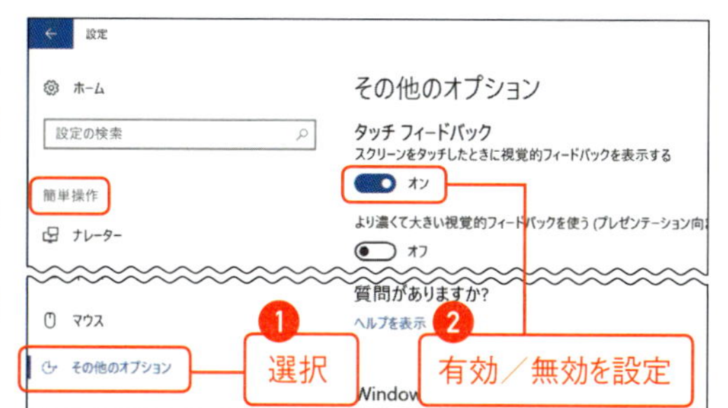

タッチした際の視覚効果を強調する

タッチした際の視覚的フィードバックを強調したい場合には、以下の手順に従います。

1 「設定」から「簡単操作」→「その他のオプション」を選択します❶。「タッチフィードバック」欄にある「スクリーンをタッチしたときに視覚的フィードバックを表示する」をオンにしたうえで❷、「より濃くて大きい視覚的フィードバックを使う」をオンにします❸。

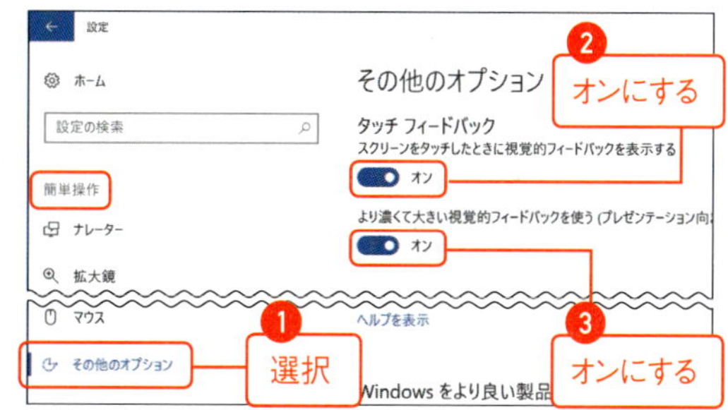

2 画像をタッチした際の視覚的フィードバックが強調されます。

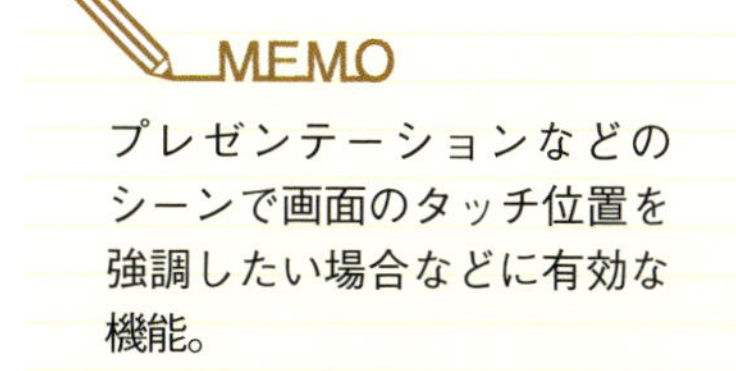

MEMO

プレゼンテーションなどのシーンで画面のタッチ位置を強調したい場合などに有効な機能。

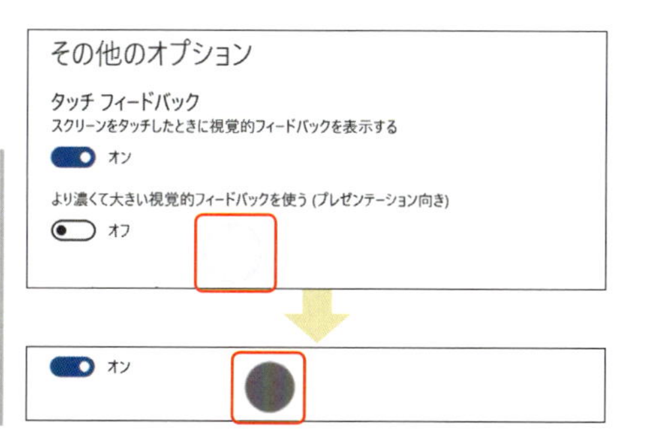

テク 131

ペンの調整を行いたい

Surface ペンの筆圧調整

1 ［スタート］メニューから「Surface」をクリック／タップします。

MEMO

［スタート］メニューに「Surface」アプリが存在しない場合には、「ストア」から「Surface」アプリを導入する。

2 「Surface」アプリが起動します。「ペン」をクリック／タップします❶。「ペンの筆圧」欄のスライダーで任意の筆圧に調整します❷。また、右欄で実際に Surface ペンで描画して筆圧感度を確認します❸。

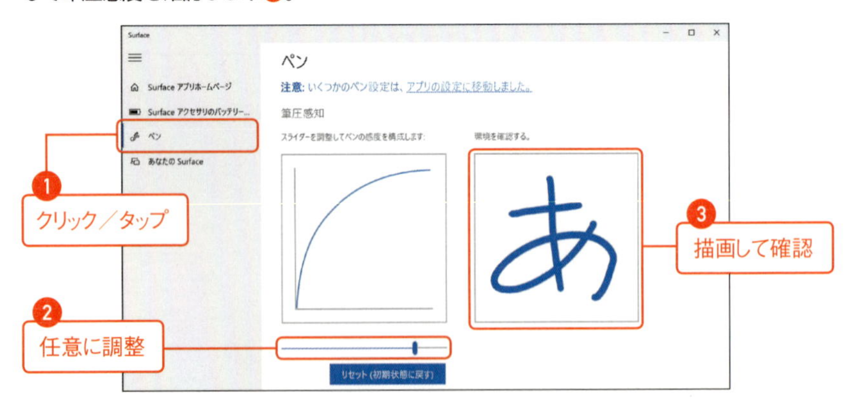

Surface ペン利用時に画面タッチを無効にする

→ 「設定」から「デバイス」→「ペンと Windows Ink」を選択します❶。「ペンの使用中はタッチ入力を無視」をオンにします❷。

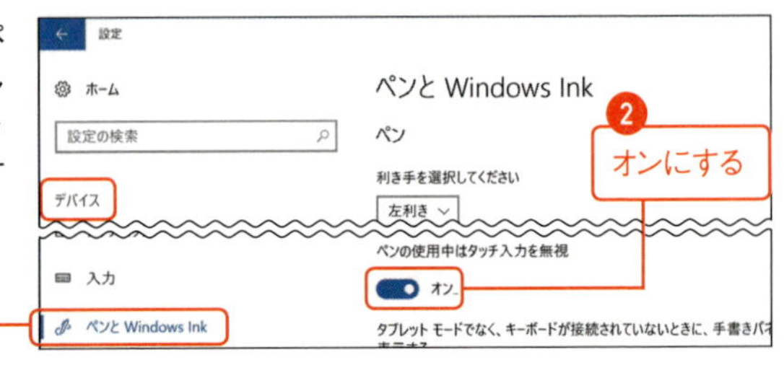

chapter

06

ネットワークとクラウド／セキュリティの管理と設定

Surfaceを活用するうえで、ネットワーク環境を確立することは必須です。
ここではまず、屋内や屋外でインターネット接続を確保する方法やWi-Fi／有線LANによるネットワーク接続、ネットワーク情報の確認について解説します。
またSurfaceに搭載されるWindows 10では「OneDrive」が標準搭載されますが、このOneDriveにおけるクラウド活用のほか、ユニバーサルアプリ「メール」「カレンダー」などでGoogleアカウントを利用する方法、スマートフォンとの連携などについて解説します。
Surfaceを安全に利用するうえでは、「セキュリティ」に関する配慮も欠かせません。本章ではセキュリティを保つための日ごろのWindowsの運用や「顔認証」などの各種サインインオプションの設定についても解説します。

6-01 Surfaceにおけるネットワーク環境の確保

POINT

Surfaceでインターネットを利用するためには、ローカルエリアネットワーク接続やWi-Fi接続などが必要です。屋内か屋外かによって回線確保の方法は異なりますが、ここでは代表的なインターネット回線確保の例を紹介します。

屋内でインターネット環境を確保する

●無線LANによる接続

屋内でインターネット回線を確保したい場合には、「無線LAN親機(無線LANルーター)」を設置して、無線LAN環境を構築します。

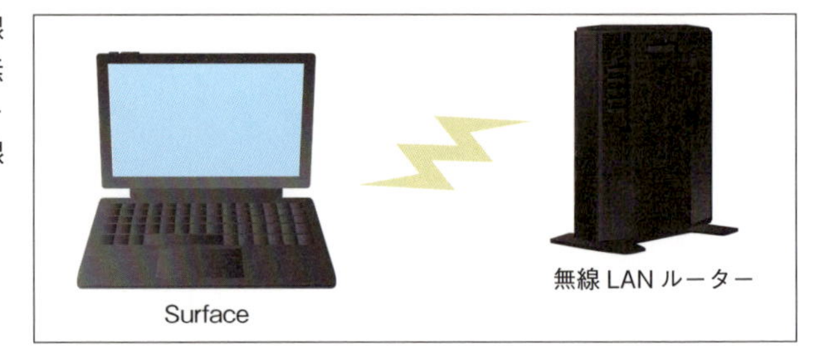

●有線LANでネットワーク接続を行う

無線LAN環境を構築できない、あるいは無線LANの接続が不安定な場合には、「有線LAN接続」を検討します。ちなみにSurfaceには「有線LANポート」が搭載されていませんが、「Surfaceイーサネットアダプター（USBポートから有線LANポートを確保する）」や「Surface Dock（P.071参照）」を用いることで有線LAN接続が可能になります。

Surfaceイーサネットアダプターを利用すれば、USBポート経由で有線LAN接続を確保できる。

Surface Dockを用いても、有線LAN接続確保が可能だ。

外出先でインターネット環境を確保する

●スマートフォンのテザリング

スマートフォンのテザリングを利用すれば、屋外でもSurfaceでインターネット接続を行うことができます。スマートフォンのテザリングの場合には月数GB上限などの通信制限がありますが、Windows 10のWi-Fi接続設定を「従量制課金接続」に設定すれば（P.237参照）通信量を抑えることができます。

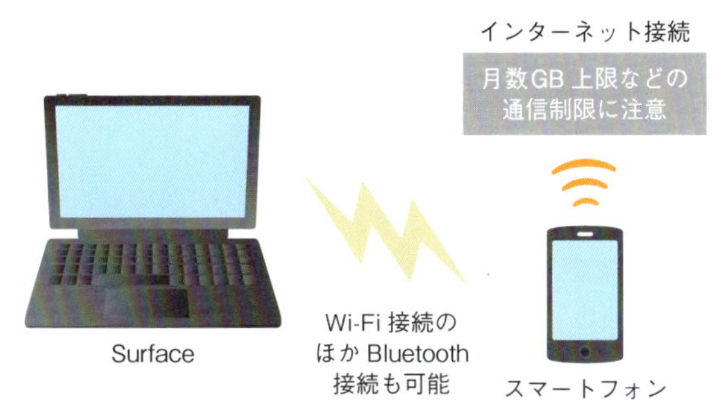

ここがポイント

●Bluetooth テザリング

スマートフォンが Bluetooth によるテザリングをサポートしていれば、Bluetooth によるインターネット接続も可能だ。Surface とスマートフォンを Bluetooth でペアリング（P.056 参照）したのち❶、コントロールパネル（アイコン表示）から「デバイスとプリンター」を選択。「デバイスとプリンター」からスマートフォンを右クリック／長押しタップして❷、ショートカットメニューから「接続方法」→「アクセスポイント」と選択すれば❸ Bluetooth テザリングを行える❹。

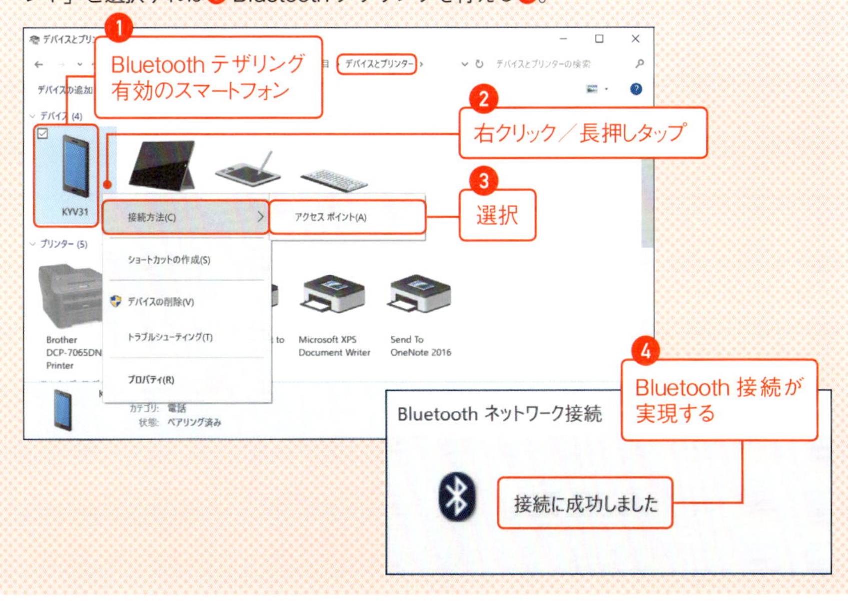

● モバイルルーター

モバイルルーターはデータ通信専用の端末で、小型ながら家庭用のルーターと同様に高度なセキュリティ設定が可能です（マルチ SSID や MAC アドレスフィルタリングなど）。また、SIM フリーのモバイルルーターをチョイスすれば格安 SIM を使うこともできます。

● 公衆無線 LAN

屋外でのインターネット接続手段としては「公衆無線 LAN」も存在します。しかしセキュリティを考えた場合、無料のものや個人が開放しているアクセスポイントではなく、暗号化が施されていて信頼のおけるプロバイダーのサービスを利用するようにします。また、ネットワークプロファイルとして「パブリックネットワーク」を適用することも大切です（P.233 参照）。

● モバイル無線 LAN アクセスポイント（ホテル用ルーター）

宿泊施設などではインターネット接続サービスが「有線 LAN のみ」という場所もあります。そのような有線 LAN 接続を無線 LAN に変換できるのが「モバイル無線 LAN アクセスポイント（ホテル用ルーター）」です。
機能としてはルーターと同等なので、1 つの有線 LAN 回線を無線 LAN 化したうえで複数の PC でインターネットを活用することができます。

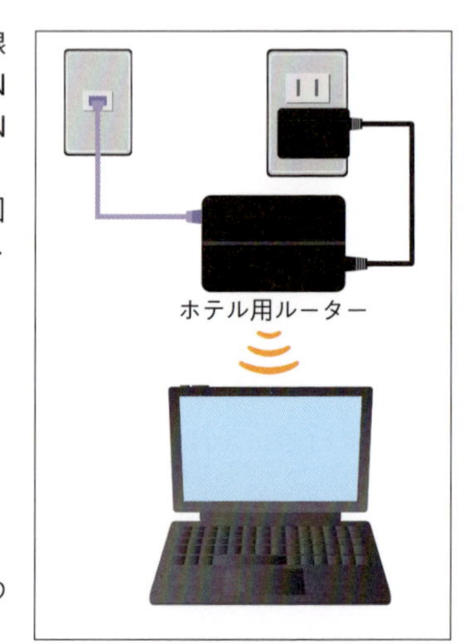

ポータブルルーター（写真はエレコムの「WRB-300FEBK」）

テク 132 Wi-Fi 接続でネットワークアクセスをしたい

Wi-Fi 接続によるネットワークアクセス

1 通知領域の「 (ネットワーク)」アイコンをクリック/タップして❶、接続したいアクセスポイント名 (SSID) をクリック/タップします❷。

2 「自動的に接続」をチェックして❶、「接続」ボタンをクリック/タップします❷。

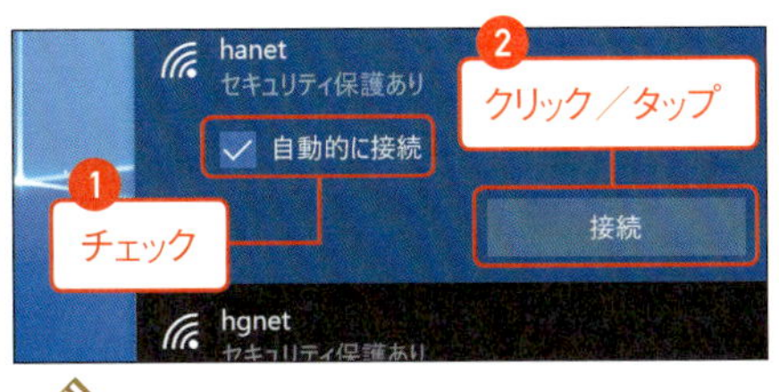

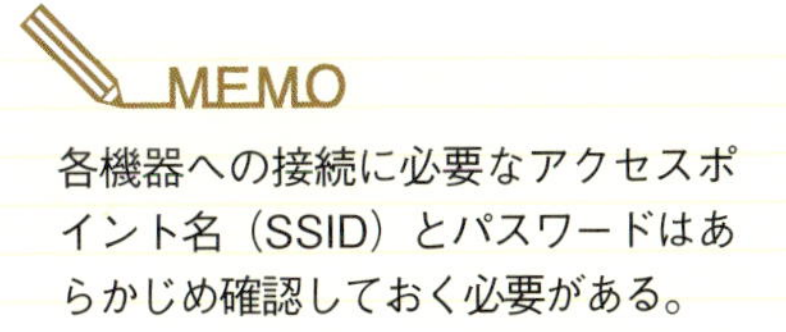

MEMO

各機器への接続に必要なアクセスポイント名 (SSID) とパスワードはあらかじめ確認しておく必要がある。

3 セキュリティキー (暗号化キー) を入力して❶、「次へ」ボタンをクリック/タップします❷。

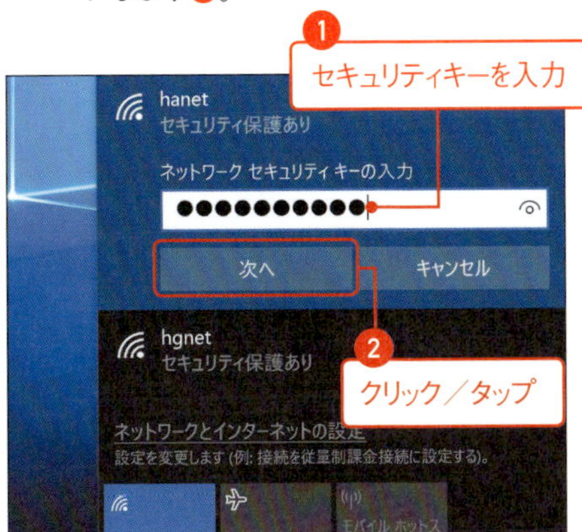

4 ローカルエリアネットワーク内のネットワークデバイスから検索可能にするなら「はい」を、自分の Surface を参照されたくないネットワークに接続する場合には「いいえ」を選択します。

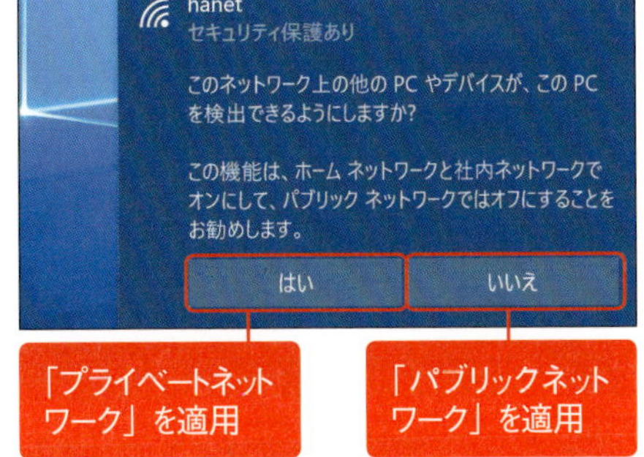

5 ネットワークへの接続が完了します。正常に Wi-Fi 接続が完了すれば、「接続済み」と表示されます。

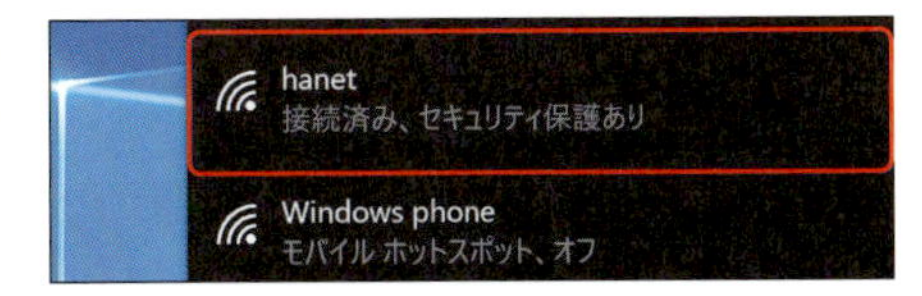

テク 133

ステルス設定されたアクセスポイントに接続したい

ステルス設定されたアクセスポイントに接続する

「SSID ステルス設定」とは無線 LAN のセキュリティの 1 つで、アクセスポイント名（SSID）を周囲に知らせない機能です。接続設定の際に一覧に該当アクセスポイント名が表示されないため、通常の Wi-Fi 接続とは別の手順で接続設定を行う必要があります。

1 通知領域の「 （ネットワーク）」アイコンをクリック／タップして❶、「非公開のネットワーク」をクリック／タップします❷。

MEMO

「設定」から「ネットワークとインターネット」→「Wi-Fi」と選択して、「利用できるネットワークの表示」をクリック／タップしても同様に設定できる。

2 「自動的に接続」をチェックして❶、「接続」ボタンをクリック／タップします❷。

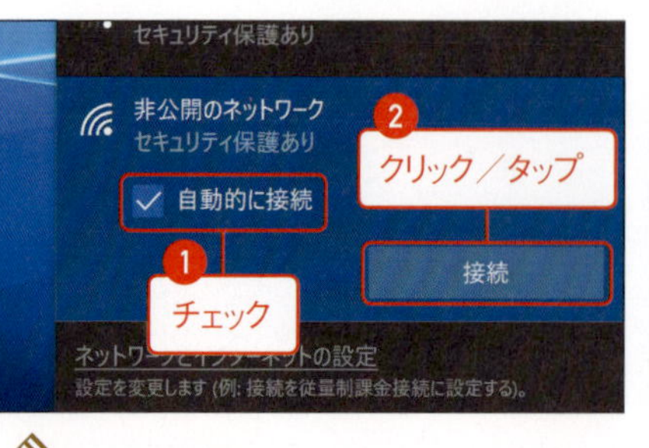

3 アクセスポイント名（SSID）を入力します❶。「次へ」ボタンをクリック／タップします❷。

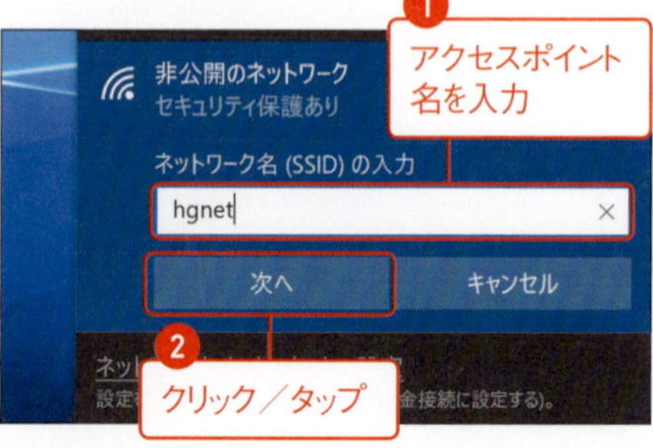

MEMO

SSID ステルスでは、このアクセスポイント名（SSID）をブロードキャストしないことでセキュリティを高めているため、接続設定時には手動でアクセスポイント名（SSID）を入力する必要がある。

4 セキュリティキー(暗号化キー)を入力して❶、「次へ」ボタンをクリック／タップします❷。

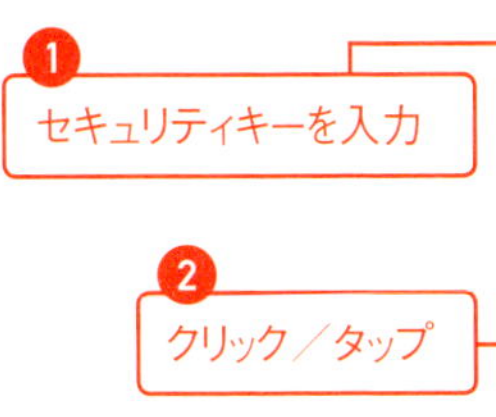

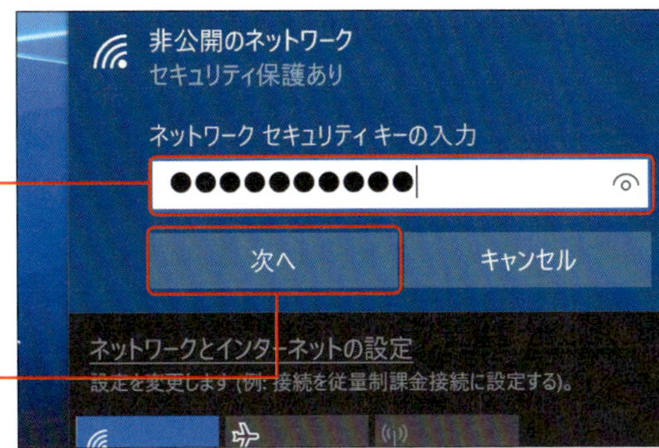

5 ローカルエリアネットワーク内のネットワークデバイスから検索可能にするなら「はい」を、自分の Surface を参照されたくないネットワークに接続する場合には「いいえ」を選択します。

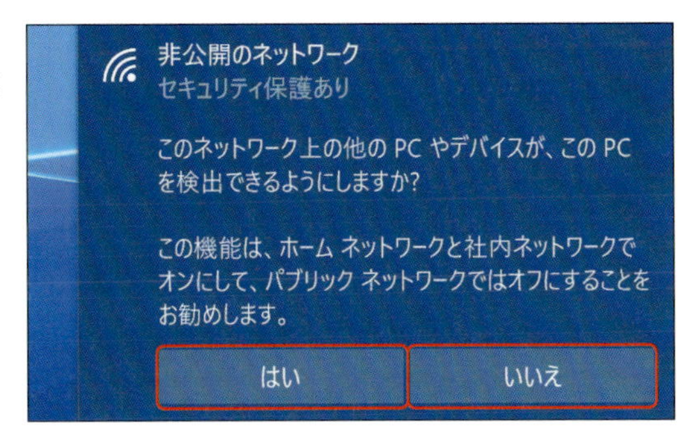

MEMO

ネットワークプロファイルとして「はい」は「プライベートネットワーク」、「いいえ」は「パブリックネットワーク」を選択したことになる。詳しくは P.236 を参照。

MEMO

ネットワーク環境によっては、この選択肢は表示されない場合がある。

6 ネットワークへの接続が完了します。正常に Wi-Fi 接続が完了すれば、「接続済み」と表示されます。

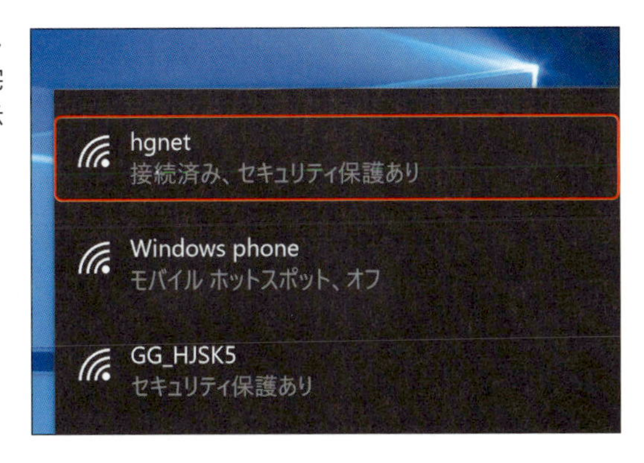

テク134 ネットワークプロファイルでアクセスポイントの共有を設定したい

プロファイルを選択してセキュアにネットワークを利用する

ネットワーク接続においては「プライベートネットワーク」と「パブリックネットワーク」というプロファイルが存在します。信頼できるネットワーク環境であり各PCとの共有を実現したい場合には「プライベートネットワーク」、公衆無線LANなど他のPCと共有したくない場合には「パブリックネットワーク」を選択するようにします。

1 「設定」から「ネットワークとインターネット」→「Wi-Fi」を選択します❶。任意のアクセスポイントに接続したうえで「接続しているアクセスポイント名」をクリック／タップします❷。

2 「このPCを検出可能にする」欄で、「プライベートネットワーク」に設定したい場合には「オン」、「パブリックネットワーク」に設定したい場合には「オフ」に設定します。

ここがポイント

●現在のプロファイルを確認する

ネットワークプロファイルが「プライベートネットワーク」か「パブリックネットワーク」かの確認は、コントロールパネルの「ネットワークと共有センター」で確認できる。なお、プライベートネットワークでは「ネットワーク探索」「ファイルとプリンターの共有」などが有効になる。

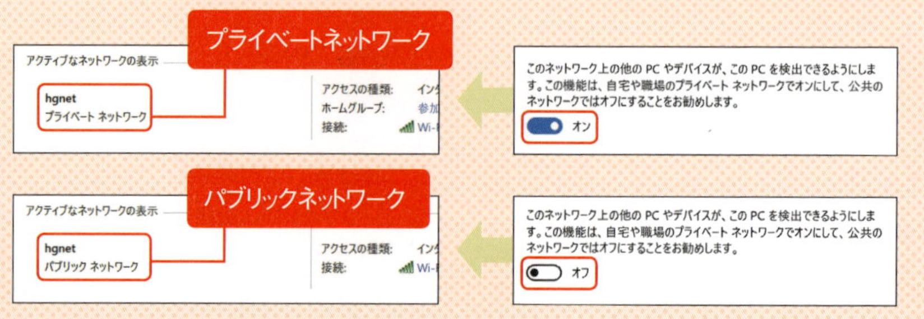

テク 135

現在のWi-Fi接続に対して従量制課金接続を適用したい

通信量を軽減できる従量制課金接続の設定

Wi-Fi接続では、アクセスポイントごとに「定額制課金接続」か「従量制課金接続」かを設定できます。「定額制課金接続」はいくら通信量が増えても固定料金（屋内の無線LAN運用など）、「従量制課金接続」は通信量が増えるにしたがって課金される通信です（日本国内のモバイル通信事情を踏まえた場合「通信量に上限がある接続（スマートフォンにおける月／日の通信量制限等）」を意味します）。アクセスポイントを「従量制課金接続」に設定して通信量を抑えたい場合には、以下の手順で設定します。

1 「設定」から「ネットワークとインターネット」→「Wi-Fi」を選択します❶。「接続しているアクセスポイント名」をクリック／タップします❷。

MEMO

「従量制課金接続」はWi-Fi接続におけるアクセスポイントごとに設定できる。

2 「従量制課金接続」欄、「従量制課金接続として設定する」をオンにします。従量制課金接続に対応したアプリや一部のWindows動作（Windows Updateなど）において、この設定を有効にすることで通信量を抑えることができます。

テク 136

通信機能を停止したい

Wi-Fi 接続（無線 LAN 機能）の停止

→ 「設定」から「ネットワークとインターネット」→「Wi-Fi」を選択します❶。「Wi-Fi」をオフにします❷。

すべてのワイヤレスデバイスを停止する

機内モードを有効にすれば、すべてのワイヤレスデバイスの通信を停止できます。

●「設定」からの停止

→ 「設定」から「ネットワークとインターネット」→「機内モード」を選択します❶。「機内モード」をオンにします❷。

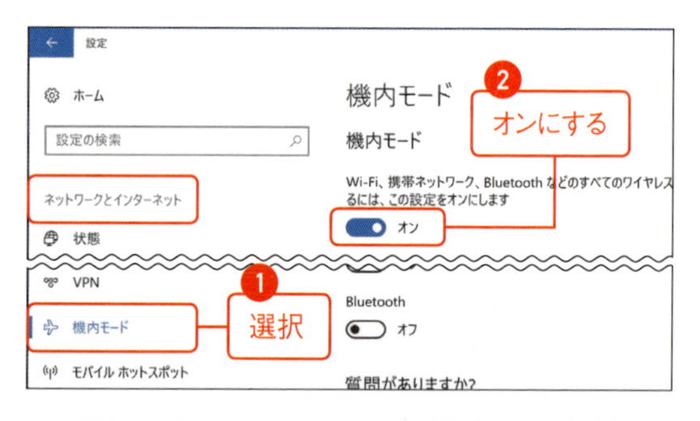

●アクションセンターからの停止

→ アクションセンターを開いて、「機内モード」タイルをクリック／タップします❶。機内モードがオンになり、Wi-Fi と Bluetooth がオフになります❷。

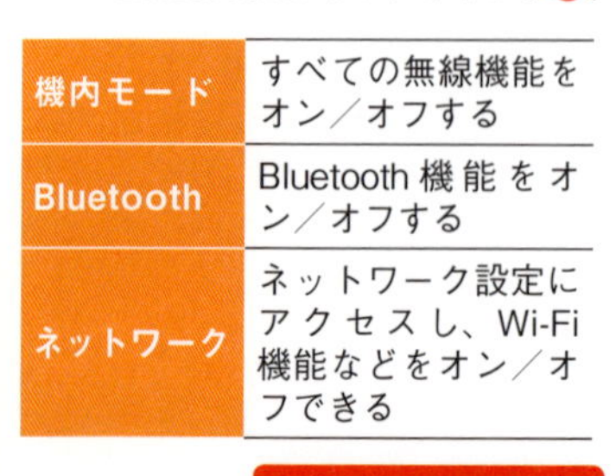

機内モード	すべての無線機能をオン／オフする
Bluetooth	Bluetooth 機能をオン／オフする
ネットワーク	ネットワーク設定にアクセスし、Wi-Fi 機能などをオン／オフできる

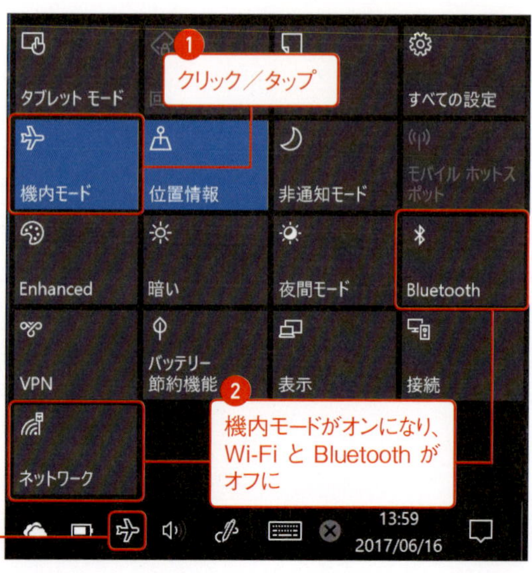

テク 137 ネットワーク情報を確認したい

ネットワーク情報を確認する

1 「設定」から「ネットワークとインターネット」→「Wi-Fi」を選択します❶。Wi-Fi が接続されている状況で、「Wi-Fi」欄内にある「接続しているアクセスポイント名」をクリック／タップします❷。

2 「プロパティ」欄でネットワーク情報を確認できます。

項目	内容
SSID	現在 Wi-Fi 接続しているアクセスポイントの SSID を確認できる
プロトコル	現在 Wi-Fi 接続しているアクセスポイントの無線 LAN 規格を確認できる
セキュリティの種類	現在 Wi-Fi 接続しているアクセスポイントの暗号化モードを確認できる
ネットワーク帯域	無線 LAN の帯域（2.4GHz ／ 5GHz）を確認することができる
ネットワークチャネル	無線 LAN のチャネルを確認することができる
IPv6 ／ IPv4 アドレス	割り当てられた IPv6 ／ IPv4 アドレスを確認できる
IPv6 ／ IPv4DNS サーバー	DNS サーバーのアドレスを確認できる
製造元	ネットワークアダプターの製造元を確認できる
説明	ネットワークアダプターの型番を確認できる
ドライバーのバージョン	ネットワークアダプターのデバイスドライバーのバージョンを確認できる
物理アドレス	ネットワークアダプターの MAC アドレスを確認できる

MEMO

ネットワーク情報を表示した状態で、「プロパティ」欄下部にある「コピー」ボタンをクリック／タップして「メモ帳」や「Word」などを起動して貼り付ければ（ショートカットキー Ctrl ＋ V キーを入力）、ネットワーク情報をテキスト化できる。

SSID: GG_HJSK5
プロトコル: 802.11ac
セキュリティの種類: WPA2-パーソナル
ネットワーク帯域: 5 GHz
ネットワーク チャネル: 36
IPv4 アドレス: 192.168.10.28
IPv4 DNS サーバー: 8.8.8.8
208.67.222.222
製造元: Marvell Semiconductor, Inc.
説明: Marvell AVASTAR Wireless-AC Network Controller
ドライバーのバージョン: 15.68.9114.29
物理アドレス (MAC):

テク138 Wi-Fiの接続設定を削除したい

Wi-Fiの接続設定を削除する

任意に設定したWi-Fi接続の設定を削除したい場合には、以下の手順に従います。

1 「設定」から「ネットワークとインターネット」→「Wi-Fi」を選択して❶、「既知のネットワークの管理」をクリック／タップします❷。

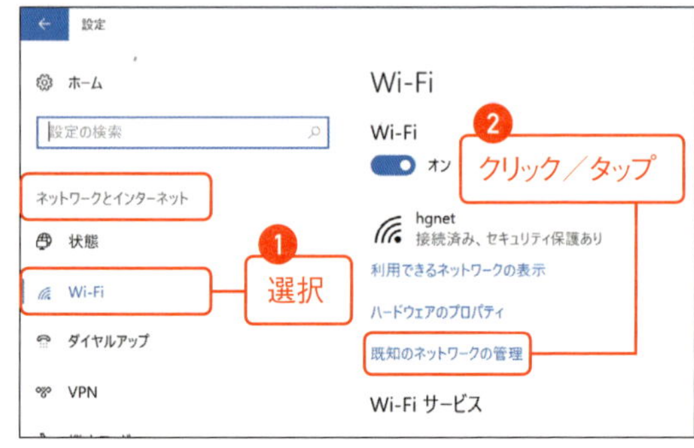

2 「既知のネットワークの管理」から削除したいアクセスポイントをクリック／タップします。

3 「削除」ボタンをクリック／タップします。

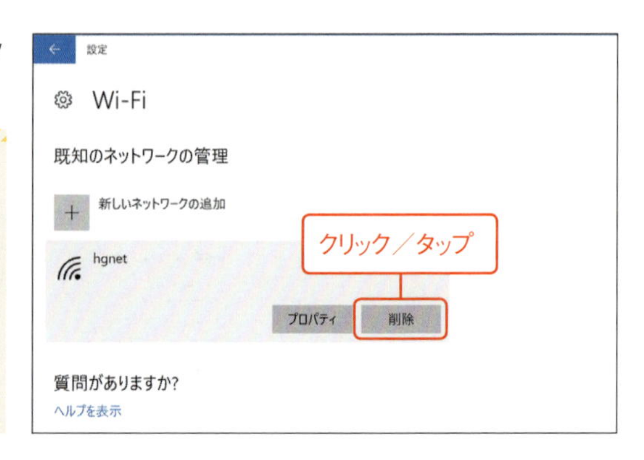

注意

アクセスポイントを削除してしまうと、以後該当アクセスポイントには接続できない。自動接続も行われなくなり、接続には再設定が必要になる。

テク 139

有線 LAN 接続時のネットワーク情報を確認したい

有線 LAN におけるプロファイル選択

Surface で有線 LAN を利用している環境において（Surface イーサネットアダプター／Surface Dock ／サードパーティ LAN アダプターなどを利用している環境)、有線 LAN に対するネットワークプロファイルを指定したい場合には、以下の手順に従います。

1 「設定」から「ネットワークとインターネット」→「イーサネット」を選択します❶。有線 LAN が接続されている状況で、「イーサネット」欄にある［現在のネットワーク接続］をクリック／タップします❷。

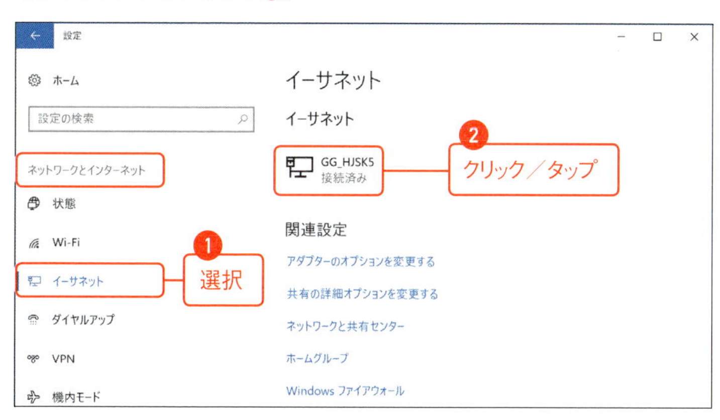

2 「この PC を検出可能にする」欄で、「プライベートネットワーク」に設定したい場合には「オン」、「パブリックネットワーク」に設定したい場合には「オフ」に設定します。

有線 LAN 接続時のネットワーク情報を確認する

1 「設定」から「ネットワークとインターネット」→「イーサネット」を選択します❶。有線LANが接続されている状況で、「イーサネット」欄にある［現在のネットワーク接続］をクリック／タップします❷。

2 「プロパティ」欄でネットワーク情報を確認できます。

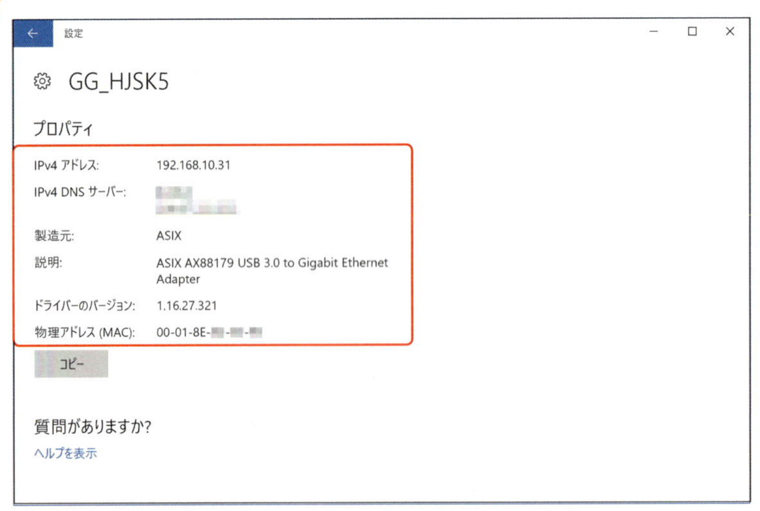

IPv6 ／ IPv4 アドレス	割り当てられた IPv6 ／ IPv4 アドレス
IPv6 ／ IPv4DNS サーバー	DNS サーバーのアドレス
製造元	ネットワークアダプターの製造元
説明	ネットワークアダプターの型番
ドライバーのバージョン	ネットワークアダプターのデバイスドライバーのバージョン
物理アドレス	ネットワークアダプターの MAC アドレス

テク 140

コントロールパネルから ネットワーク情報を確認したい

ネットワークアダプターからネットワーク情報を確認する

Windows OS 全般で各ネットワークアダプターからネットワーク情報を確認したい場合には、以下の手順に従います。

1 コントロールパネル（アイコン表示）から「ネットワークと共有センター」を選択します❶。「接続」に表示されているネットワークアダプター／アクセスポイントをクリック／タップします❷。

2 基本情報を確認できます。詳細情報を確認したい場合には、「詳細」ボタンをクリック／タップします。

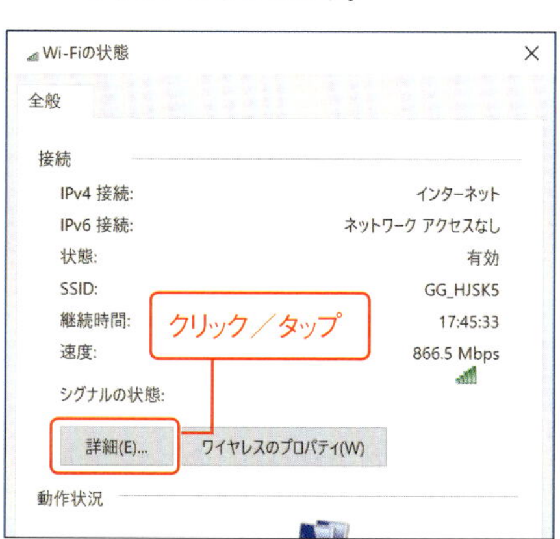

3 ネットワーク情報の詳細を確認することができます。

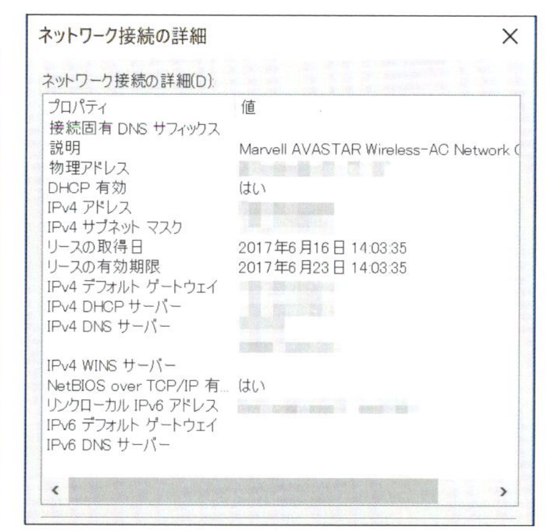

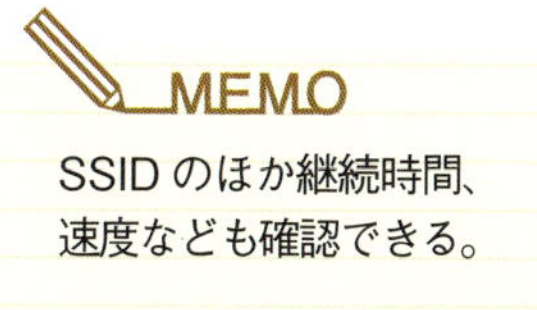

SSID のほか継続時間、速度なども確認できる。

説明	ネットワークアダプターの型番
物理アドレス	ネットワークアダプターの MAC アドレス
IP ～ アドレス	割り当てられた IP ～ アドレス
IP ～ デフォルトゲートウェイ	デフォルトゲートウェイアドレス

6-02 クラウドの活用と OneDrive／他媒体とのクラウド連携

POINT データを効率よく編集するのであれば、オフィス内や家の据え置き型デスクトップPC で大まかな骨格を作り、出先や空いた時間に Surface でデータの確認&修正を行うなどが有効です。こうした「どの場所&どの媒体でもデータにアクセス」という環境を実現できるのが「クラウド」であり、Surface に標準搭載されている Windows 10 のクラウドが「OneDrive」です。

どこでも&どの媒体でも同じデータにアクセスできるクラウド

クラウドとは、インターネットの先にあるサーバー上にデータを保存できるサービスのことで、どの場所&どの媒体からでもデータにアクセスできるのが特徴です。

Surface やデスクトップ PC ／ノート PC などの「Windows PC」 はもちろん、iOS ／ Android を搭載したスマートフォン／タブレットでもクラウドにアクセスすることでデータを共有できます。クラウドを活用することで、いつでもどこでもデータにアクセスできるようになり、効率のよいデータ編集が可能になるのです。

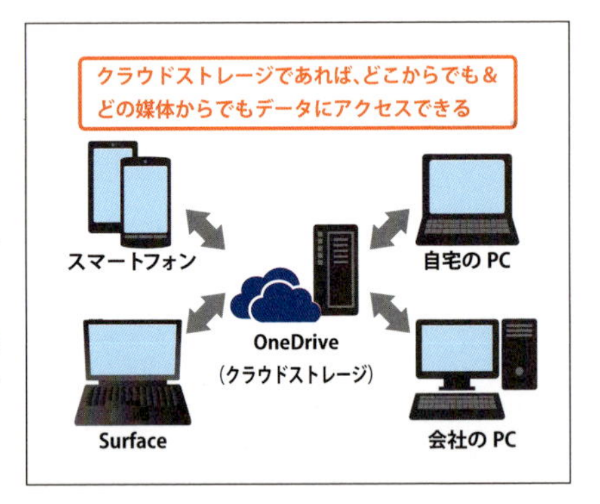

オフラインでもクラウド上のデータにアクセスできる

一般的なクラウドはインターネットの先にあるサーバーであるため、データにアクセスするには「オンライン（インターネット接続状態）」であることが前提になります。

しかし、必ずしもオンライン状態を維持できるとは限りません。たとえばプレゼン会場が地下だった場合、インターネット接続を確立できずクラウド上にあるプレゼンテーションファイルにアクセスできないなどの問題が一般的なクラウドであれば起こりえるのです。

しかし、Windows 10の「OneDrive」はクラウドストレージ内にあるデータファイルを PC のローカルドライブにキャッシュする構造であるため、オフライン（インターネット未接続状態）であってもデータファイルにアクセスできます。

また、オフライン状態でデータファイルに更新があった場合には、オンラインになった際にクラウドストレージ間で自動的に更新を確認して同期するという優れた機能も持ちます。

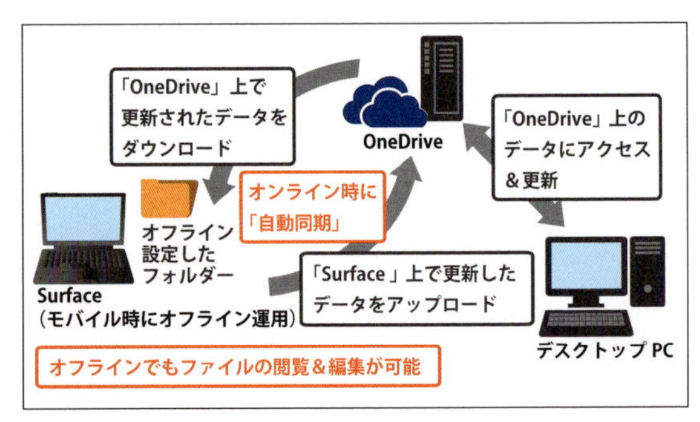

テク 141

OneDrive にアクセスしたい

OneDrive をエクスプローラーで操作する

エクスプローラーから OneDrive にアクセスするには、環境によっては表示されるウィザードに従って初期セットアップを完了しておく必要があります。

1 エクスプローラーのナビゲーションウィンドウから、「OneDrive」を選択します。

2 クラウドストレージ「OneDrive」にアクセスできます。通常のローカルドライブ同様にファイルやフォルダーをコピーすることや編集することができます。

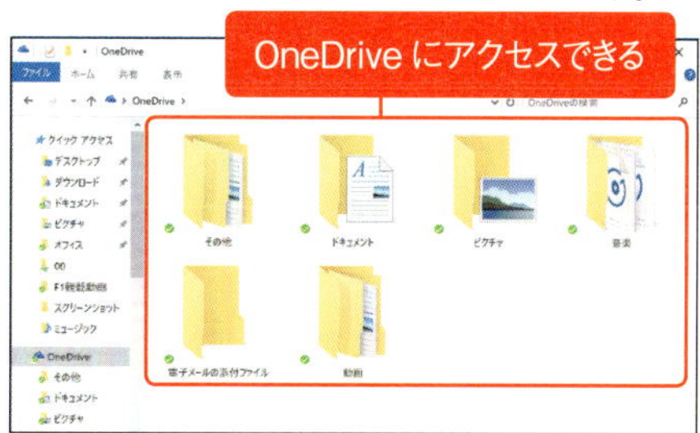

MEMO

エクスプローラーの「OneDrive」で編集した内容は、オンライン時にクラウドストレージと自動的に同期される。

OneDrive を Web ブラウザーで操作する

1 通知領域にある「OneDrive」アイコンを右クリック／長押しタップして❶、ショートカットメニューから「オンラインで表示」を選択します❷。

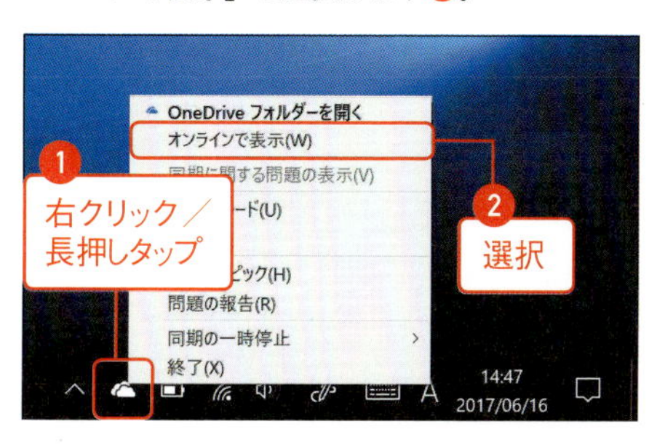

2 Web ブラウザーで「OneDrive.com」にアクセスできます。ファイルを「開く」ことや、ファイルやフォルダーを選択したのちに上部のメニューからファイル操作を行うことも可能です。

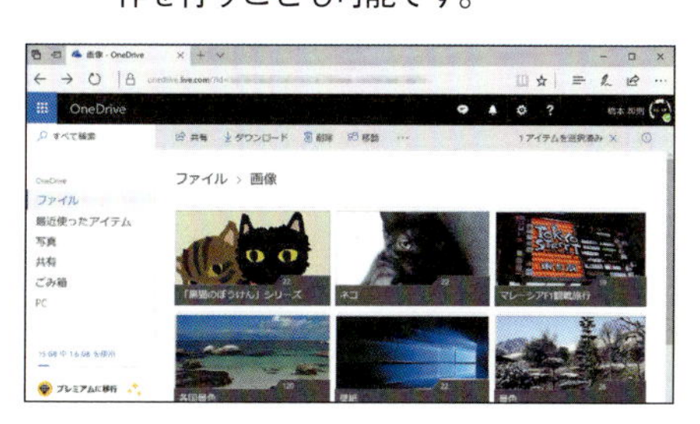

テク 142 Surface 以外の媒体から OneDrive にアクセスしたい

Web ブラウザーから OneDrive にアクセスする

Microsoft アカウントでサインインしている環境以外から OneDrive のクラウドストレージにアクセスしたい場合には、以下の手順に従います。この手順により、各 Windows OS のほか、スマートフォン／タブレットでも OneDrive にアクセスできます。

1 Web ブラウザーから「https://onedrive.live.com/」にアクセスします。「サインイン」をクリック／タップします。

2 Microsoft アカウントとパスワードを入力して❶、「サインイン」ボタンをクリック／タップします❷。

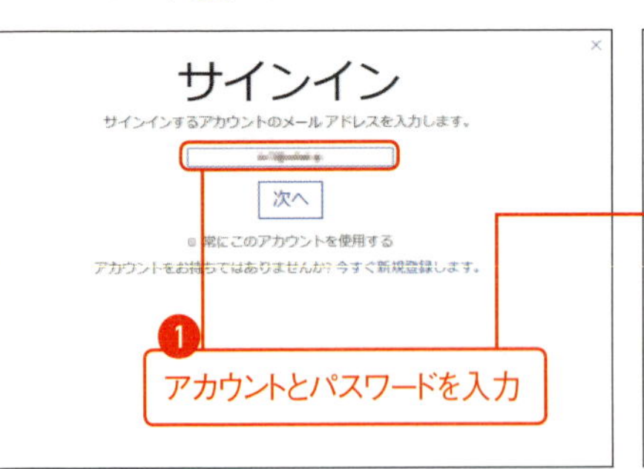

3 Web ブラウザーで OneDrive のクラウドストレージにアクセスできます。

スマートフォン／タブレットのアプリからアクセスする

iOS（iPhone ／ iPad）や Android で OneDrive のクラウドストレージにスムーズにアクセスしたい場合には、各ストアから OneDrive アプリを入手します。

1 ストア（App Store ／ Google Play）から「OneDrive」を入手します。

2 初期セットアップで、Surface でサインインしている Microsoft アカウントでサインインします。

3 アプリで OneDrive にアクセスできます。

テク 143

OneDriveの同期状況を確認したい

OneDriveの同期状況を確認する

クラウドストレージOneDriveでは、PCとOneDrive間でファイルを自動的に同期する仕組みになっていますが、この同期状況を確認したい場合には、以下の手順に従います。

1 通知領域にある「OneDrive」アイコンをクリック／タップします。

MEMO

通知領域の各種アイコンのアクセスについてはP.156を参照する。また、「OneDrive」アイコンを通知領域に常に表示することも可能。

2 OneDriveの同期状況を確認できます。「同期」マーク、「OneDriveはファイルを更新しています」と表示されているものは同期中（あるいは同期未完了）、「OneDriveは最新の状態です」と表示される場合には同期が完了しています。

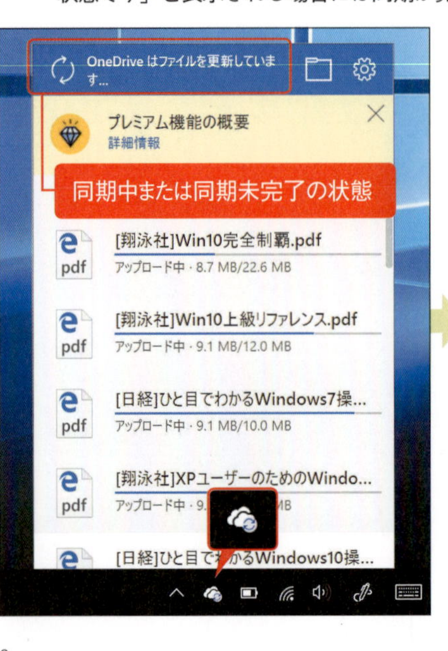

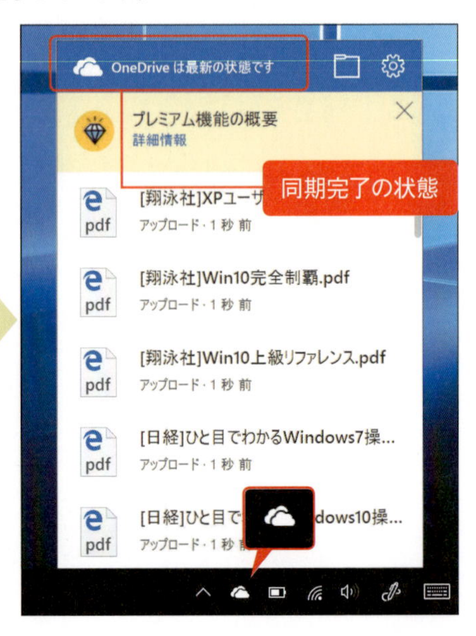

テク144 OneDriveの空き容量を確認したい

OneDriveの空き容量を確認する

1 通知領域にある「OneDrive」アイコンを右クリック／長押しタップして❶、ショートカットメニューから「オンラインで表示」を選択します❷。

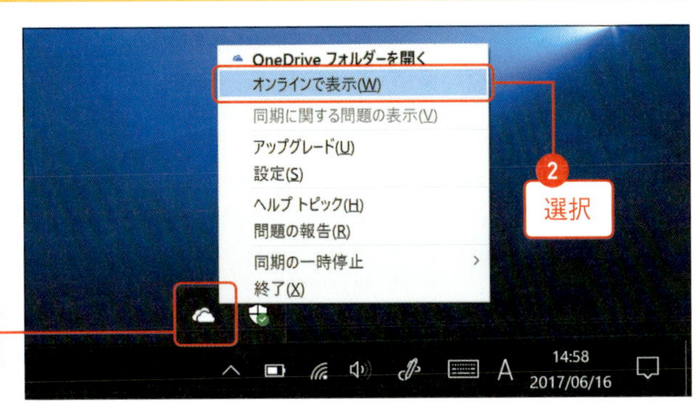

2 「OneDrive.com」の左ペイン下部で全容量（合計）や空き容量を確認することができます。詳細を知りたい場合には「～を使用」をクリック／タップします。

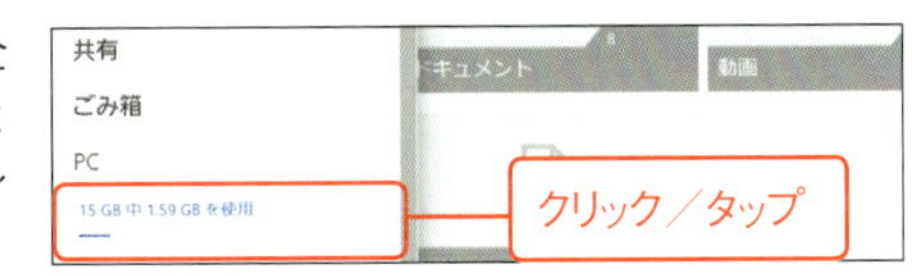

MEMO

左ペインが表示されていない場合には、「☰（ハンバーガーメニュー）」をクリック／タップして表示してから操作を行う。

3 クラウドストレージの容量の詳細を確認することができます。

MEMO

OneDriveの全容量（利用できる容量）は、Microsoftのサービス改定などによって変更される場合がある。

テク 145

OneDriveの画面キャプチャ保存機能をオン／オフにしたい

OneDriveにおけるスクリーンショット機能を制御する

OneDriveにはWindows 10の画面キャプチャをクラウドストレージに保存する機能がありますが、この機能を有効／無効にしたい場合には、以下の手順に従います。

1 通知領域にある「OneDrive」アイコンを右クリック／長押しタップして❶、ショートカットメニューから「設定」を選択します❷。

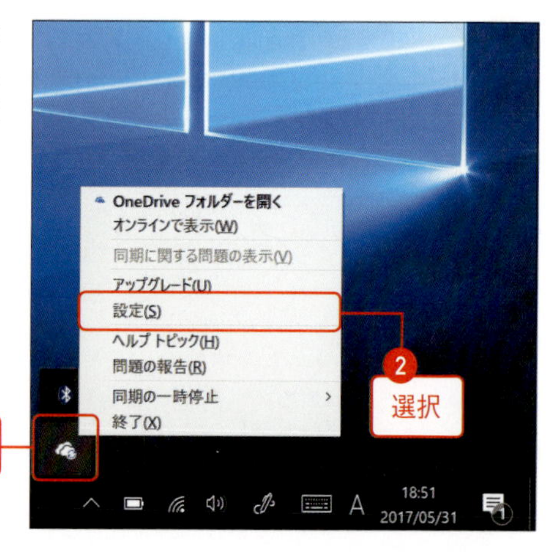

2 「自動保存」タブの「スクリーンショット」欄、「作成したスクリーンショットをOneDriveに自動保存する」のチェックをオン（有効）／オフ（無効）にします。

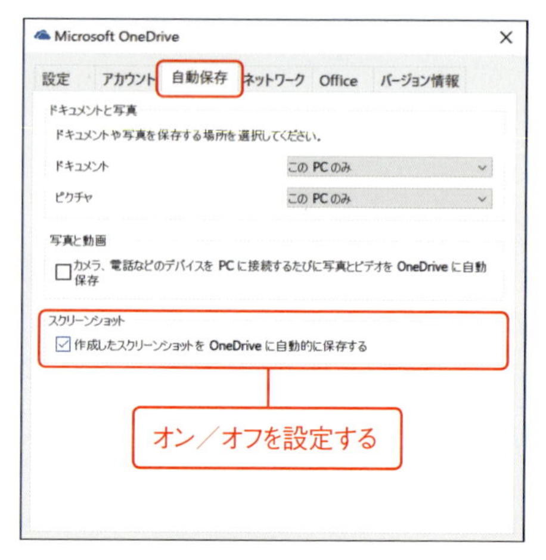

MEMO

「作成したスクリーンショットをOneDriveに自動保存する」が有効の場合、[Print Screen]キーで画面のキャプチャをOneDriveのクラウドストレージに保存することができる。

テク 146

OneDrive上で削除したファイルを復元したい

OneDriveのごみ箱からファイルを復元する

OneDrive上で削除してしまったファイルを復元したい場合には、以下の手順に従います。

1 「OneDrive.com」にアクセスし、左ペインにある「ごみ箱」をクリック／タップします。

MEMO

左ペインが表示されていない場合には、「☰（ハンバーガーメニュー）」をクリック／タップしてから操作を行う。

2 ⓘをクリック／タップします❶。ファイルの内容をプレビューウィンドウで確認することができます❷。

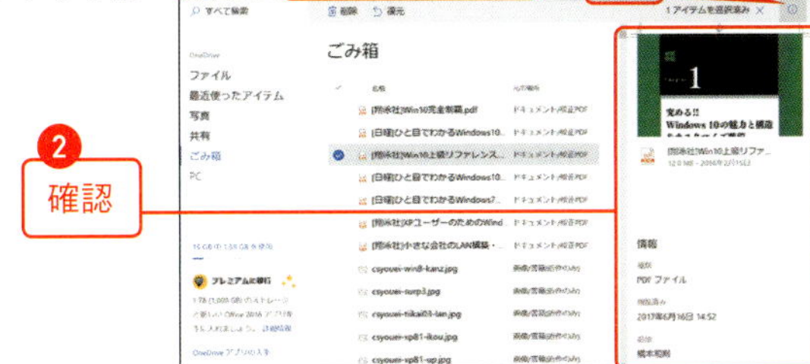

3 復元したい任意のファイルにチェックして❶、「復元」をクリック／タップします❷。選択したファイルを復元することができます。

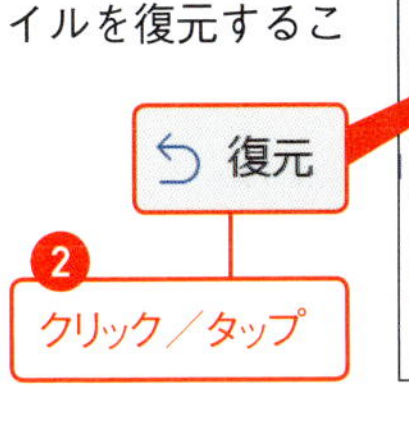

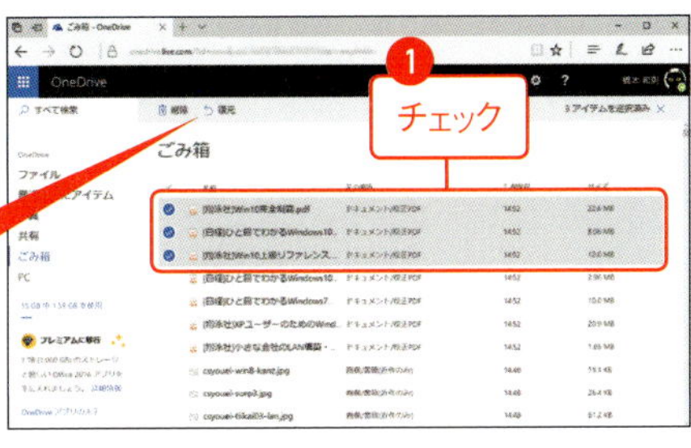

6-03 メールとカレンダー／別クラウドサービスのアカウント活用

Windows 10 Creators Updateにはユニバーサルアプリ「メール」「カレンダー」「People（連絡先管理）」が標準搭載されており、メール／スケジュール／連絡先等の管理を行うことができます。
以前のユニバーサルアプリ「メール」「カレンダー」「People」は一部のメールプロトコルが利用できないことやGoogleカレンダーと同期できないなど機能に不足がありましたが、現在の各ユニバーサルアプリは一般的な機能を満たすため各種クラウドデータを滞りなく活用することができます。

注意

ユニバーサルアプリ「メール」「カレンダー」については、機能としての名称とアプリ名との混同を避けるため､以後「メール（アプリ）」「カレンダー（アプリ）」と表記する。

「メール」「カレンダー」「People」の標準アカウント

Windows 10において「Microsoftアカウント」でサインインしている場合､「メール（アプリ）」「カレンダー（アプリ）」「People」の管理は、「サインインしているMicrosoftアカウント」が標準になります。
たとえば標準状態でカレンダー（アプリ）にイベントを追加した場合、サインインしているMicrosoftアカウントにイベント情報が保存されます。

「通知」が行えるユニバーサルアプリ

デスクトップアプリのメールソフトでは通常、メッセージが届いた際にメールソフトが起動していないと通知を受け取れません。一方、ユニバーサルアプリではWindows 10と連携して通知を行えるため、トースト通知やアクションセンターで通知を確認できます。

MEMO

「メール（アプリ）」「カレンダー（アプリ）」「People」ではGoogleやiCloudなどの別クラウドサービスのアカウントを扱うことができる。
たとえば、既存でGoogleアカウントを利用してメール／カレンダー／連絡先を管理しているのであれば、これらのクラウドデータを「メール（アプリ）」「カレンダー（アプリ）」「People」と同期して活用することも可能（P.253参照）。

テク 147 別クラウドサービスのアカウントを「メール」「カレンダー」「People」で利用したい

Google アカウント（Gmail）を追加する

Windows 10の「メール（アプリ）」「カレンダー（アプリ）」「People」では別クラウドサービスのアカウントを利用することができます。ここではGoogleアカウントを例にとって、アカウントの追加を解説します。

1 「メール（アプリ）」から⚙をクリック／タップして❶、「アカウントの管理」をクリック／タップします❷。

MEMO

「メール（アプリ）」の各種オブジェクトの配置は、アプリの表示サイズによって異なる。

2 「アカウントの追加」をクリック／タップして❶、「Google」をクリック／タップします❷。

「⚙設定」から「アカウント」→「メール＆アプリのアカウント」を選択して、「アカウントの追加」をクリック／タップすることでもアカウント登録が可能。

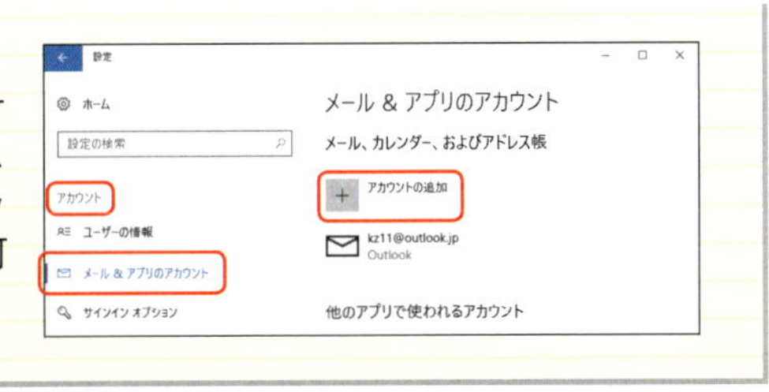

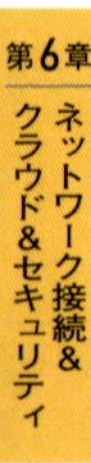

3 Google アカウント（Gmail アドレス）を入力して❶、「次へ」ボタンをクリック／タップします❷。

4 Google アカウントのパスワードを入力して❶、「次へ」ボタンをクリック／タップします❷。

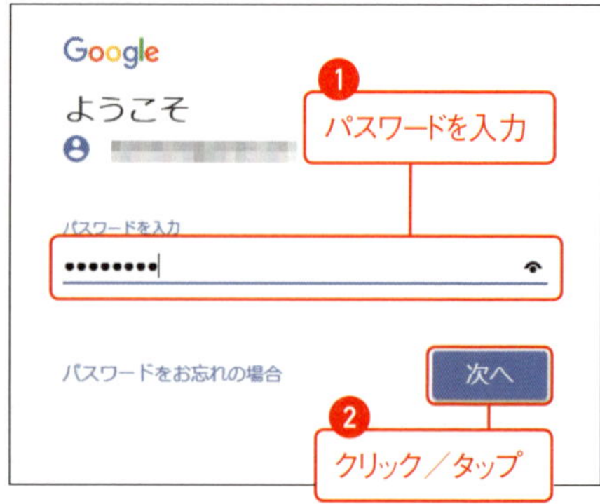

5 「Windows が次のスコープをリクエストしています」の内容を確認して❶、「許可」ボタンをクリック／タップします❷。

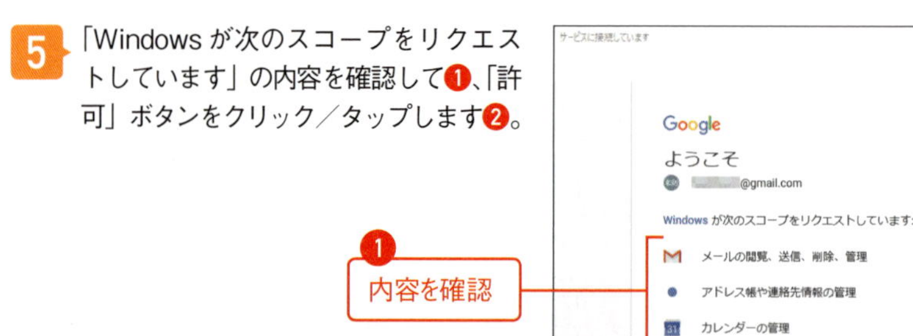

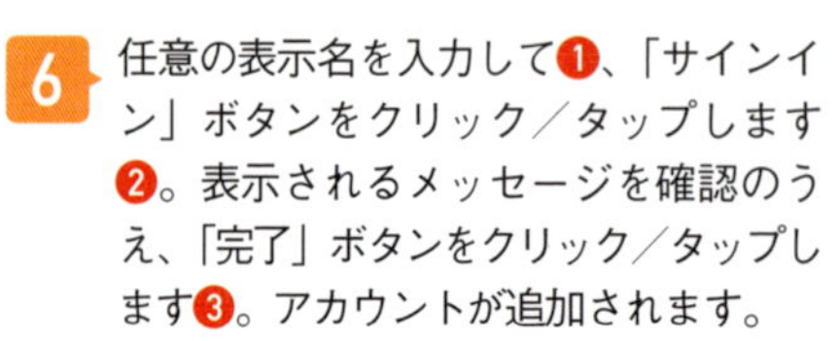

6 任意の表示名を入力して❶、「サインイン」ボタンをクリック／タップします❷。表示されるメッセージを確認のうえ、「完了」ボタンをクリック／タップします❸。アカウントが追加されます。

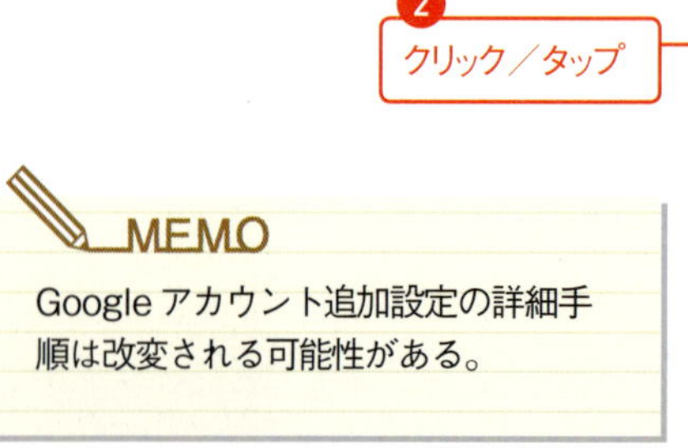

MEMO

Google アカウント追加設定の詳細手順は改変される可能性がある。

テク 148

「メール（アプリ）」を使いやすくカスタマイズしたい

「メール（アプリ）」でのアカウントの切り替え

「メール（アプリ）」で複数のアカウントを扱っている場合において、表示アカウントを任意に切り替えたい場合には、以下の手順に従います。

1 をクリック／タップします。

「メール（アプリ）」の表示サイズによってはこの操作は必要ない。

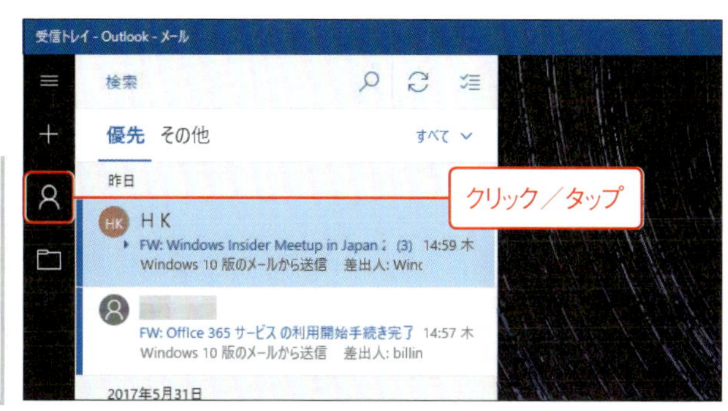

2 任意のアカウントをクリック／タップします。該当アカウントのメール管理を行うことができます。

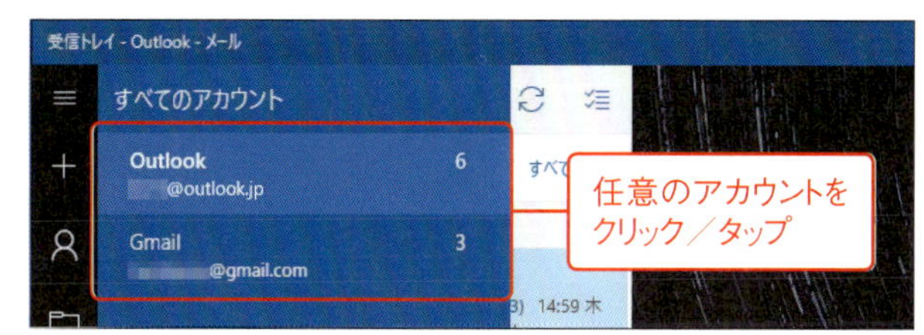

任意のアカウントを［スタート］メニューのタイルにピン留めする

「メール（アプリ）」では複数のアカウントを管理することができますが、任意のアカウントをタイルとして［スタート］メニューにピン留めしたい場合には、以下の手順に従います。

1 をクリック／タップします。

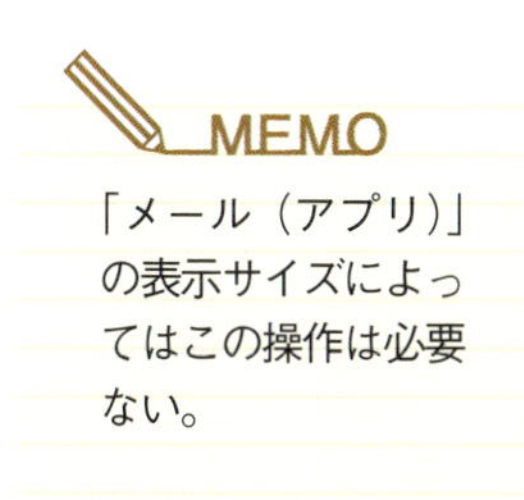

「メール（アプリ）」の表示サイズによってはこの操作は必要ない。

2 任意のアカウントを右クリック／長押しタップして❶、ショートカットメニューから「スタート画面にピン留め」を選択します❷。

3 「はい」ボタンをクリック／タップします。

このアプリは、タイルをスタートにピン留めしようとしています

このタイルをスタートにピン留めしますか?

クリック／タップ

はい　いいえ

4 指定のアカウントが［スタート］メニューのタイルとしてピン留めされます。

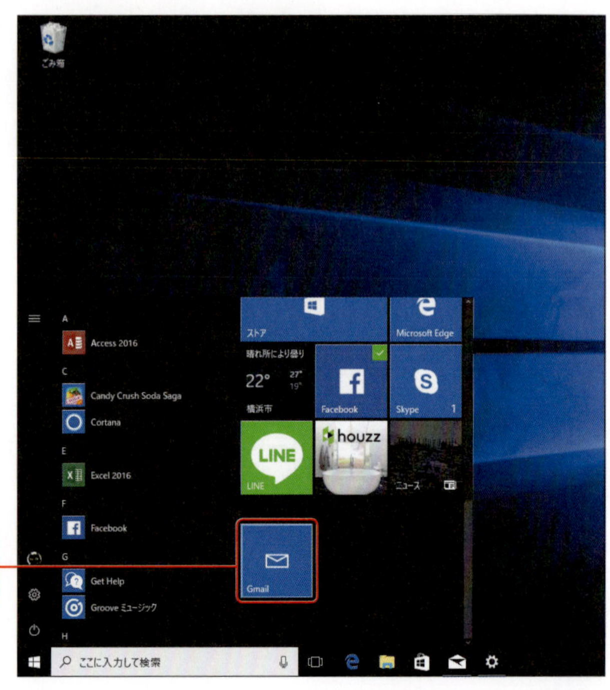

同期するメールの期間を指定する

「メール（アプリ）」で同期するメールの期間を指定したい場合には、以下の手順に従います。

1 「メール（アプリ）」から⚙をクリック／タップします。

2 「アカウントの管理」をクリック／タップします。

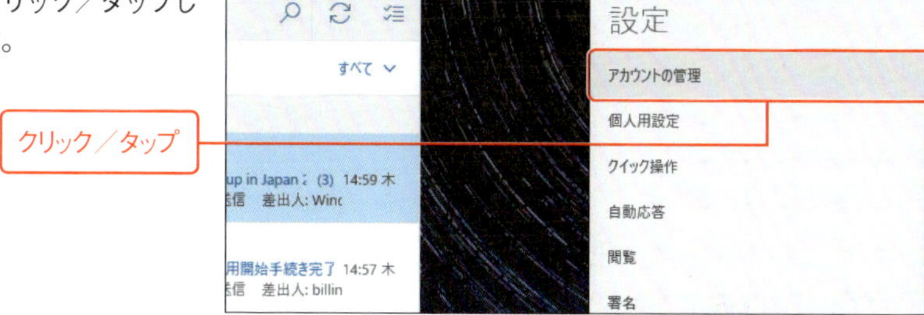

3 同期するメールの期間を設定したい任意のアカウントをクリック／タップして❶、「メールボックスの同期設定を変更」をクリック／タップします❷。

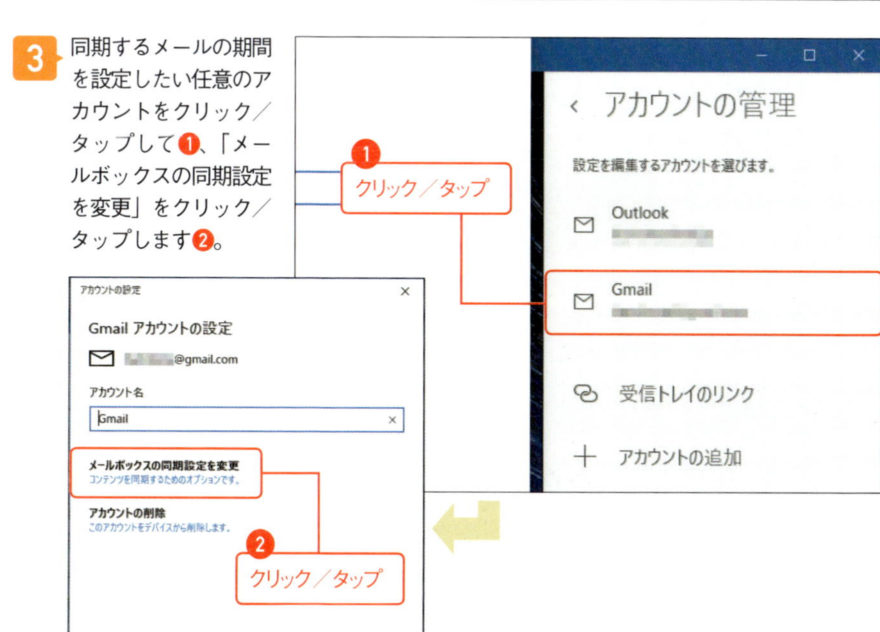

4 「ダウンロードするメールの期間」から任意の期間を設定して❶、「完了」ボタンをクリック／タップします❷。

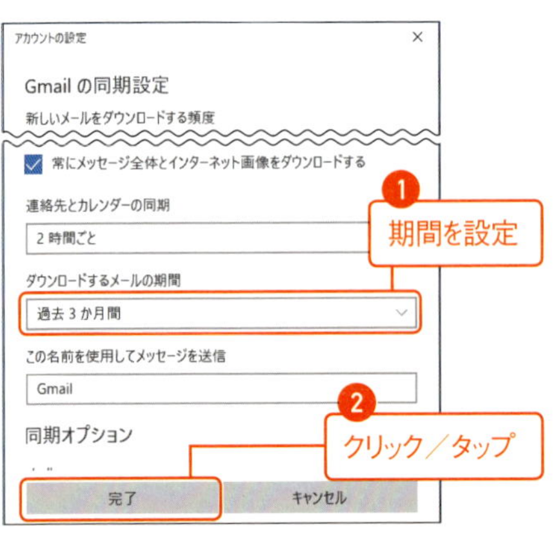

5 「保存」ボタンをクリック／タップします。同期するメールの期間が変更されます。

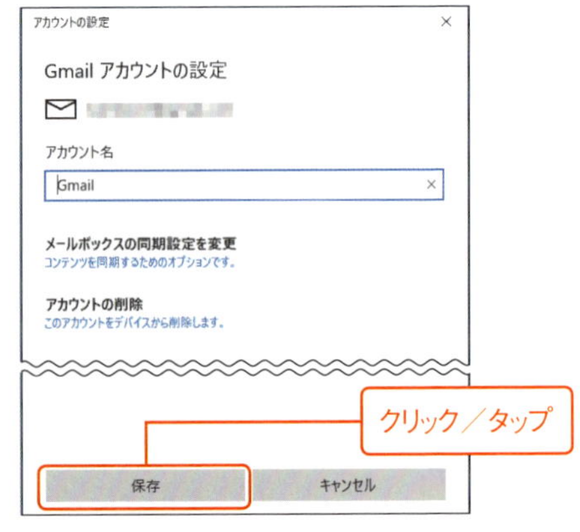

メッセージのスワイプ操作を指定する

「メール（アプリ）」のメッセージを左右にスワイプすることによりメッセージ操作が可能です。この各操作に任意の機能を割り当てたい場合には、以下の手順に従います。

1 「メール（アプリ）」から ⚙ をクリック／タップし❶、「クイック操作」をクリック／タップします❷。

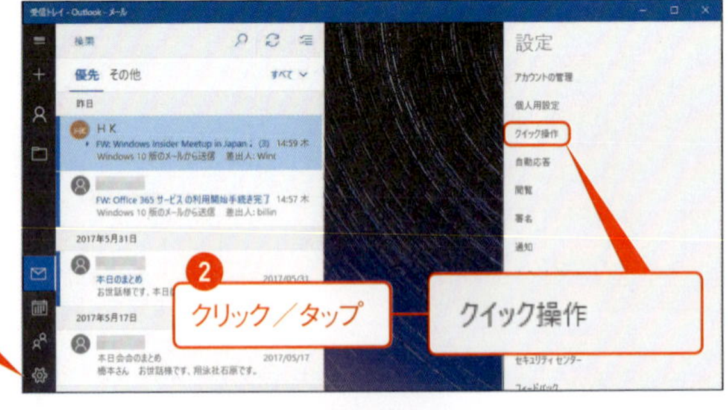

2 「スワイプによる操作」欄がオンになっていることを確認したうえで❶、「アカウントの選択」から操作を適用したいアカウントを選択するか「すべてのアカウントに適用する」にチェックします❷。「右方向にスワイプ」欄、あるいは「左方向にスワイプ」欄から任意の動作を選択します❸。

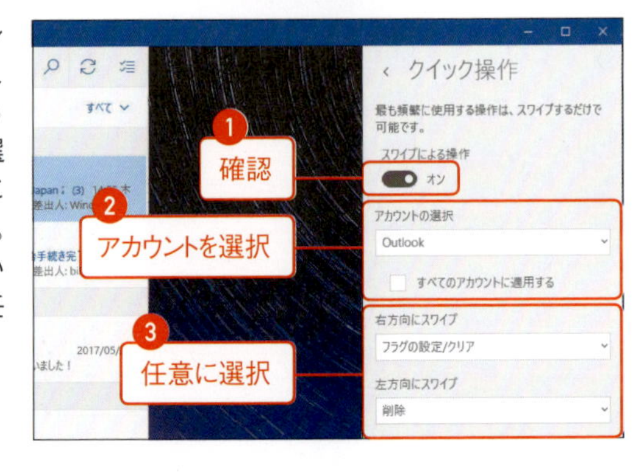

通知の設定を行う

1 「メール（アプリ）」から⚙をクリック／タップして❶、「通知」をクリック／タップします❷。

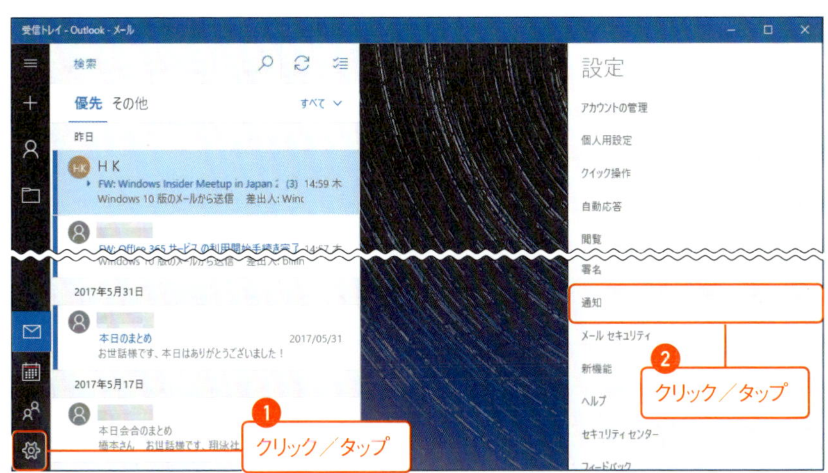

2 「アカウントの選択」から設定を適用したいアカウントを選択するか「すべてのアカウントに適用する」にチェックします❶。「アクションセンターに通知を表示」がオンになっていることを確認したうえで❷、「通知のバナーを表示」、「音を鳴らす」、「スタート画面にピン留めされたフォルダーの通知を表示」を任意にチェックします❸。

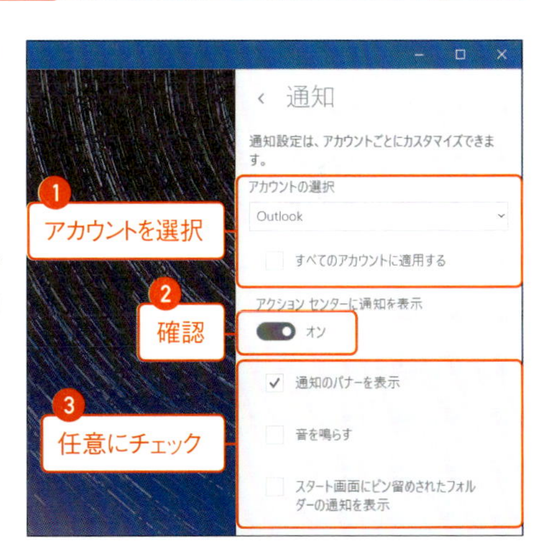

3 通知バナー表示を有効にすれば、メッセージを受信した際にデスクトップに通知バナーが表示されるようになります。

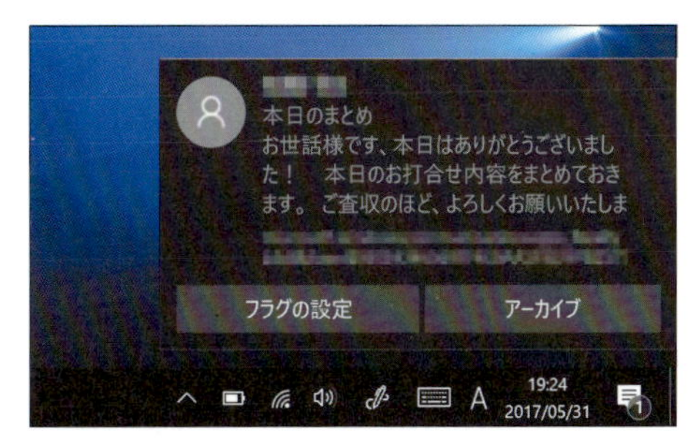

テク149 「カレンダー（アプリ）」で各種操作設定を行いたい

イベントを作成する

カレンダー（アプリ）では任意にイベント（予定／スケジュール）を作成してクラウドに保存することができます。なお、複数のアカウントを扱っている環境ではイベント作成時の「保存先アカウント（保存先のクラウド）」に注意するようにします。

1 「カレンダー（アプリ）」を起動し、任意の日時をクリック／タップします。

任意の日時をクリック／タップ

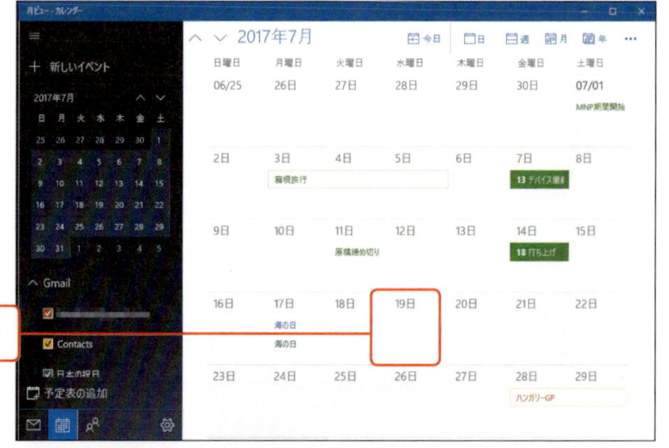

2 任意イベントを設定して❶、「完了」ボタンをクリック／タップします❷。

イベント名	任意のイベント名（予定の名前）を入力
日時	時間を指定したい場合には「終日」のチェックを外して開始終了時刻を指定
場所	イベントの場所を入力
アカウント選択	どのクラウドサービスのアカウントにイベントを保存するのかを選択。Google アカウントでイベント全般を管理している場合、Google アカウントを指定

「詳細情報」をクリック／タップすれば、イベントを詳細に設定できる。

イベントの表示を設定する

カレンダー（アプリ）では自身が作成したイベントや休日などが表示されますが、この表示を任意に設定したい場合には、以下の手順に従います。

1 「カレンダー(アプリ)」の左ペインにある「～アカウント」あるいは「Outlook」などのアカウント下にあるチェックボックスを任意にオン／オフにします。

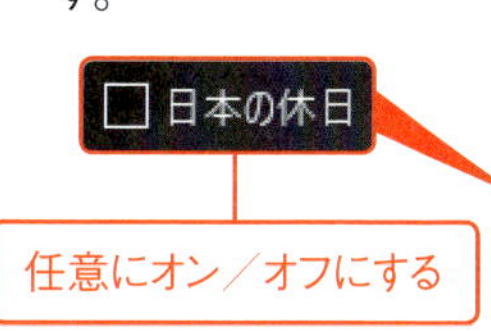

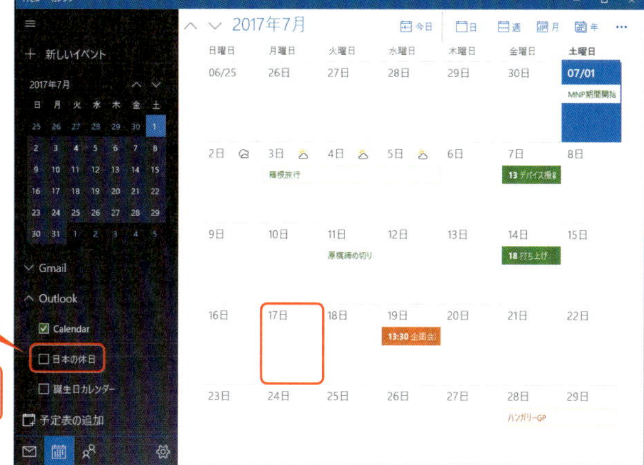

任意にオン／オフにする

MEMO

アカウント表示がない場合には「☰（ハンバーガーメニュー）」をクリック／タップして、左ペインを表示する。

2 カレンダー上の該当イベントを表示／非表示にできます。

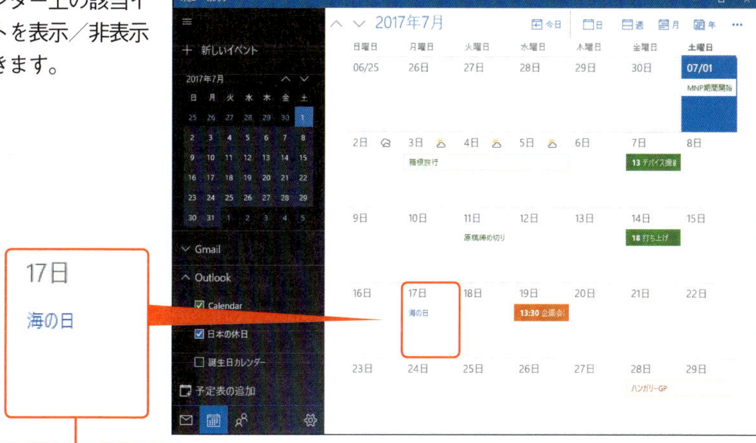

指定項目が表示／非表示になる

週の最初の曜日を設定する

1 「カレンダー（アプリ）」から⚙をクリック／タップします。

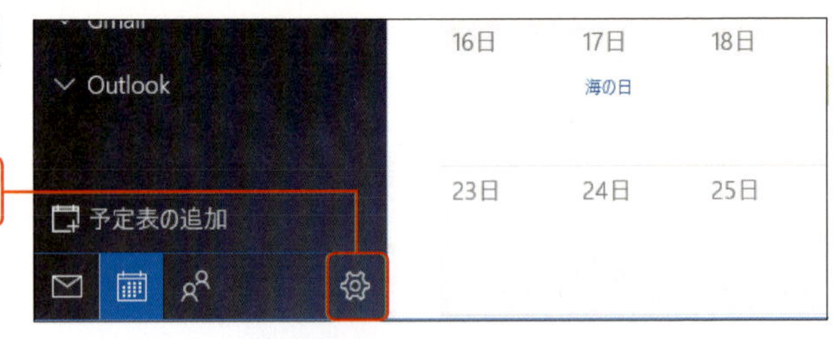

2 「カレンダーの設定」をクリック／タップします。

3 「週の最初の曜日」欄のドロップダウンから任意の開始曜日を選択します。

MEMO

「稼働日」「稼働時間」なども設定できる。

テク150 Surfaceで管理しているメール／カレンダー／連絡先をスマートフォンやタブレットで利用したい

Outlookで管理しているメール／カレンダー／連絡先をスマートフォンで利用する

「メール（アプリ）」「カレンダー（アプリ）」「People」で管理しているデータはすべてクラウド上に保存されています。このクラウド上に保存されているメール／カレンダー／連絡先情報をスマートフォンでも同期して管理したい場合には、以下の手順に従います。なお、ここでは「Microsoft アカウント（Outlook.com）」で管理しているメール／カレンダー／連絡先の内容をiOS（iPhone／iPad）で同期する設定をメインに解説します。

1 「設定」→「メール（あるいは「連絡先」／「カレンダー」）」とタップして、「アカウント」をタップします。

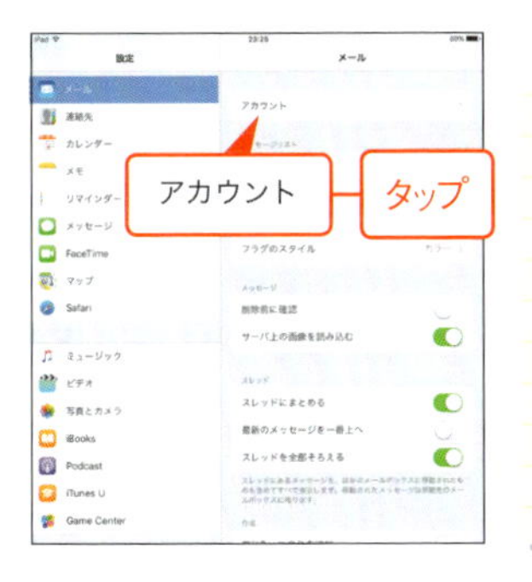

2 「アカウントを追加」をタップします。

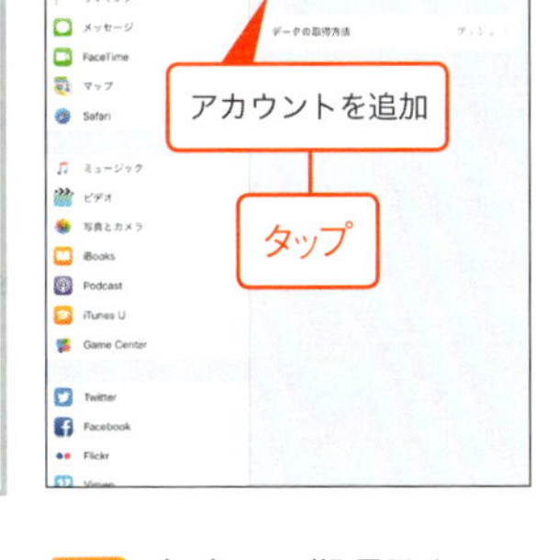

3 ウイザードに従ってアカウント情報を入力して❶、「次へ」をタップします❷。アクセス許可を確認して、「はい」ボタンをタップします❸。

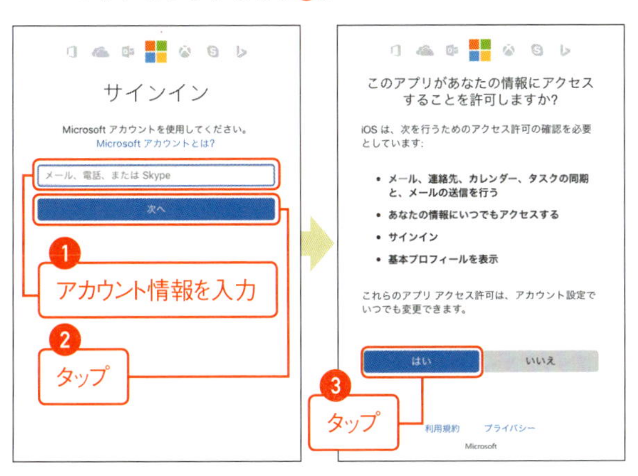

4 任意の同期項目をオンにして❶、「保存」をタップします❷。

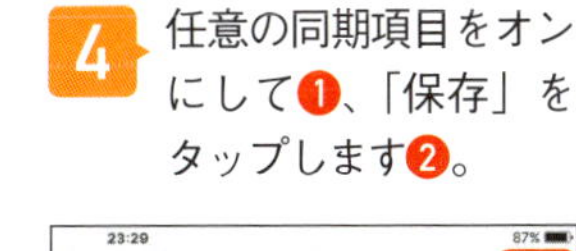

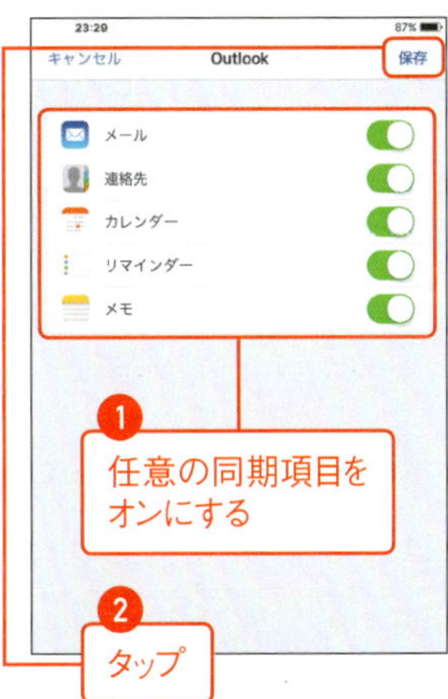

Surfaceのセキュリティ確保

Surefaceを快適に利用するうえでは、セキュリティについてもしっかりと考慮しなくてはなりません。PC環境や作業の内容によって求められるセキュリティは異なりますが、ここでは快適に、そして安全にSurfaceを利用するために求められるセキュリティの注意事項を解説します。

余計なものを「開かない」「実行しない」

マルウェア（悪意のあるプログラム）感染のほとんどは、「変なプログラムをダウンロードして実行した」「インターネットで変なサイトにアクセスした」「マルウェアに感染したデータファイルを開いた」など、人為的な操作によって起こります。
このような事実を踏まえると、必然性のないアプリ／プラグイン／Webサイトなどは「導入しない」「開かない」「実行しない」ことがセキュリティとして重要になります。

警告が表示されたら許可しない

Windows OSでは危険性がある操作やアプリ導入、あるいは未知のアプリが通信を行おうとした際に「警告」を表示します。このような警告が表示された場合、安全性が確認できないのであれば許可しないようにします。

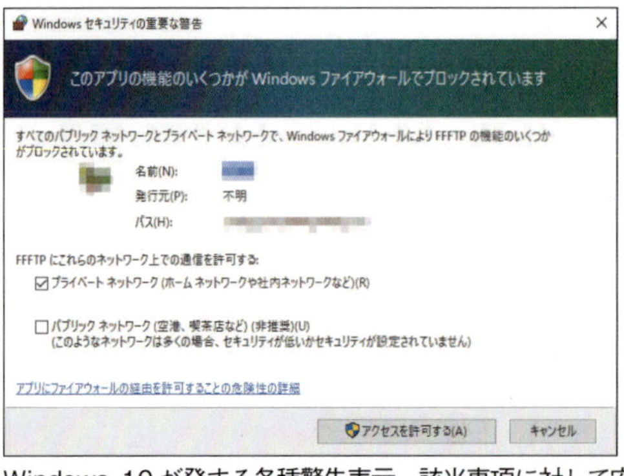

Windows 10が発する各種警告表示。該当事項に対して安全性が確認できない限り、「許可」に該当するボタンは押さないようにする。ITの世界において、自分が理解できない物事や確信の持てない事柄に対しては「キャンセル」か「いいえ」を選択するのが基本だ。

余計なアプリ（プログラム）は導入しない

Windows OS において「アプリを導入する」ことは、セキュリティリスクが高い行為の 1 つです。特に「デスクトップアプリ（Web 上で公開されているフリーウェアなど）」や「プラグイン（プラグインもプログラムの一種になります）」の導入は危険です。

「アプリ導入を必要最小限に留める」ことがセキュリティの基本であり、また任意にアプリを導入する際には「信頼できるメーカー」のみをチョイスするようにします。

ちなみに悪意のあるプログラム導入が促されるのは、「怪しい Web サイト（アダルトサイトや裏情報サイト）」や「違法ダウンロードサイト」であることが多いため、これらのサイトにアクセスしないこともセキュリティに効果的です。

アップデートによるセキュリティの確保

Windows 10 および Surface に導入しているアプリは定期的に最新版にアップデートするように心がけます。これはプログラムの脆弱性（プログラムの欠陥や開発者が想定していない利用方法で悪意や脅威が実行されてしまう問題）を解決するためです。

特に攻撃対象になりうる「データを開くアプリ（ワープロや表計算ソフト）」「インターネットに接続するアプリ（Web ブラウザーやメールソフト）」などは、こまめにアップデートする必要があります。また、アップデートに関しては Web サイトにアクセスして自らがアップデートプログラムを入手しなければならないものもあるため、アプリのメーカー Web サイトも定期的に確認します。

なお、「サポートが終了したアプリ」は、セキュリティアップデートが行われない関係で安全性が確保できないため、利用中止や後継タイトルの導入を検討するようにします。

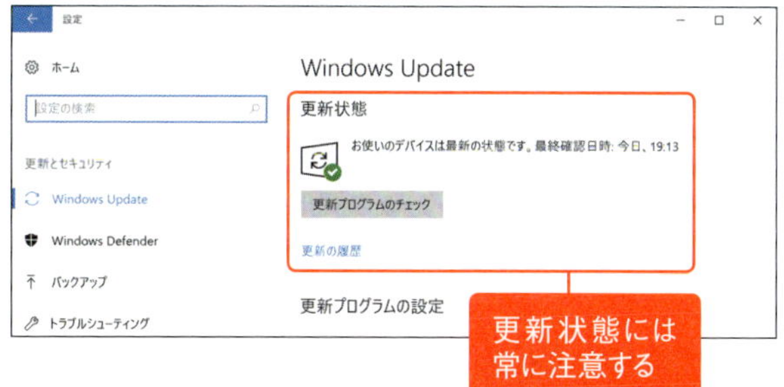

ここがポイント

●アプリそのものが悪意である可能性がある点に注意する

アプリの中にはアプリ本体が「悪意そのもの」であるものも存在する。Web 上で公開されている「無料セキュリティソフト」の中には、セキュリティソフトの名を借りた「セキュリティを侵すプログラム（マルウェア）」というものもあるのだ。

また、アプリそのものは正常でかつセキュリティリスクがないものであっても、対象アプリをインストールする際に「アドウェア」の導入も促すアプリも存在する。

このような事実を踏まえると、アプリ導入は「必要最小限」でかつ「信頼できるメーカー」のもののみ導入することがセキュリティとして望まれる。

なお、Windows 10 では「信頼の高いストアのアプリのみしか導入許可しない」という設定も用意されている（P.269 参照）。

テク151 Surfaceに危険性がないかスキャンして確認したい

Windows Defenderによるマルウェアのスキャン

Windows Defenderはマルウェア（悪意のあるプログラムの総称）からPCを保護するためのWindows 10の標準機能です。

1 「設定」から「更新とセキュリティ」→「Windows Defender」を選択して❶、「Windows Defender セキュリティセンターを開きます」ボタンをクリック／タップします❷。

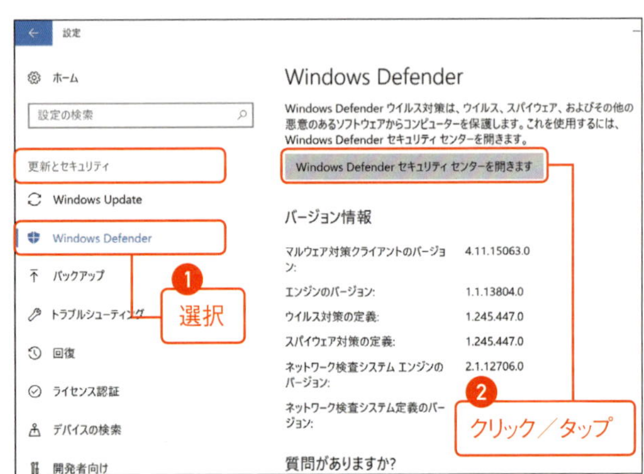

MEMO

通知領域にある「Windows Defender」アイコンを右クリック／長押しタップして、ショートカットメニューから「開く」を選択しても同様。

2 「ウイルスと脅威の防止」をクリック／タップします。

3 「クイックスキャン」ボタンをクリック／タップして❶、スキャンを実行します❷。

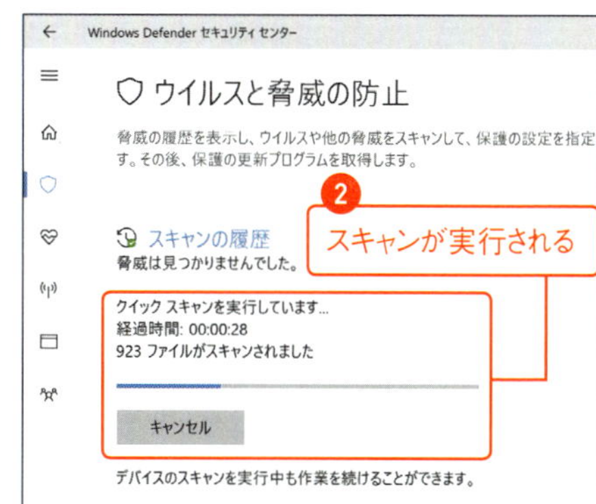

MEMO

サードパーティ製のアンチウイルスソフト／マルウェア対策ソフトを導入した場合、Windows Defender は無効化されるため、該当アンチウイルスソフトでスキャンを実行する。

任意のフォルダーをマルウェアスキャンする

任意のドライブ／フォルダーをスキャンして、マルウェアが存在しないかを確認したい場合には、以下の手順に従います。

1 エクスプローラーから任意のフォルダーを右クリック／長押しタップして❶、ショートカットメニューから「Windows Defender でスキャンする」を選択します❷。

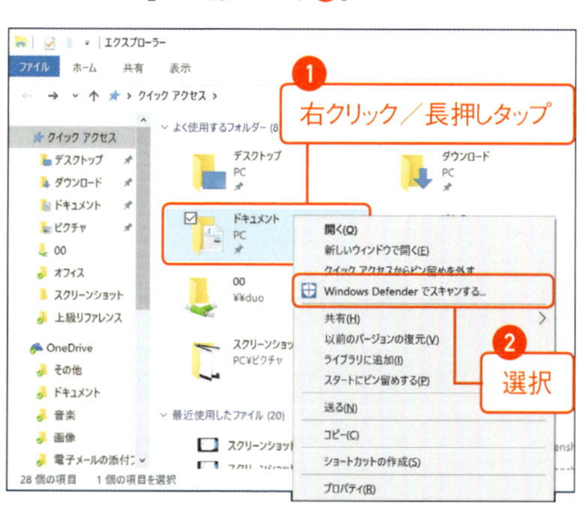

2 該当フォルダーのマルウェアスキャンを実行できます。

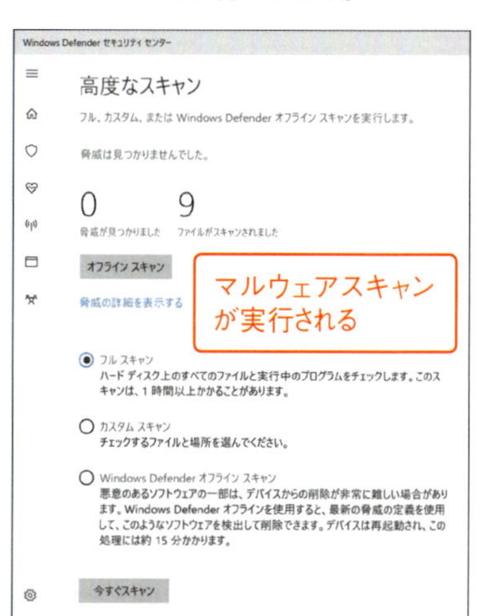

オフラインでマルウェアスキャンする

Windows OS は実行中のプログラム（ファイル）は削除できない特性にありますが、オフラインでマルウェアスキャンを行い悪意のあるファイルを駆除したい場合には、以下の手順に従います。

1 「Windows Defender セキュリティセンター」から「ウイルスと脅威の防止」をクリック／タップします。

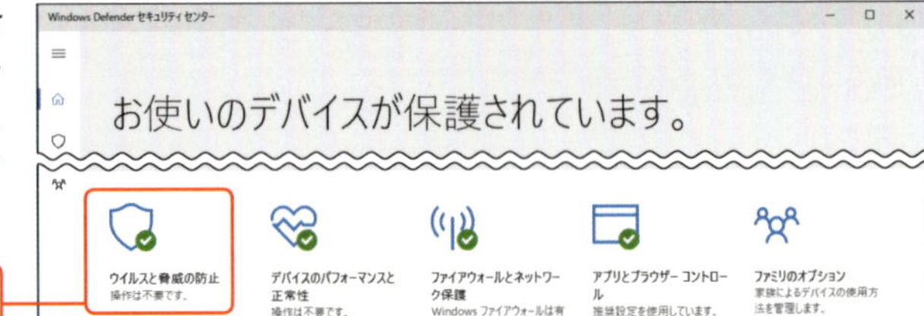

2 「高度なスキャン」をクリック／タップします。

3 「Windows Defender オフラインスキャン」をチェックして❶、「今すぐスキャン」ボタンをクリック／タップします❷。

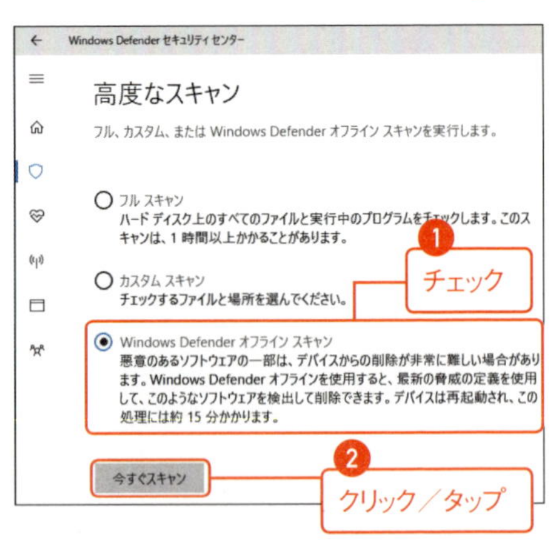

4 メッセージに従いオフラインスキャンを実行します。サインアウトののち Surface の再起動が行われて❶、オフラインでのマルウェアスキャンが実行されます❷。

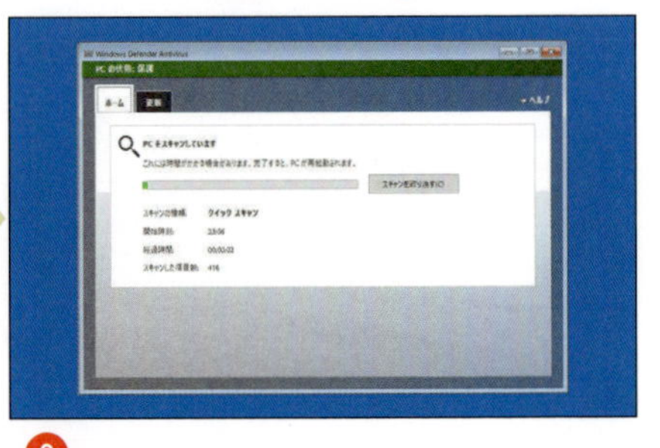

テク152 ストアのアプリ以外のアプリ導入を制限したい

ストアで公開されているアプリ以外の導入を制限する

Windows 10に不用意にアプリ（プログラム）を導入することは非常に危険です。「ストア」に公開されているアプリ以外の導入を抑止したい場合には、以下の手順に従います。

MEMO

一般的なデスクトップアプリ（インストーラのあるプログラム）の導入が不可能になるため、自身のPCの環境や使い方に留意したうえで、必要な場合のみ設定を行うようにする。

→「設定」から「アプリ」→「アプリと機能」を選択します❶。「アプリのインストール」のドロップダウンから任意の選択を行います❷。

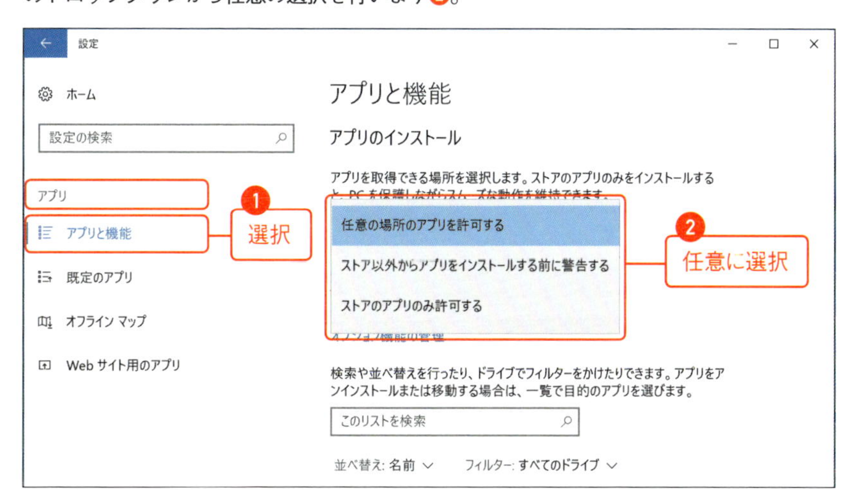

項目	内容
任意の場所のアプリを許可する	デスクトップアプリなど、各種プログラムの導入が許可される
ストア以外からアプリをインストールする前に警告する	ストア以外からプログラムを導入しようとした際に警告が表示される
ストアのアプリのみ許可する	ストア以外からのプログラム導入が許可されなくなる

MEMO

ここでいう「ストアのアプリ」とは、ストア上で公開されているアプリのことを指す。

テク 153

サインイン時にサインインオプションを選択したい

サインインオプションの選択

Surfaceのサインインオプションには、パスワード(アカウントのパスワード)、ピクチャパスワード、PIN、顔認証などが存在します。サインイン時にこれらのサインインオプションを切り替えたい場合には、以下の手順に従います。

→ サインイン画面で「サインインオプション」をクリック/タップします❶。任意のサインイン方法を選択することができます❷。

注意

サインインオプションを選択するには、あらかじめ該当サインインオプションが設定されている必要がある。

MEMO

各種サインインオプション(ピクチャパスワード/PIN/顔認証)の設定については、右表を参照。

ピクチャパスワード	P.273
PIN	P.271
顔認証	P.275

テク154 PINを設定したい

PINを追加する

「PIN」は、任意のケタ数の数値を登録することでサインインや各種認証に用いることができます。Windows 10の一部の設定ではPINが必須になるため、あらかじめ設定しておくことが推奨されます。

1 「設定」から「アカウント」→「サインインオプション」を選択して❶、「PIN」欄にある「追加」ボタンをクリック／タップします❷。

❶ 選択

❷ クリック／タップ

2 アカウントのパスワードが要求された場合には、現在のアカウントのパスワードを入力します❶。「サインイン」ボタンをクリック／タップします❷。

❶ パスワードを入力

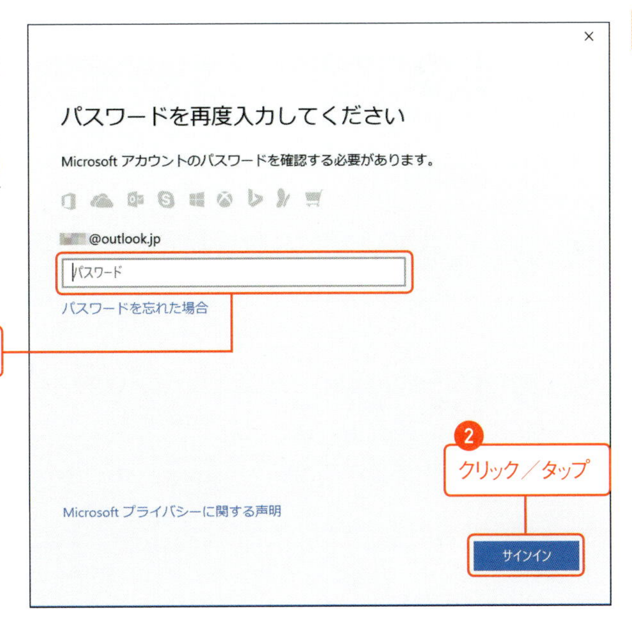

3 「新しいPIN」欄と「PINの確認」欄に任意のPINを入力します❶。「OK」ボタンをクリック／タップします❷。

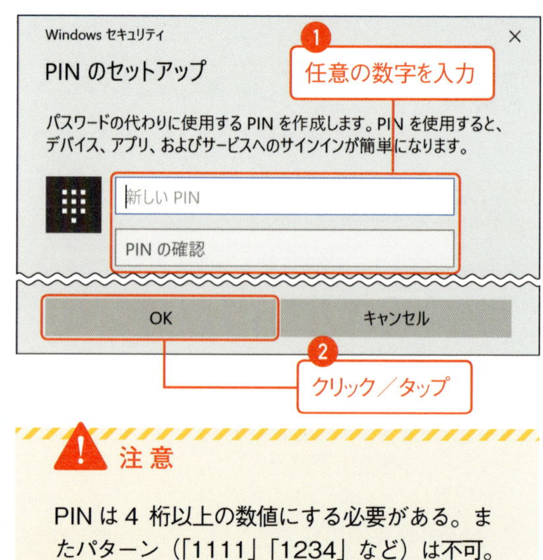

MEMO

👁を押し続けることで、入力内容を確認できる。

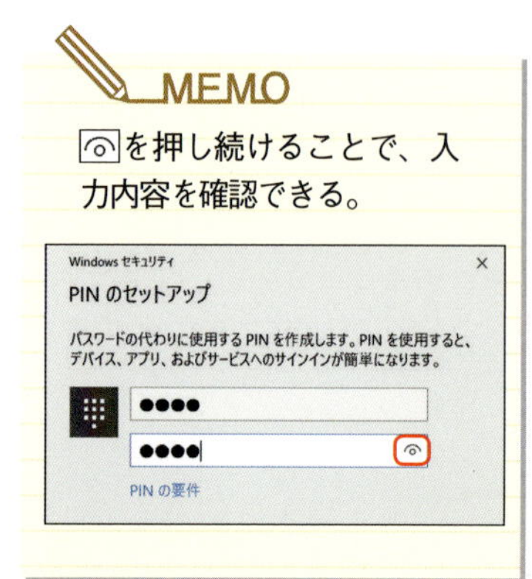

注意

PINは4桁以上の数値にする必要がある。またパターン（「1111」「1234」など）は不可。

PINを変更する

1 「設定」から「アカウント」→「サインインオプション」を選択します❶。「PIN」欄にある「変更」ボタンをクリック／タップします❷。

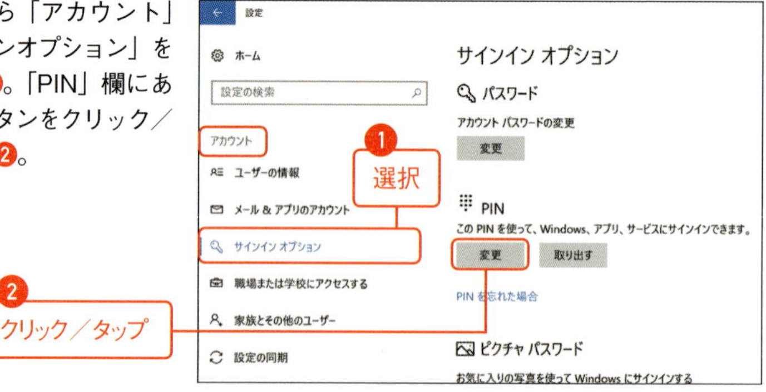

2 「PIN」欄に現在のPINを入力したうえで❶、「新しいPIN」欄と「PINの確認」欄に新しいPINを入力します❷。「OK」ボタンをクリック／タップします❸。

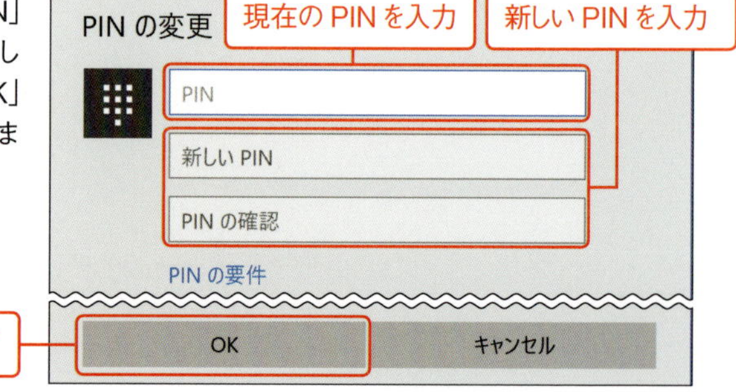

テク155 ピクチャパスワードを設定したい

ピクチャパスワードを設定する

「ピクチャパスワード」は、任意の画像をなぞる形でのジェスチャを登録することで、セキュリティを確保しつつ利便性を高めた形でサインインを行えるサインインオプションです。なお、ピクチャパスワードはジェスチャとして「円」「直線」「タップ」を登録することができますが、これらの描画においては位置と方向、順番も認識対象になります。

1 「設定」から「アカウント」→「サインインオプション」を選択します❶。「ピクチャパスワード」欄にある「追加」ボタンをクリック／タップします❷。

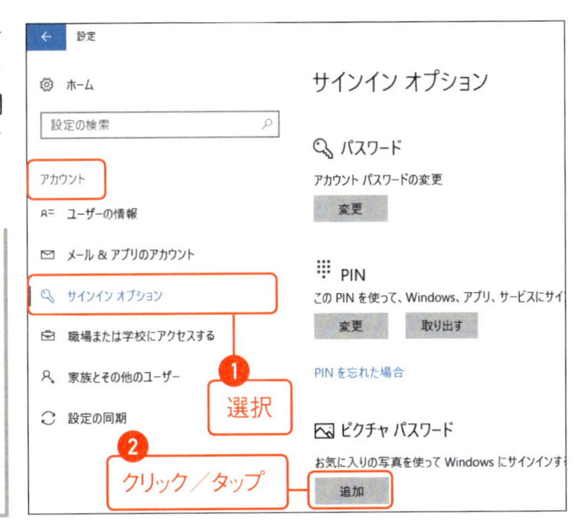

MEMO

ピクチャパスワードを変更したい場合には「変更」ボタン、ピクチャパスワードを削除したい場合には「削除」ボタンをクリック／タップする。

2 アカウントのパスワードを要求された場合には、現在のアカウントのパスワードを入力して❶、「OK」ボタンをクリック／タップします❷。

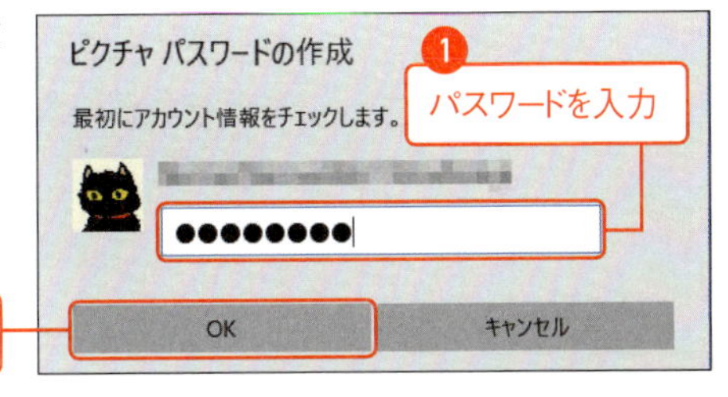

3 「別の画像を選ぶ」ボタンをクリック／タップします。

MEMO

ボタンの名称や選択は、以前のピクチャパスワード設定によって異なる。

4 ピクチャパスワードとして利用する任意の画像を選択して❶、「開く」ボタンをクリック／タップします❷。

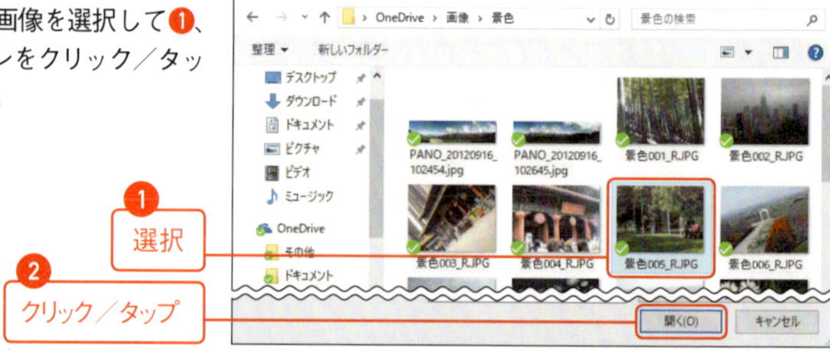

5 画像を確認したうえで❶、「この画像を使う」ボタンをクリック／タップします❷。

> **MEMO**
> 画像のサイズによっては、画像を希望の位置までドラッグしたのちに「この画像を使う」ボタンをクリック／タップする。

6 ウィザードに従って任意の3ステップでジェスチャ設定を行います。マウス操作／タッチ操作で設定可能で、「円」「直線」「タップ」を組み合わせることができます。

> **MEMO**
> ジェスチャ設定では位置、方向、順番も認識対象になる。自身にとってわかりやすく、第三者にとってわかりにくいジェスチャ設定を行うことが推奨される。なお、ジェスチャ描画においてある程度の誤差は許容される。

7 「完了」ボタンをクリック／タップします。

テク156 顔認証を設定したい

生体認証「顔認証」を設定する

Surfaceがサポートする認証機能の1つに「Windows Hello」による顔認証があり、「顔認証」をセットアップすることで、カメラに自分の顔を映す（Surfaceを覗き見る）だけでロックを解除することや認識が可能になります。

1 「設定」から「アカウント」→「サインインオプション」を選択します❶。「Windows Hello」欄にある「顔認識」の「セットアップ」ボタンをクリック／タップします❷。

2 「開始する」ボタンをクリック／タップします。

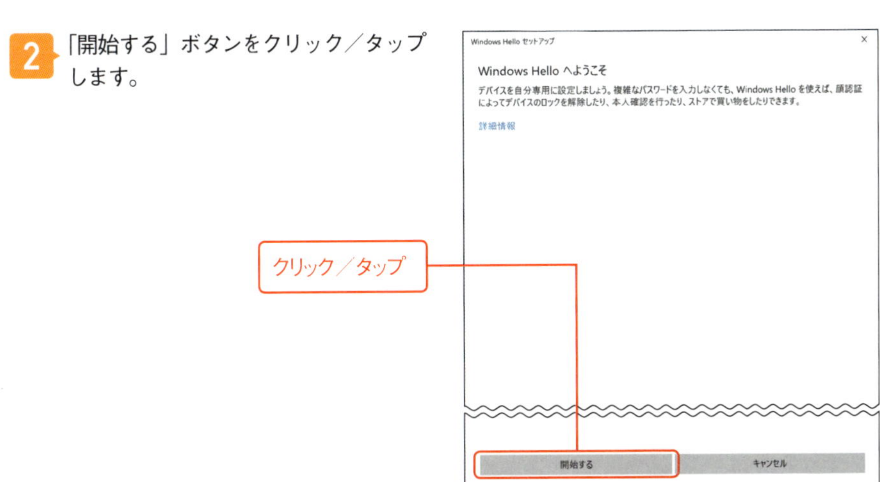

3 「PIN」が要求されたら、あらかじめ設定したPINを入力します。

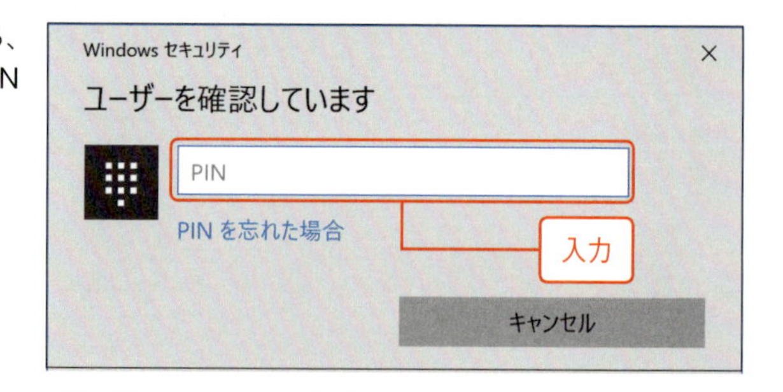

MEMO

顔認証を設定するにはPINの設定が必要になる（P.271 参照）。

4 ウィザードに従って、カメラに顔を映します。

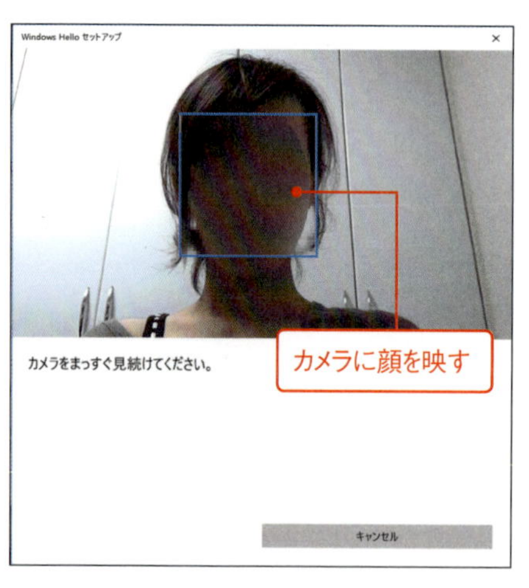

5 顔認証のセットアップが完了します。

MEMO

顔認証の精度を高めたい場合には、「認識精度を高める」をクリック／タップして、再度顔認証のセットアップを行う。

MEMO

顔認証を設定すると、スリープ時のパスワード入力猶予である「サインインを求める」の時間設定（P.161 参照）が無効になる。

顔認証によるロックの解除を設定する

1 「⚙設定」から「アカウント」→「サインインオプション」を選択します❶。「Windows Hello」欄にある「ユーザーの顔を認識したら自動的にロック画面を閉じる」を任意にオン／オフにします❷。

2 「ユーザーの顔を認識したら自動的にロック画面を閉じる」をオフにした場合には、ロック画面で認識されても自動的にロックの解除を行わないようになります。

INDEX

数字・アルファベット

あ

か

さ

た

な

は

ま

や

ら

わ

著者プロフィール

橋本 和則（はしもと・かずのり）
IT著書は70冊以上に及び、代表作には「Windows 10上級リファレンス（翔泳社）」「Windows 10完全制覇パーフェクト（翔泳社）」「Windowsでできる小さな会社のLAN構築・運用ガイド（翔泳社）」「ひと目でわかるWindows 10 操作・設定テクニック厳選200プラス！（日経BP）」のほか、上級マニュアルシリーズ（技術評論社）などがある。
IT機器の使いこなしやWindows OSの操作、カスタマイズ、ネットワーク等、わかりやすく個性的に解説した著書が多い。Windows 10/8/7シリーズ関連Webサイトの運営のほか、セミナー、著者育成など多彩に展開している。また、震災復興支援として自著書籍をPDFで公開。マイクロソフトMVP（Windows and Devices for IT）を12年連続受賞。

橋本 直美（はしもと・なおみ）
IT著書としての代表作に「ポケット百科 Surface 知りたいことがズバッとわかる本（翔泳社）」「Windows 10 vs Windows 8.1/7 操作・設定比較ガイド（日経BP）」「ひと目でわかるWindows 10 操作・設定テクニック厳選200プラス！（日経BP）」などがある。操作をわかりやすく図解するのを得意とし、パッと紙面を見るだけで操作が理解できる書籍を執筆することを心掛けている。電子書籍「黒猫のぼうけん」シリーズ（Kindle）も好評を博している。Windows Insider MVPを連続受賞。

・橋本情報戦略企画　http://hjsk.jp/
・Win10jp　http://win10.jp/

DTP　BUCH+
装丁・本文デザイン　FANTAGRAPH（ファンタグラフ）
撮影　足立 康浩

ポケット百科
New Surface Pro（ニュー サーフェス プロ）
知りたいことがズバッとわかる本
Windows 10 Creators Update（ウィンドウズ 10 クリエイターズ アップデート）対応

2017年8月10日　初版第1刷発行

著 者　橋本 和則（はしもと かずのり）　橋本 直美（はしもと なおみ）
発行人　佐々木 幹夫
発行所　株式会社 翔泳社（http://www.shoeisha.co.jp）
印刷・製本　大日本印刷株式会社

ISBN 978-4-7981-5388-9　Printed in Japan